工业机器人技术应用系列

职业教育“十三五”规划教材

工业机器人基础编程与调试

——KUKA 机器人

◎主　编　钟　健　鲍清岩

◎副主编　雷旭昌　肖琴琴

電子工業出版社

Publishing House of Electronics Industry

北京・BEIJING

内容简介

本书以 KUKA 工业机器人为载体，以深圳市华兴鼎盛科技有限公司依据企业岗位能力需求分析设计的工业机器人多功能工作站为训练平台进行内容编写。

在内容组织上，按照“知识难度逐渐增加、讲授内容逐渐减少、自主要求逐渐增强的原则”进行知识点的分配；在内容的选取上，突出国内行业共性需求的职业素养，突出典型案例技能要素，突出工业机器人技能大赛的核心思路，并依据学生能力进阶的规律进行项目设计，使学生学习的知识与具备的能力并行，逐步培养学生工业机器人编程与调试的综合能力。

本书既可以作为职业教育机电一体化、工业机器人技术应用及电气自动化专业的教学用书，也可以作为相关工程技术人员的参考资料。

图书在版编目（CIP）数据

工业机器人基础编程与调试：KUKA 机器人 / 钟健，鲍清岩主编. —北京：电子工业出版社，2019.1

ISBN 978-7-121-35901-9

Ⅰ.①工… Ⅱ.①钟… ②鲍… Ⅲ.①工业机器人—高等学校—教材 Ⅳ.①TP242.2

中国版本图书馆 CIP 数据核字（2019）第 007402 号

策划编辑：朱怀永
责任编辑：朱怀永
印　　刷：北京盛通数码印刷有限公司
装　　订：北京盛通数码印刷有限公司
出版发行：电子工业出版社
　　　　　北京市海淀区万寿路 173 信箱　邮编　100036
开　　本：787×1 092　1/16　印张：13.25　字数：339.2 千字
版　　次：2019 年 1 月第 1 版
印　　次：2024 年 8 月第 2 次印刷
定　　价：36.80 元

凡所购买电子工业出版社图书有缺损问题，请向购买书店调换。若书店售缺，请与本社发行部联系，联系及邮购电话：（010）88254888，88258888。

质量投诉请发邮件至 zlts@phei.com.cn，盗版侵权举报请发邮件至 dbqq@phei.com.cn。

本书咨询联系方式：（010）88254608，zhy@phei.com.cn。

前　言
PREFACE

在科学技术日新月异的今天，制造技术正在发生革命性的变化。以“中国制造 2025”和“德国工业 4.0”为代表的智能制造战略强劲地推动着全球制造技术的进步和革新，智能制造成为发展与进步的目标高地。工业机器人技术作为智能制造的关键性技术得到了空前的发展和广泛的应用。国际机器人联合会（IFR）在其《2016 年世界机器人报告》中称：工业机器人在亚洲的保有量加速增长，2010—2015 年累计销售 887 400 台，增长了 70%。仅 2015 年一年销量就增长了 19%，达到 160 600 台，连续四年刷新纪录。中国是世界上最大的工业机器人市场，占亚洲（包括澳大利亚和新西兰）机器人总销量的 43%，其次是韩国和日本，分别占总销量的 24%和 22%。从数据来看，中国仍将保持亚洲地区的龙头地位且占比将持续提升，预计到 2019 年，中国在全球机器人总销量的占比将达到近 40%。

2016 年 4 月 6 日，工业和信息化部、国家发展改革委、财政部联合印发《机器人产业发展规划（2016－2020 年）》，对我国“十三五”期间机器人产业发展做出整体规划，并要求 5 年内形成较为完善的机器人产业体系。据统计，2016 年工业机器人产量已达 7.24 万台，同比增长 34.3%。机器人换人的速度正在呈几何级数增长，在有效降低制造过程对劳动力依赖程度和成本的同时大幅提高了产品的质量和稳定性。

近年来，我国已成为全球工业机器人保有量增长最快的国家和最大的消费市场，但应用人才严重缺失的问题清晰地摆在我们面前，这是我国推行工业机器人技术的最大瓶颈。工业机器人作为一种高科技集成装备，对专业人才有着多层次的需求，主要分为设计研发工程师、系统设计与应用工程师、调试工程师和操作及维护人员四个层次。其中，需求量最大的是机器人基础操作及维护岗位人员及掌握基本工业机器人应用的调试工程师。工业机器人专业人才的培养，要更加着力于应用型人才的培养，本书的编撰开发正为此目的。

本书结合机器人生产应用的实际要求，针对机器人相关岗位典型工作任务所需的技能点进行分析，重构知识点，打破传统理论教学与实践教学的界限，将知识点和技能点融入项目中。本书包括机器人的基础操作、图形描图示教编程、机器人 I/O 配置及应用、轨迹规划示教编程、搬运示教编程、码垛示教编程六个单元，每个单元又有多个任务。每个任务按照任务描述、任务分析、相关知识、任务实施、知识拓展、思考与训练进行具体内容组织，任务实施部分由资讯、计划与决策、实施、检查、评估五个环节构成，通过这样的结构安排以期培养学习者良好的工作习惯和科学思维方式。本书充分考虑了不同读者的学习需求，对内容和结构进行了优化处理，并在学校和企业进行了大量的实践性试验，取得了良好的效果和丰富的经验。

本书中关于示教器的使用进行统一规定，示教器上实物按键统称为按键，触摸屏上的功能按键统称为按钮。

由于编者水平有限，书中不足之处在所难免，恳请广大读者给予批评指正。

编者

2018 年 5 月

目 录

CONTENTS

学习单元①

KUKA 机器人的基础操作

学习目标

◎ 知识目标

1. 机器人的定义、分类及应用；
2. KUKA 机器人系统构成及特点；
3. KUKA 机器人示教器基本构造及原理。

◎ 技能目标

1. 认识 KUKA 机器人系统的各组成部件；
2. 掌握 KUKA 机器人示教器的基本操作。

工作任务

任务 1　认识 KUKA 机器人系统
任务 2　KUKA 机器人示教器的基本操作
任务 3　KUKA 机器人的手动操作

任务 1　认识 KUKA 机器人系统

一、任务提出

学习机器人的基本概念，认知机器人的基本构成。

二、任务分析

本任务旨在让学习者对工业机器人系统有个全面的认识，因此完成这一任务需要逐一学习工业机器人的本体、控制器、示教器的结构及其作用等相关内容。

三、相关知识

（一）机器人的定义

1920 年捷克科幻剧本《罗萨姆的万能机器人》是“Robot”（机器人）一词的起源，它体现了人类长期以来的一种愿望，创造一种机器代替人进行各种工作。

1950 年，美国作家艾萨克·阿西莫夫开发了学术界的机器人准则，因此被称为“机器人学之父”，在他的科幻小说《我，机器人》中，提出了著名的“机器人学三定律”即：

① 机器人不应伤害人类，且在人类受到伤害时不可袖手旁观；

② 机器人必须服从于人类，除非这种服从有害于人类；

③ 机器人应能保护自己，与第一条、第二条相抵触者除外。

目前，虽然机器人已被广泛应用，但世界上对机器人并没有统一、严格、准确的定义，不同国家、不同领域给出的定义不尽相同。

国际标准化组织（ISO）对机器人的定义较为全面和准确，它涵盖如下内容：

① 机器人的动作机构具有类似于人或其他生物体的某些器官（肢体、感受等）的功能；

② 机器人具有通用性，工作种类多样，动作程序灵活易变；

③ 机器人具有不同程度的智能性，如记忆、感知、推理、决策、学习等；

④ 机器人具有独立性，完整的机器人系统在工作中可以不依赖于人的干预。

（二）机器人的分类

研制机器人的最初目的是帮助人们摆脱繁重劳动或简单的重复劳动，以及替代人到有辐射等危险环境中进行作业，因此机器人最早在汽车制造和核工业领域得以应用。随着机器人技术的不断发展，工业领域的焊接、喷涂、搬运、装配、铸造等场合，已经开始大量使用机器人。另外，在军事、海洋探测、航天、医疗、农业、林业、服务娱乐行业，也都开始使用机器人。

国际上通常将机器人分为工业机器人和服务机器人两大类。工业机器人是集机械、电子、控制、计算机、传感器、人工智能等多学科先进技术于一体的现代制造业重要的自动化装备。从 1962 年美国研制出世界上第一台工业机器人以来，机器人技术及其产品发展很快，已成为柔性制造系统（FMS）、自动化工厂（FA）、计算机集成制造系统（CIMS）的自动化工具。

服务机器人是机器人家族中的一个年轻成员，可以分为专业领域服务机器人和个人/家庭服务机器人。服务机器人的应用范围很广，主要从事维护保养、修理、运输、清洗、保安、救援、监护等工作。

我国机器人专家将机器人分为工业机器人和特种机器人两大类，见表 1-1。所谓工业机器人就是面向工业领域的多关节机械手或多自由度机器人。而特种机器人则是除工业机器人之外的、用于非制造业并服务于人类的各种先进机器人，包括服务机器人、水下机器人、娱乐机器人、军用机器人、农业机器人等。在特种机器人中，有些领域发展很快，有独立成体系的趋势，如服务机器人、水下机器人、军用机器人、微操作机器人等。特种机器人属于非制造环境下的机器人，这和国外的服务机器人在逻辑上是一致的。

表 1-1　机器人的分类

分　类	定　义	主要内容
工业机器人	面向工业领域的多关节机械手或多自由度机器人	搬运机器人 焊接机器人 装配机器人 喷涂机器人 ……
特种机器人	除工业机器人外的、用于非制造业并服务于人类的各种先进机器人	服务机器人 水下机器人 娱乐机器人 军用机器人 农业机器人 ……

（三）工业机器人的分类

根据工业机器人关节的连接方式不同，工业机器人可以分为串联机器人和并联机器人。

1．串联机器人

串联机器人由一系列连杆通过转动关节或移动关节串联连接，是一种以串联方式驱动的开环机器人。如图 1-1 所示。串联机器人每个关节都由一个驱动器驱动，关节的相对运动导致连杆的运动，使机器人末端执行器到达一定的位置和姿态，串联机器人又分为以下几种。

（1）关节机器人

关节机器人仿照人的手臂来组合 6 个旋转关节，有时也被称为拟人机器人手臂，如图 1-2 所示。关节机器人由 2 个肩关节和 1 个肘关节进行定位，由 2 个或 3 个腕关节进行定向。其中，第一个肩关节绕铅直轴旋转，第二个肩关节实现俯仰，这两个肩关节轴线正交，肘关节平行于第二个肩关节轴线。关节机器人应用于复杂工件处理（例如，焊接、喷涂）和复杂注塑应用。

图 1-1　串联运动链

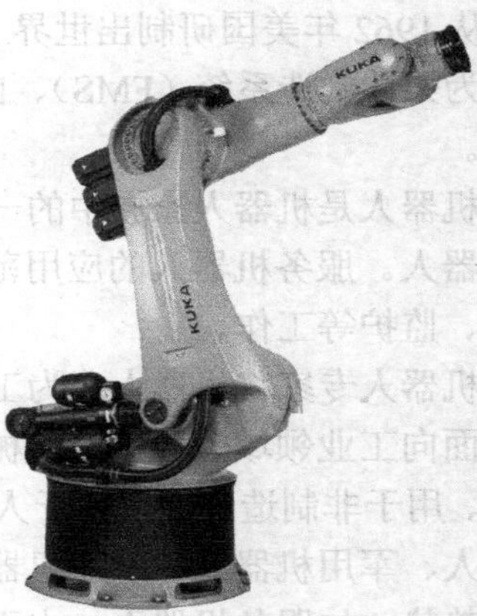

图 1-2　关节机器人

（2）SCARA 机器人（平面关节型机器人）

SCARA 机器人的特点是具有水平安装的肘关节，它有 3 个旋转关节，其轴线相互平行，在平面内进行定位和定向，另一个关节是移动关节，用于完成末端件在垂直于平面的运动，如图 1-3 所示。SCARA 机器人结构轻便、响应快，运动速度比一般关节机器人快数倍，它在 X 和 Y 轴方向上具有顺从性，而在 Z 轴方向具有良好的刚性。这些特性特别适用于平面定位，在垂直方向进行装配作业，例如，将一个圆头针插入一个圆孔，故 SCARA 机器人大量用于装配印刷电路板和电子零部件。

（3）直角坐标机器人

直角坐标机器人由 X、Y、Z 三个方向的直线运动关节组成，其末端执行器能够沿着 X、Y、Z 轴做线性运动，如图 1-4 所示。该类型机器人应用于简单搬运任务，例如，分拣和放置。

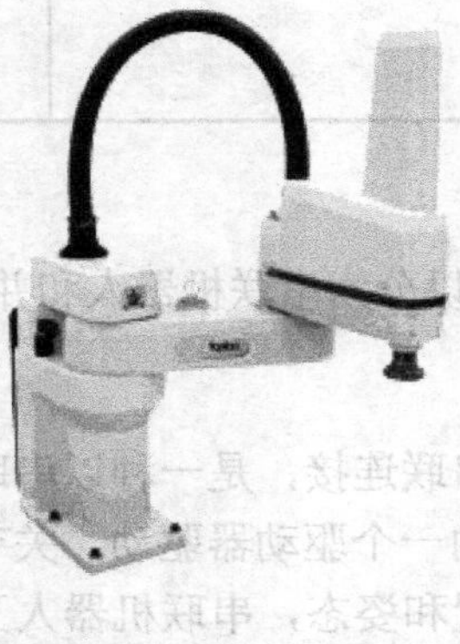

图 1-3　SCARA 机器人

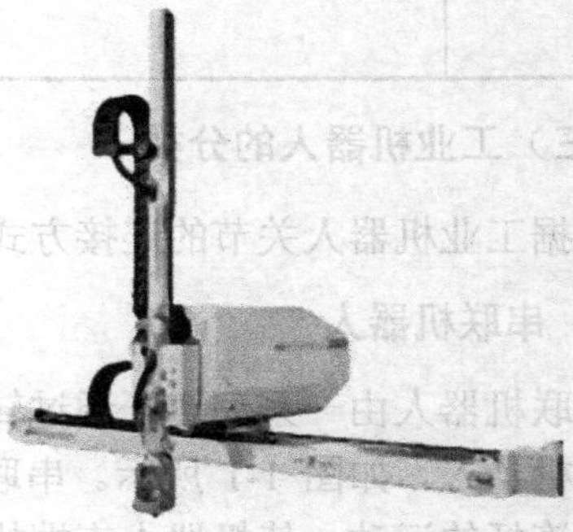

图 1-4　直角坐标机器人

（4）圆柱坐标机器人

圆柱坐标机器人由两个移动关节和一个转动关节组成，作业范围为圆柱状，如图 1-5 所示。其特点是位置精度高、运动直观、控制简便、结构简单、占地小、价廉，因此应用广泛，但不能抓取靠近立柱或地面上的工件，与其他工业机器人协调工作比较困难。

（5）球坐标机器人

球坐标机器人由一个移动关节和两个转动关节组成，作业范围为空心球体状，如图 1-6

所示。其特点是：结构紧凑、动作灵活、占地小，能上下俯仰动作抓取地面上或较低位置的工件；但其结构复杂，运动直观性较差，定位精度尚可，位置误差与臂长成正比；能与其他工业机器人协调工作。

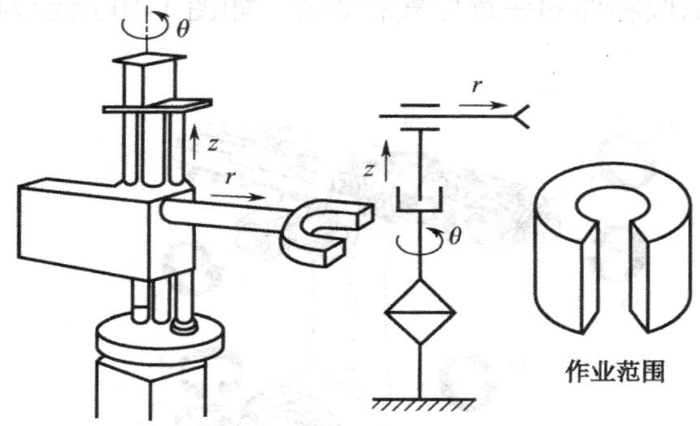

图 1-5　圆柱坐标机器人

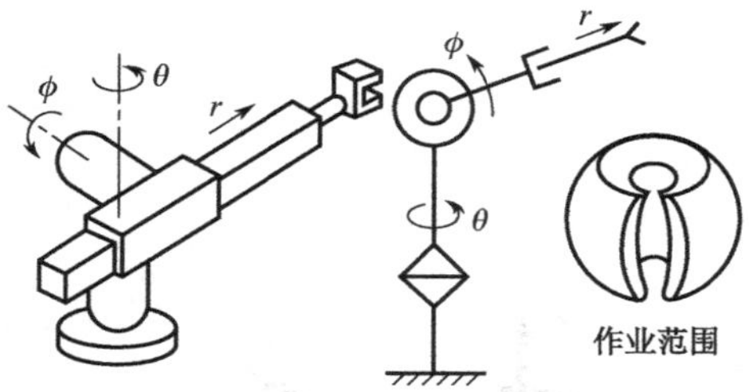

图 1-6　球坐标机器人

2. 并联机器人

并联机器人的运动平台和固定基座间通过至少两个独立的运动链并联连接，是一种以并联方式驱动的闭环机器人，并联运动链如图 1-7 所示。并联机器人只在基座关节上使用驱动器。

并联机器人常见的有 Delta 机器人，如图 1-8 所示。Delta 机器人有 3 个旋转运动关节安装在基座上，运动平台通过并联机构与关节连接，并联机构中的双杆连接保证了运动平台只能平移，不能旋转。

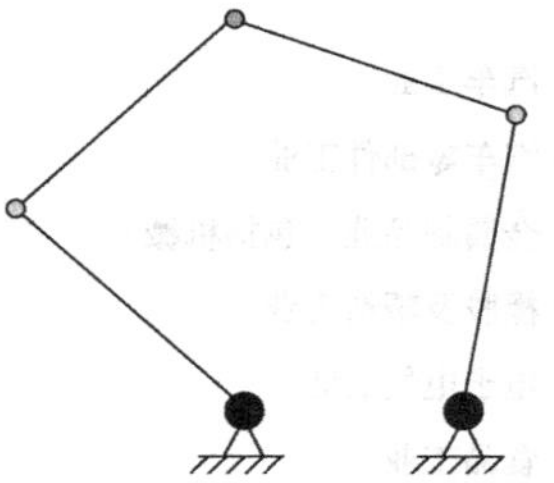

图 1-7　并联运动链

图 1-8　Delta 机器人

（四）工业机器人的自由度

自由度英文名称为 Degree of freedom，缩写为 DOF。对于一个可运动物体来说，一个物体的运动自由度，就是平移和旋转的独立方向的数目。空间中一个自由物体有 6 个自由度，即 3 个对应 *X*、*Y*、*Z* 方向的移动，3 个对应 *X*、*Y*、*Z* 方向的旋转。工业机器人自由度如图 1-9 所示。

工业机器人自由度是指机器人所具有的独立坐标轴运动的数目，不包括手爪（末端操作器）的开合自由度。工业机器人的每个自由度是由其本体中的独立驱动关节来实现的，所以在应用中，关节和自由度在表达工业机器人的运动灵活性方面是意义相通的。又由于关节在实际构造上是由回转或移动的轴来完成的，所以又习惯称为轴。因此，就有了 6 自由度、6 关节或 6 轴工业机器人的命名方法。它们都说明这一工业机器人的操作有 6 个独立驱动的关节结构，能在其工作空间中实现抓取物件的任意位置和姿态，如图 1-10 所示为 6 轴关节工业机器人。

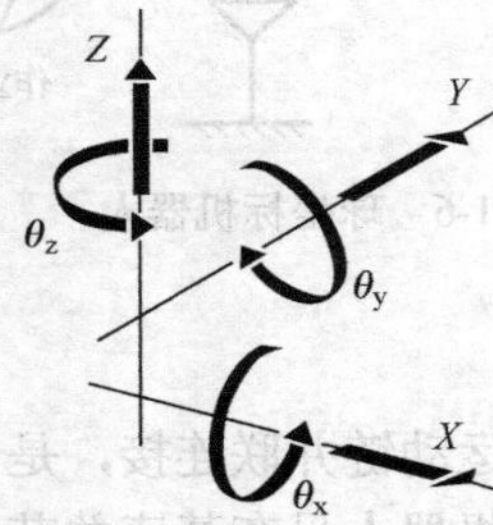

图 1-9　工业机器人自由度

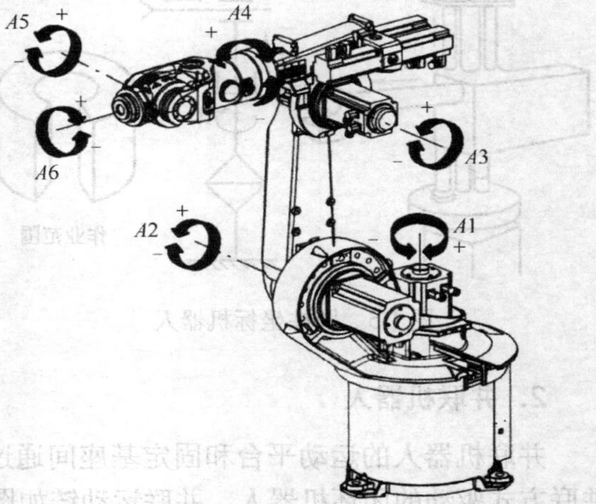

图 1-10　6 轴关节工业机器人

（五）工业机器人的应用及发展

工业机器人发展到现阶段，已广泛应用于各行各业和各种领域，其在中国应用的主要领域如图 1-11 所示。工业机器人的典型应用包括机械加工、焊接、喷涂、装配、采集和放置（例如，包装、码垛和 SMT）、产品检验和测试等。所有工作的完成都具有高效性、持久性、速度快和准确性。

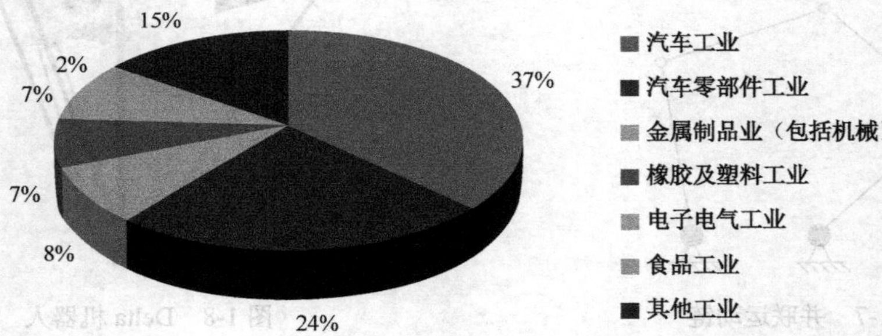

图 1-11　工业机器人在中国应用的主要领域

汽车行业中工业机器人应用于弧焊、点焊、装配、搬运、喷涂、检测、码垛、研磨、抛光、激光加工等复杂作业。据统计，在中国 61%的工业机器人应用于汽车制造领域，其中 24%为零部件制造；在发达国家，汽车工业机器人占机器人总保有量的 53%以上。工业机器人极其契合橡胶塑料工业的特性，它不仅适用于在净室环境下生产产品，也可在注塑机旁完成高强度作业，即使在高标准的生产环境下，也能可靠地提高各种工艺的经济效益。化工行业是工业机器人主要应用领域之一，目前应用于化工行业的主要是洁净机器人及其自动化设备，如大气机械手、真空机械手、洁净镀膜机械手、洁净 AGV、RGV 洁净物流自动传输系统等。

1. 喷涂机器人

喷涂机器人如图 1-12 所示，它能在恶劣环境下连续工作，并具有工作灵活、工作精度高等特点，被广泛用于汽车、大型结构件等喷涂生产线，以保证产品的加工质量、提高生产效率、减轻操作人员的劳动强度。

2. 上、下料机器人

数控机床用上、下料机器人如图 1-13 所示，它能满足快速/大批量加工节拍、节省人力成本、提高生产效率等要求，成为越来越多工厂的理想选择。上、下料机器人系统具有高效率和高稳定性，结构简单易于维护，可以满足不同种类产品的生产，对用户来说，可以很快进行产品结构的调整和扩大产能，并且可以大大降低产业工人的劳动强度。

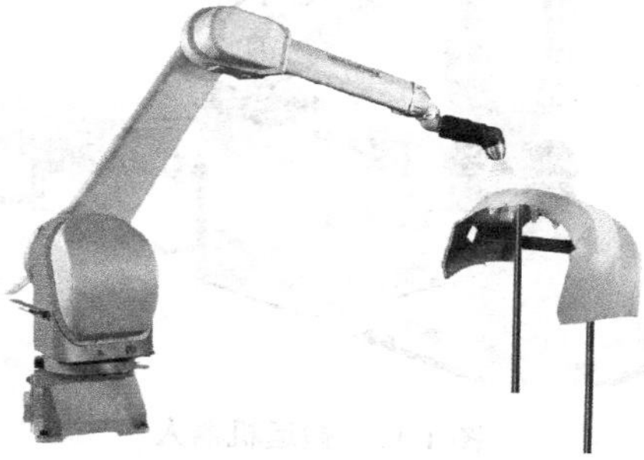
图 1-12 喷涂机器人

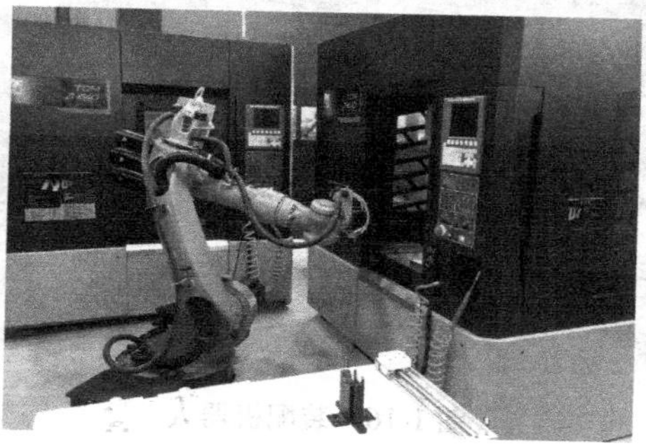
图 1-13 数控机床用上、下料机器人

3. 焊接机器人

焊接机器人一般分为弧焊机器人（如图 1-14 所示）和点焊机器人（如图 1-15 所示）。弧焊机器人应用广泛，除汽车行业外，在通用机械加工、金属结构件制造等许多行业中都有应用。在弧焊作业中，要求焊枪跟踪工件的焊道运动，并不断填充金属形成焊缝。因此，弧焊机器人作业精度高。点焊对点焊机器人的要求不是很高，因为点焊只需点位控制，至于焊钳在点与点之间的移动轨迹没有严格要求，这也是机器人最早只能用于点焊的原因。点焊机器人不仅要有足够的负载能力，而且在点与点之间移位时速度要快捷，动作要平稳，定位要准确，以减少移位的时间，提高工作效率。

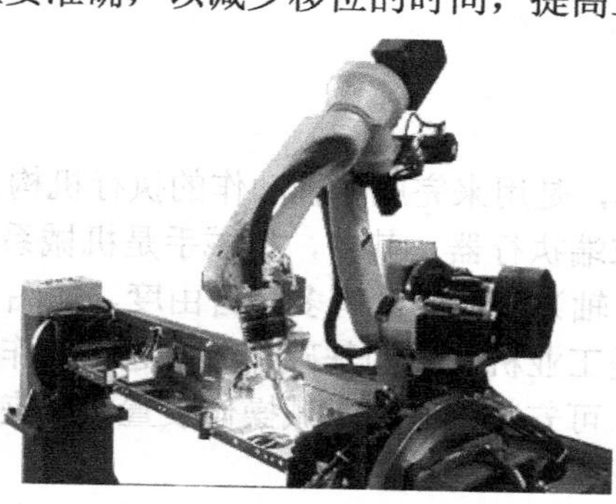
图 1-14 弧焊机器人

图 1-15 点焊机器人

4．装配机器人

装配机器人如图 1-16 所示，它与一般的机器人相比，具有精度高、柔顺性好、工作范围小、能与其他系统配套使用等特点。使用装配机器人可以保证产品质量、降低成本，提高生产自动化水平。

5．搬运机器人

搬运机器人如图 1-17 所示，它可安装不同的末端执行器以完成各种不同形状和状态的工件搬运工作，大大减轻了人类繁重的体力劳动。世界上使用的搬运机器人逾 10 万台，被广泛应用于机床上下料、冲压机自动化生产线、自动装配流水线、码垛搬运、集装箱装卸等的自动搬运环节。部分发达国家已制定出人工搬运的最大限度，超过限度的必须由搬运机器人来完成。

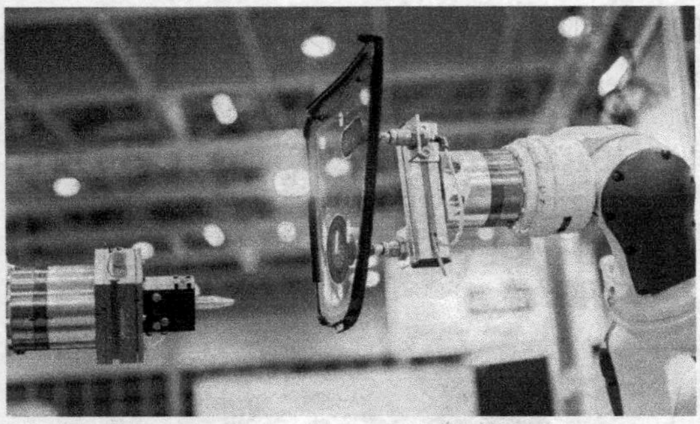

图 1-16　装配机器人

图 1-17　搬运机器人

我国工业机器人起步晚，发展缓慢。但是正如前文所述，广泛使用机器人是实现工业自动化、提高社会生产效率的一种十分重要的途径。我国正在努力发展工业机器人产业，引进国外技术和设备，培养人才，打开市场。日本工业机器人产业的辉煌得益于本国政府的鼓励政策，我国在多个五年发展纲要中也体现出了对发展工业机器人的大力支持。20 世纪 90 年代以来，工业机器人技术的研究和应用不断向智能化、模块化、多功能化以及高性能、自诊断、自修复的趋势发展，以适应市场对敏捷制造、多样化、个性化的需求。

（六）工业机器人系统组成

工业机器人系统主要由控制系统（控制柜）、工业机器人机械系统、示教器（编程器）以及各部分的连接线组成，如图 1-18 所示。

（七）工业机器人的机械系统

工业机器人机械系统是工业机器人的机械主体，是用来完成各种动作的执行机构。

工业机器人的机械系统包括机械手、基座和末端执行器。其中，机械手是机械系统的主体，它由众多活动的、相互连接在一起的关节（轴）组成，具有多个自由度，如图 1-19 所示。它也被称之为运动链。工业机器人基座，是工业机器人的基础部分，起支撑作用。末端执行器即工业机器人最后一根轴的机械接口，可安装不同的机械操作装置，如夹爪、吸盘等。

各个轴的运动通过伺服电机有针对性地调控而实现，这些伺服电机通过减速器与机械手的各部件相连。工业机器人的机械零部件概览如图 1-20 所示。

①-控制系统；②-工业机器人机械系统；③-示教器（编程器）

图 1-18　工业机器人系统组成

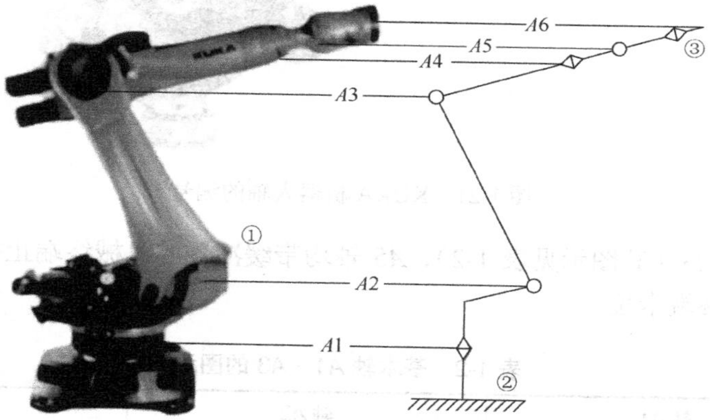

①-工业机器人本体；②-运动链的起点（工业机器人基座）；③-运动链的开放端（末端执行器）

图 1-19　工业机器人机械系统

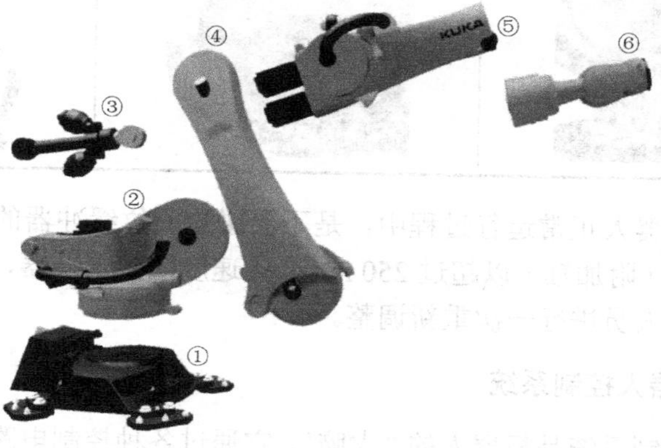

①-底座；②-腰部；③-平衡配重；④-大臂；⑤-小臂；⑥-腕部

图 1-20　工业机器人的机械零部件概览

工业机器人机械系统的壳体主要由铸铝和铸钢制成，在个别情况下也使用碳纤维部件。工业机器人从工业机器人腰部到腕部共有 6 个轴，对应的编号分别为 *A*1、*A*2、*A*3、*A*4、*A*5、*A*6。其中，*A*1～*A*3 轴为机器人的主轴，主要确定机器人末端在空间的位置，*A*4～*A*6 轴是机器人的腕部轴，主要确定机器人末端在空间的姿态。KUKA 机器人轴的编号如图 1-21 所示。

图 1-21 KUKA 机器人轴的编号

基本轴 *A*1～*A*3（其图示见表 1-2）、*A*5 轴均带缓冲器的机械终端止挡限定，附加轴上可安装其他机械终端卡位。

表 1-2 基本轴 *A*1～*A*3 的图示

轴	轴 *A*1	轴 *A*2	轴 *A*3
图示		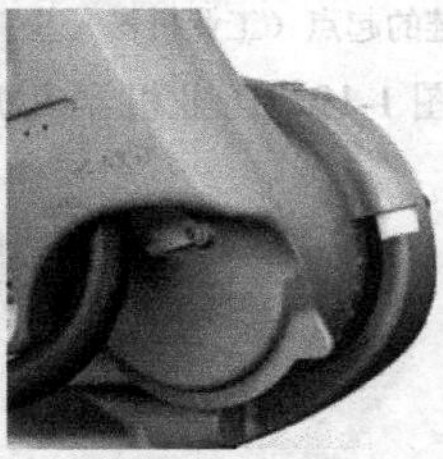	

注意，理论上机器人正常运行过程中，是不会碰撞限位缓冲器的，否则会导致机器人系统受损。如机器人（附加轴）以超过 250 mm/s 的速度撞到缓冲器，则必须更换机器人缓冲限位装置或由专业人员进行一次重新调整。

（八）KUKA 机器人控制系统

工业机器人的控制系统是机器人的“大脑”，它通过各种控制电路硬件和软件的结合来操纵机器人，并协调机器人与生产系统中其他设备之间的关系。KUKA 机器人 KR6

R700SIXX 使用的控制系统是 KR C4 compact，KR C4 compact 的紧凑型控制柜如图 1-22 所示。

KR C4 compact 控制器由以下元件组成：

① 控制 PC。负责机器人控制系统的操作界面和程序的生成、修正、存档及维护，流程控制，轨道设计，驱动电路的控制，监控，安全技术，与外围设备进行通信等。

② 电力部件。提供中间回路电压，控制电机、制动器，检查制动器运行中的中间回路电压等。

图 1-22　KR C4 compact 的紧凑型控制柜

③ 安全逻辑系统。

④ 手持式编程器 SmartPAD，具有工业机器人操作和编程所需的各种操作和显示功能。

⑤ 接线面板。其外形及接线见图 1-23、表 1-3、图 1-24、表 1-4。

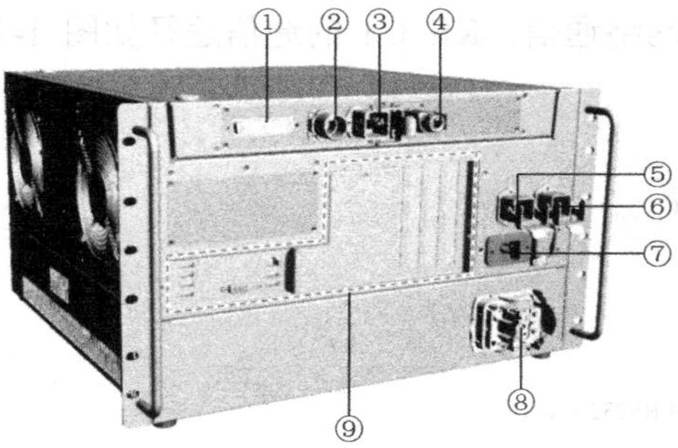

图 1-23　接线面板

表 1-3　接线面板接线说明

序号	编号	备　注
①	X11	安全接口
②	X19	SmartPAD 接口
③	X65	扩展接口
④	X69	服务接口
⑤	X21	机械手接口
⑥	X66	以太网安全接口
⑦	X1	网络接口
⑧	X20	电机插头
⑨		控制系统 PC 接口

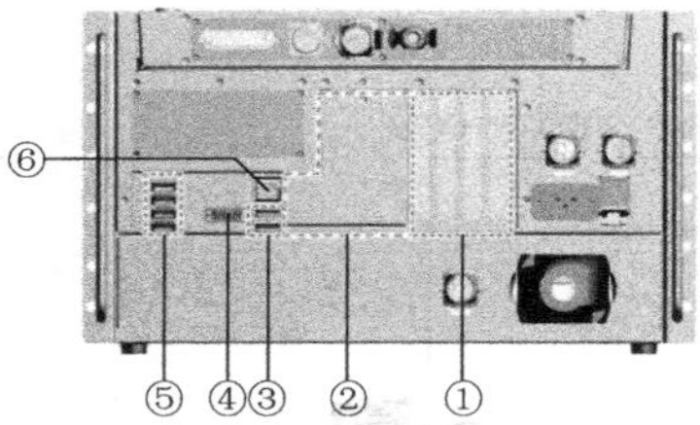

图 1-24　控制系统 PC 接口主板

表 1-4　控制系统 PC 接口主板说明

序号	备　注
①	现场总线，1～4
②	封盖，现场总线
③	2 个 USB 接口
④	DVI-I 接口（用于传送兼容信号，即视频输出）
⑤	4 个 USB 接口
⑥	LAN 板载-KUKA 选项网络接口（可连接网线）

控制系统是影响工业机器人功能和性能的主要因素，也是工业机器人系统中更新和发展最快的部件。KR C4 compact 控制系统具有以下几个方面的属性。

① 轨迹规划：工业机器人控制系统可控制工业机器人 6 个轴及最多 2 个附加的外部轴（外部轴不属于工业机器人系统，但可由工业机器人控制系统控制，例如，可实现 KUKA（库长）机器人移动的线性滑轨、双轴转台等），实现工业机器人终端运动运动轨迹的规划，工业控制系统的功能如图 1-25 所示。

② 流程控制：KUKA 机器人控制柜具有 PLC 的功能。

③ 安全控制：主要是把与安全相关的信号以及与安全相关的监控联系起来，负责关断驱动器、触发制动、监控制动斜坡、停机监控、TI 速度监控、评估与安全相关的信号、触

发与安全相关的输出端的工作。

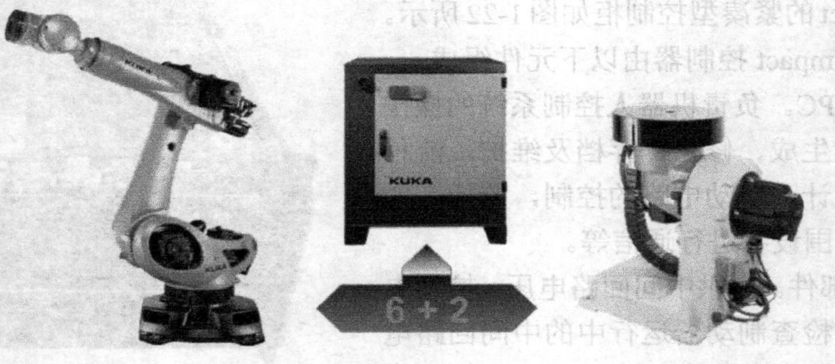

图 1-25　工业机器人控制系统的功能

④ 运动控制：用以控制机器人各轴的运动等。

⑤ 总线通信：通过可编程控制器（PLC）、其他控制单元、传感器和执行器来完成总线系统（例如，ProfiNet、以太网 IP、Interbus）的通信。

⑥ 网络通信：通过主机或其他控制系统完成网络通信，KE C4 的通信途径如图 1-26 所示。

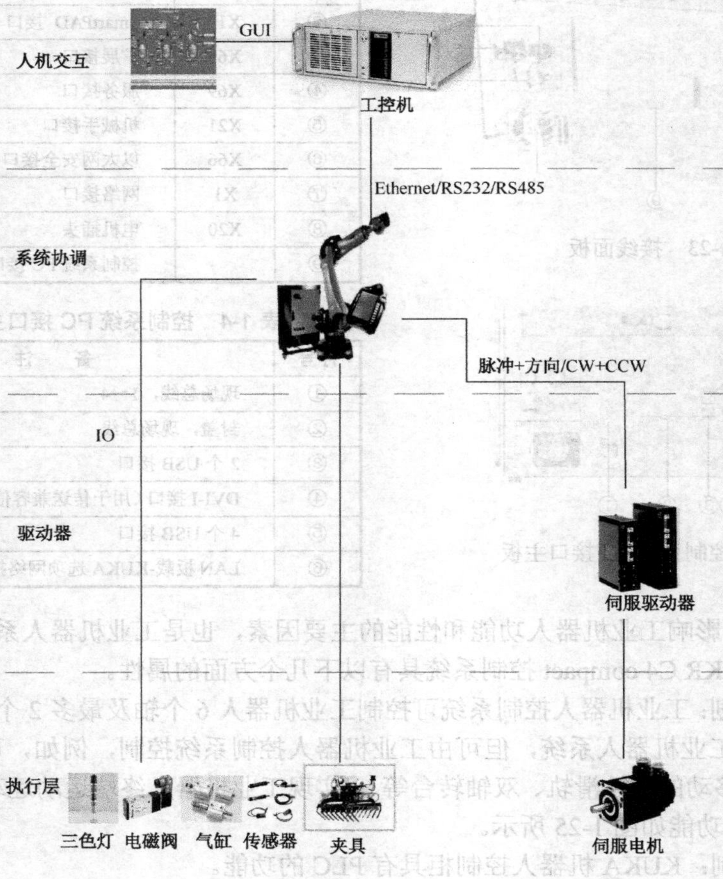

图 1-26　KR C4 的通信途径

（九）KUKA 机器人示教器

1．示教器的基本组成

对工业机器人的控制，主要是通过计算机程序。程序可以在工业机器人编程软件中编制，然后通过网络传输给工业机器人控制器。程序也可以通过一个手持式编程器在现场编制程序。工业机器人手持式编程器常被称为示教器。

图 1-27　KUKA 机器人示教器

通过示教器按键一步一步地操纵工业机器人动作，错了还可以擦去重新示教，从而让工业机器人按照示教器操纵的路径行走。只需操纵一遍工业机器人便可以记住运行路径。KUKA 机器人的手持编程器即是 KUKA SmartPAD，也称为 KCP，如图 1-27 所示。

KUKA SmartPAD 由以下几部分的组成：

① 触摸屏（触摸式操作界面），可用手或配备的触摸笔操作；

② 大尺寸竖型显示屏；

③ KUKA 菜单键；

④ 8 个移动键；

⑤ 操作工艺数据包的按键；

⑥ 用于程序运行的按键（停止/ 向前/ 向后）；

⑦ 显示键盘的按键；

⑧ 更换运行方式的钥匙开关；

⑨ 紧急停止按键；

⑩ 6D 鼠标；

⑪ 可拔出的通信接口；

⑫ USB 接口。

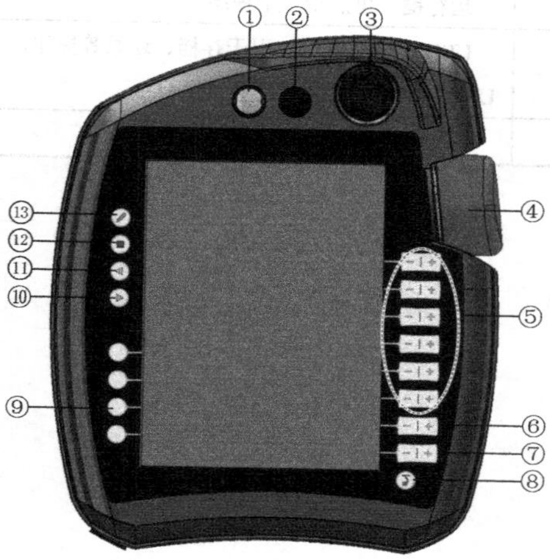

图 1-28　示教器正面按键

2．示教器操作界面

示教器操作界面是人机交互的操作与控制界面，简称 SmartHMI。示教器正面与背面的按键及功能说明分别见图 1-28、表 1-5 及图 1-29、表 1-6。

表 1-5　示教器正面按键的功能说明

序　号	说　明
①	用于拔下 SmartPAD 的按钮
②	用于调出连接管理器的钥匙开关。只有当钥匙插入时，方可转动开关。可以通过连接管理器切换运行模式
③	紧急停止键，用于在危险情况下关停机器人。紧急停止键在被按下时将自行闭锁
④	6D 鼠标，用于手动移动机器人
⑤	移动键，用于手动移动机器人
⑥	用于设定程序倍率的按键

续表

序　号	说　明
⑦	用于设定手动倍率的按键
⑧	主菜单按键，用来在 SmartHMI 上将菜单项显示出来
⑨	工艺键，主要用于设定工艺程序包中的参数。其确切的功能取决于所安装的工艺程序包
⑩	启动键，通过该键可启动一个程序
⑪	逆向启动键，使用该键可逆向启动一个程序，程序将逐步运行
⑫	停止键，使用该键可暂停正运行中的程序
⑬	键盘按键，用于显示键盘输入

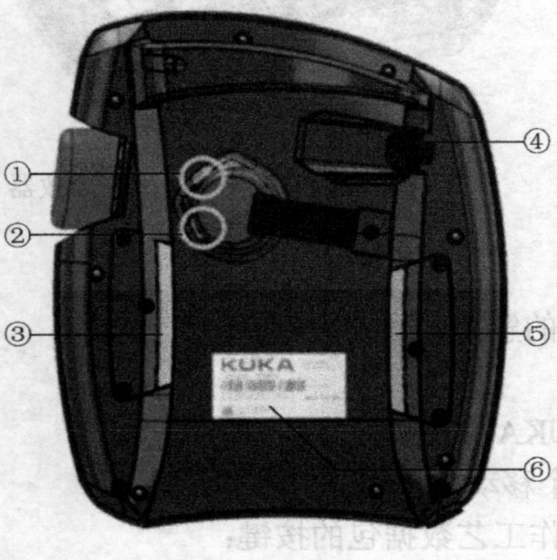

图 1-29　示教器背面按键

表 1-6　示教器背面按键的功能表

序　号	说　明
①、③、⑤	确认开关，分 3 档，即未按下、中间位置、完全按下，在 T1 或 T2 模式下，保持在中间位置方可启动机器人
②	运行键，可启动一个程序
④	USB 接口，该接口用于存档、还原等操作，U 盘格式要求为 FAT32 格式
⑥	型号名牌

四、思考与训练 1.1

1. 什么是工业机器人？
2. 简述工业机器人基本组成。
3. 简述工业机器人在工业中的典型应用。
4. 工业机器人系统中的示教器有什么作用？
5. 工业机器人系统中的控制器有什么作用？

任务 2　KUKA 机器人示教器的基本操作

一、任务描述

通过操作 KUKA 机器人示教器使机器人进行工作。在认识了示教器的基本结构和功能后，对示教器进行插入、拔下、语言设置、信息提示处理、键盘调用的基础操作。

二、任务分析

本任务旨在让学生掌握工业机器人示教器插入和拔出、语言设置、提示信息的处理和使用键盘进行编辑操作。因此，完成这一任务需要了解示教器的显示屏功能菜单、状态栏、主菜单等的组成及功能，掌握示教器的握法并进行相关任务的设置。

三、相关知识

（一）示教器显示屏界面

示教器人机交互界面如图 1-30，界面组成说明见表 1-7。

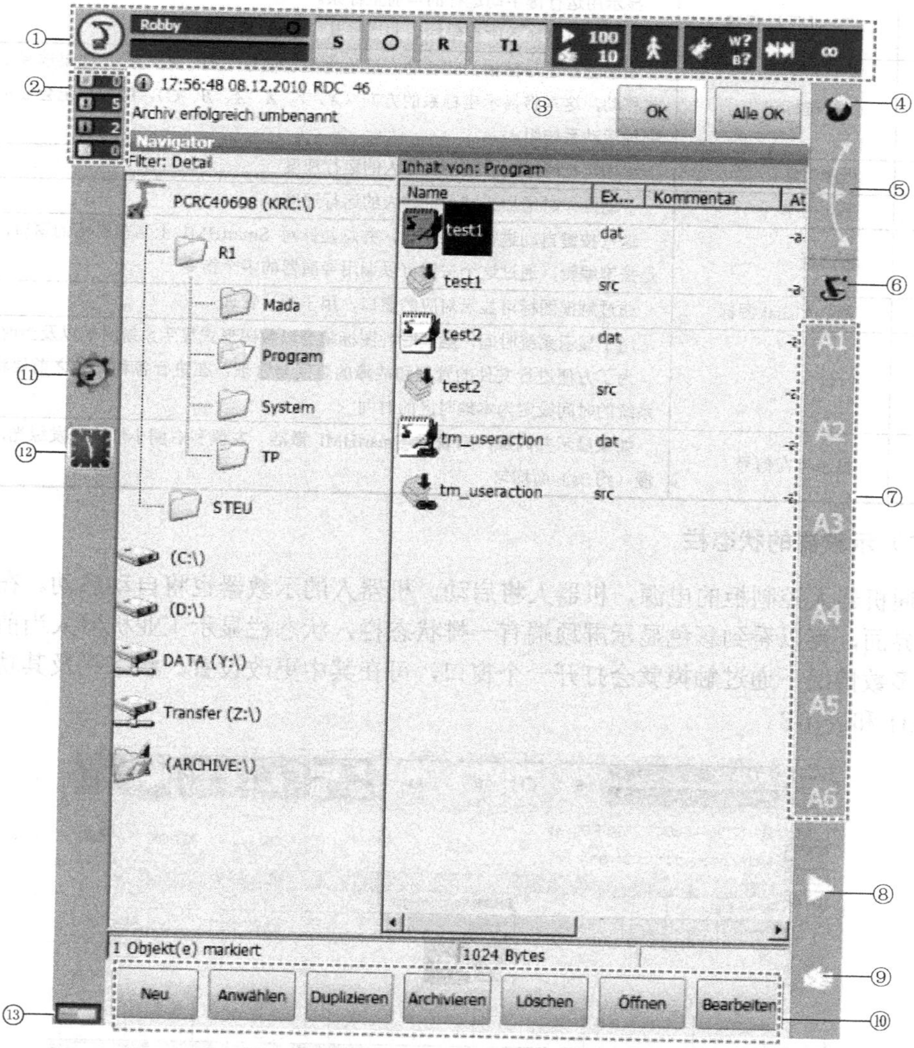

图 1-30　示教器人机交互界面

表 1-7　示教器人机交互界面组成说明

序　号	名　称	功能说明
①	状态栏	显示包含工业机器人运行模式、机器人当前运行的坐标系、程序状态等信息
②	信息提示计数器	显示每种提示信息类型及各有多少条提示信息。 触摸提示信息计数器可放大显示
③	信息窗口	信息窗口根据默认设置将只显示最后一条提示信息。 触摸提示信息窗口可放大该窗口并显示所有待处理的提示信息。 可以被确认的提示信息可用 OK 键确认。 所有可以被确认的提示信息可用全部 OK 键一次性全部确认
④	状态显示空间鼠标	显示用空间鼠标手动运行的当前坐标系。 触摸后可以显示所有坐标系并选择其中一个坐标系
⑤	显示空间鼠标定位	触摸后会打开一个显示 6D 鼠标当前定位的窗口，在窗口中可以修改定位
⑥	状态显示运行键	显示用运行键手动运行的当前坐标系。 触摸后可以显示所有坐标系并选择其中一个坐标系
⑦	运行键标记	如果选择了与轴相关的移动，这里将显示轴号（*A*1、*A*2 等）。如果选择了笛卡儿式移动，这里将显示坐标系的方向（*X*、*Y*、*Z*、*A*、*B*、*C*）。触摸标记会显示选择了哪种运动系统组
⑧	程序倍率	程序运行时增大或减少机器人的运行速度
⑨	手动倍率	手动操作时增加或减少机器人的运行速度
⑩	按键栏	这些按键自动进行动态变化，并总是针对 SmartHMI 上当前激活的窗口，最右侧是按键编辑，通过这个按键可以调用导航器的多个指令
⑪	WorkVisual 图标	通过触摸图标可显示对应的窗口，用于项目管理
⑫	时钟	用于显示系统时间，触摸时钟图标就会以数码形式显示系统时间以及当前日期。 为了方便进行文件的管理和故障的查阅与管理，在进行各种操作之前要将机器人系统的时间设定为本地时区的时间
⑬	显示存在信号	如果显示并闪烁，则表示 SmartHMI 激活。左侧和右侧小灯交替发绿光，交替缓慢（约 3s）而均匀

（二）示教器的状态栏

接通机器人控制柜的电源，机器人将启动。机器人的示教器也将自动启动。在示教器的操作界面，可以看到彩色显示屏顶端有一排状态栏，状态栏显示工业机器人当前设置的状态。多数情况下通过触摸就会打开一个窗口，可在其中更改设置。状态栏及其功能介绍见图 1-31 和表 1-8。

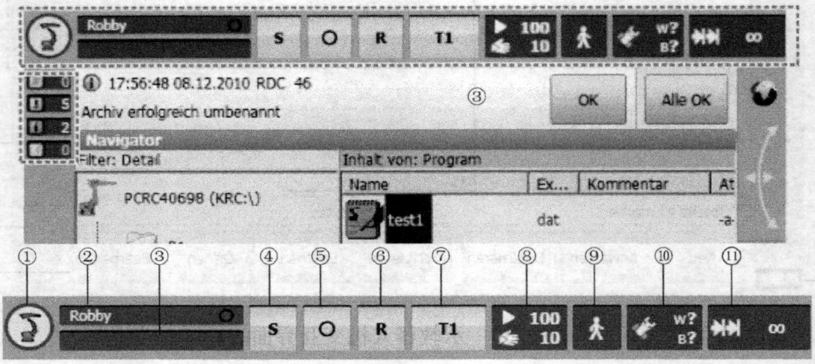

图 1-31　状态栏

表 1-8 状态栏功能说明

序 号	说 明
①	菜单按键，用来在 SmartHMI 上将菜单项显示出来（调用主菜单）
②	机器人名称，机器人名称可以更改
③	如果选择了一个程序，则此处将显示其名称
④	提交解释器的状态显示
⑤	驱动装置的状态显示。触摸该显示就会打开一个窗口，可在其中接通或关断驱动装置
⑥	机器人解释器的状态显示，可在此处重置或取消勾选程序
⑦	当前运行方式
⑧	POV/HOV 的状态显示，显示当前程序倍率和手动倍率
⑨	程序运行方式的状态显示，显示当前程序运行方式
⑩	工具/基坐标的状态显示，显示当前工具和当前基坐标
⑪	增量式手动移动的状态显示

（三）示教器主菜单介绍

单击 SmartPAD 上的主菜单键可调出主菜单界面，主菜单界面下方区域可显示上一个所选择的菜单项（最多 6 个），当需要打开这些菜单项时，可以直接选择，而无须先关闭已经打开的下级菜单。通过主菜单窗口的“关闭”按钮（左侧“X”按钮）可以关闭菜单项窗口，如图 1-32 所示。

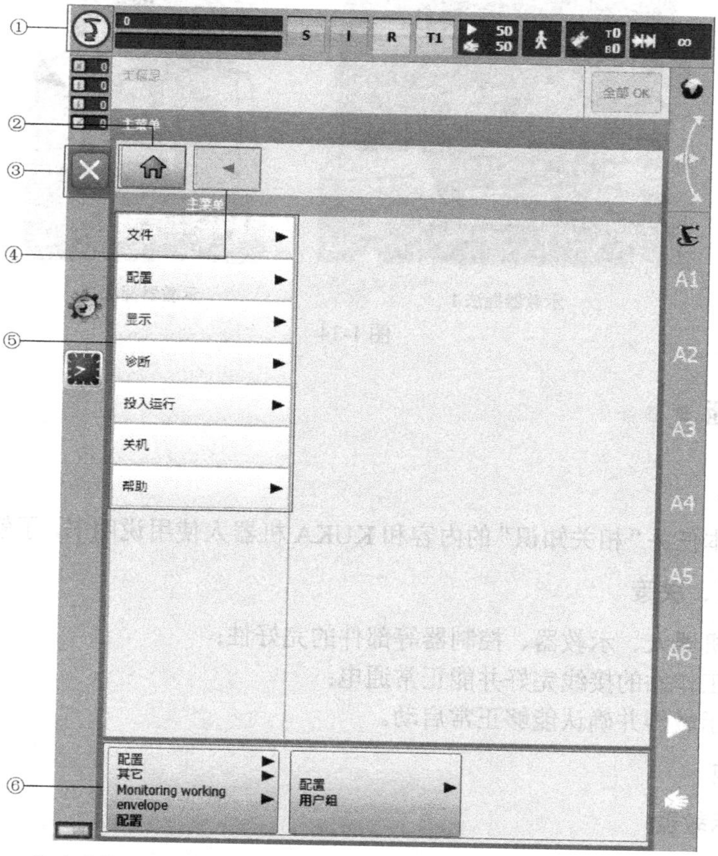

①-主菜单键；②-HOME 键；③-关闭按钮；④-上方箭头；⑤-主菜单栏

图 1-32 示教器主菜单项

（四）示教器的握法

KUKA 示教器上有 3 个确认开关键（即使能键），可方便不同习惯的人用不同方式拿握示教器。第一种方法，两手握住示教器，四指按在使能键上，对于惯用右手的人来说，则左手手指按下使能键，右手进行屏幕和按钮的操作，或者右手手指按下使能键，左手进行操作；第二种方法，左手按使能键，右手进行屏幕和按钮的操作，具体见图 1-33 和图 1-34 所示。

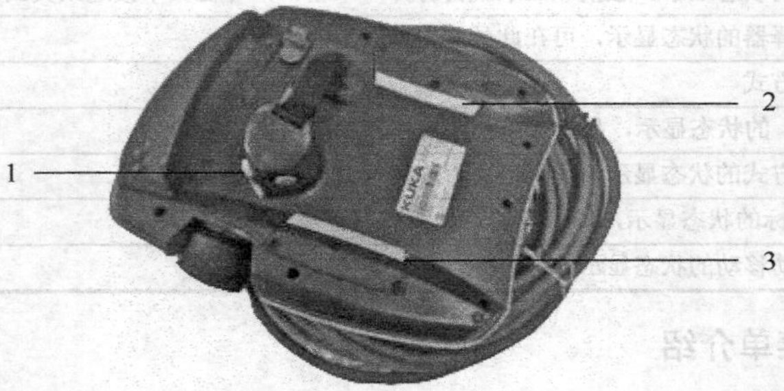

1，2，3-使能键

图 1-33　示教器 3 个确认开关键

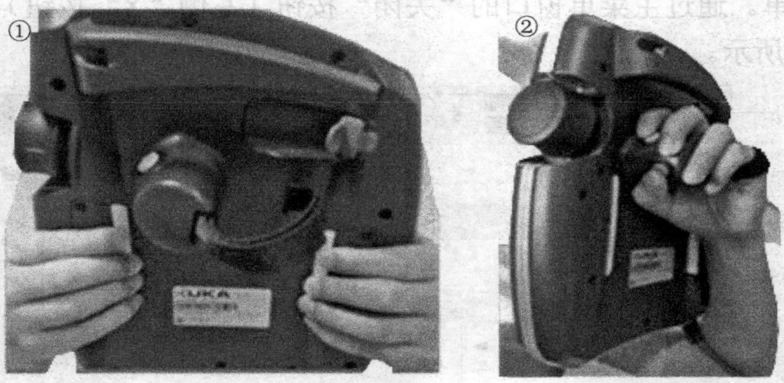

示教器握法 1　　　示教器握法 2

图 1-34

四、任务实施

（一）资讯

认真阅读本任务“相关知识”的内容和 KUKA 机器人使用说明书，了解基本操作要求。

（二）计划、决策

（1）检查机器人、示教器、控制器等部件的完好性；

（2）检查工作站的接线完好并能正常通电；

（3）检查示教器并确认能够正常启动。

（三）实施

1．拔下示教器

操作步骤：

（1）按下用来拔下示教器 SmartPAD 的按钮，如图 1-35 所示。此时库卡 SmartHMI 上会显示一条提示提示信息和一个计时器，其中提示信息是提醒当前正在进行拔下 SmartPAD 的操作；计时器计时 25s，操作人员必须在该时间内从机器人控制系统（KRC4）上拔下 SmartPAD。

（2）打开配电箱门 KRC4，从机器人控制器中拔下 SmartPAD 插头，拔下过程如图 1-36 所示。

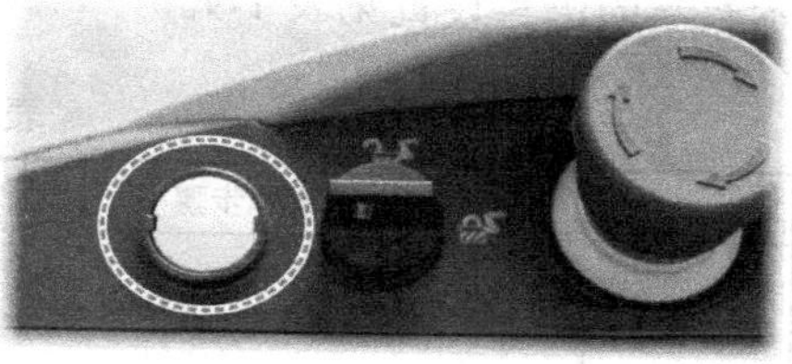

图 1-35　拔下示教器的按钮

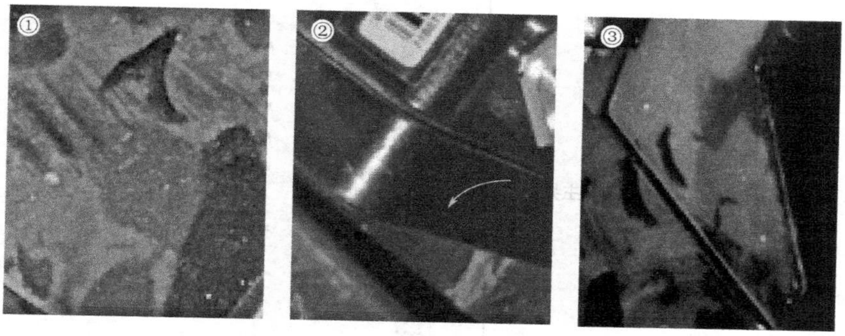

①-插头处于插接状态；②-沿箭头方向将上部的黑色部件旋转约 25°；③-向下拔下插头

图 1-36　拔下示教器插头的过程

2. 插入示教器

在插入示教器 SmartPAD 之前，首先要确保使用相同规格的 SmartPAD。具体操作步骤如下：

（1）首先打开配电箱门 KRC4，然后插入 SmartPAD 插头，如图 1-37 所示。

①-插头处于拔下状态；②-向上推插头，推上时，上部的黑色部件自动旋转约 25°；③-插头自动卡止，即标记相对

图 1-37　示教器插入过程

（2）关闭配电箱门 KRC4

操作人员将 SmartPAD 插到机器人控制器上后，必须至少在 SmartPAD 旁停留 30s，直到紧急停止键和确认键再次恢复正常功能。这样就可以避免出现操作人员在紧急情况下使用紧急停止装置而暂时无效的情况。

3. 示教器的语言设置

示教器出厂时，默认的显示语言为英语，为了方便操作，可以把显示语言设定为中文，示教器的语言设置见表 1-9。

表 1-9　示教器的语言设置

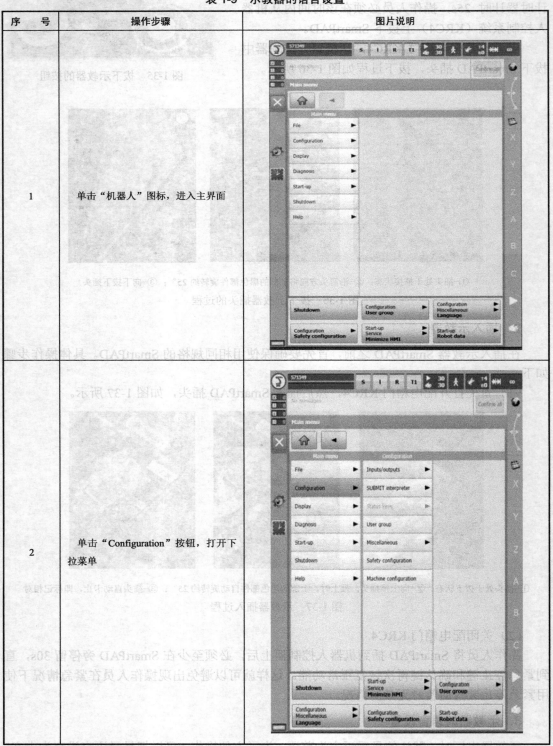

序　号	操作步骤	图片说明
1	单击“机器人”图标，进入主界面	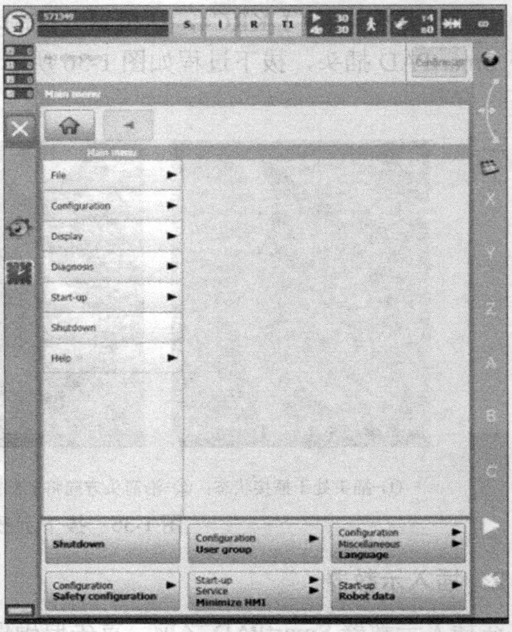
2	单击“Configuration”按钮，打开下拉菜单	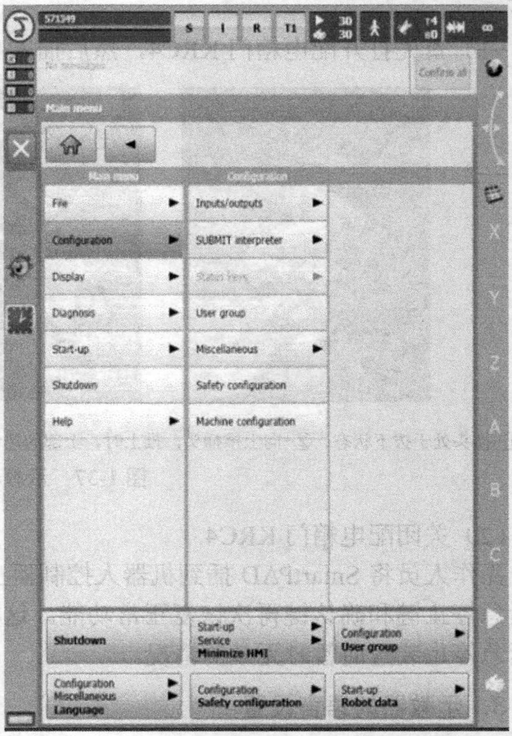

续表

序　　号	操作步骤	图片说明
3	单击“Miscellaneous”选项，打开下拉子菜单，选择“Language”命令	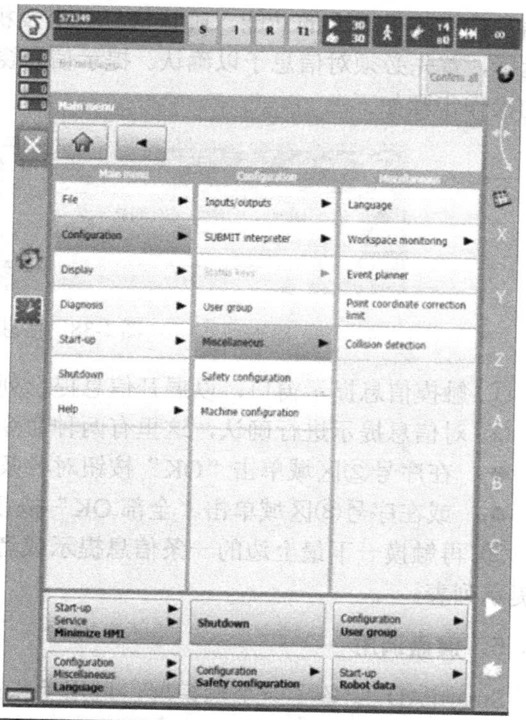
4	进入语言选择界面后，选择“中文(中华人民共和国)”，单击“OK”按钮，完成语言设置	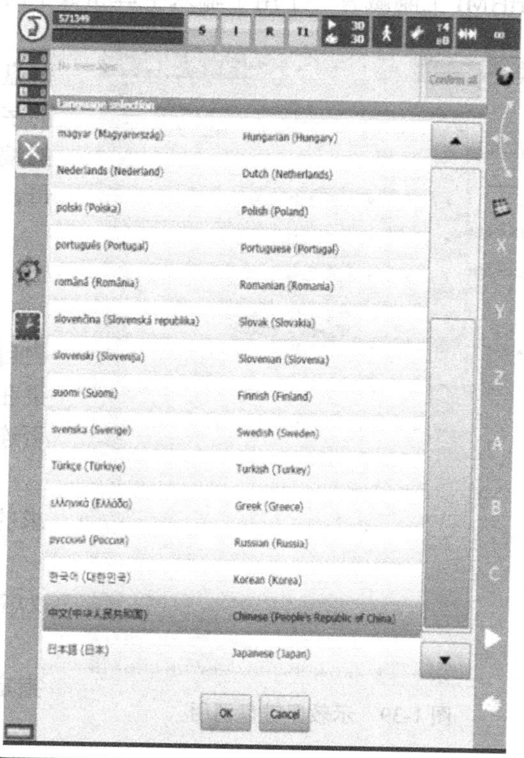

4. 提示信息处理

提示信息中都含有日期和时间，以方便为分析相关事件提供准确的时间。SmartPAD 上的信息会影响机器人的功能，确认信息会引发机器人停止或抑制其启动。为了使机器人正常运行，首先必须对信息予以确认。提示信息窗口如图 1-38 所示，观察和确认提示信息提示的操作步骤如下：

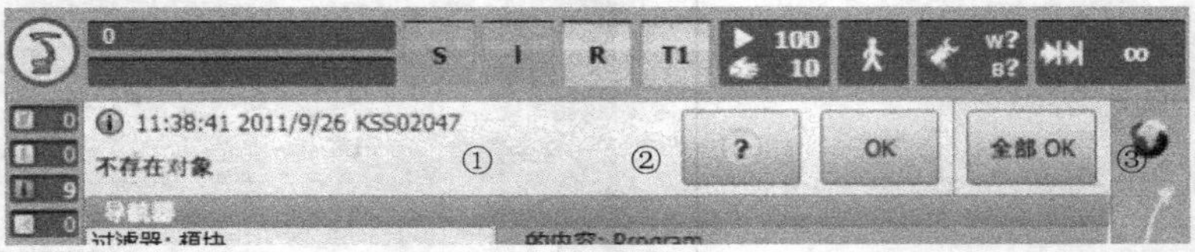

图 1-38　信息提示窗口

① 触摸信息提示窗口，以展开信息提示列表，供操作人员对信息提示进行分析。

② 对信息提示进行确认，这里有两种命令方式。

- 在序号②区域单击“OK”按钮对各条信息提示进行逐条确认。
- 或在序号③区域单击“全部 OK”按钮对所有提示信息进行确认。

③ 再触摸一下最上边的一条信息提示或者触摸屏幕左侧边缘上的“×”按钮将关闭信息提示列表。

5. 键盘调用

SmartPAD 配备了一个触摸屏，可用手指或指示笔进行操作而无须外部鼠标和键盘。SmartHMI 上隐藏有一个用于输入字母和数字的虚拟键盘。

在用户的操作过程中，可自动识别需要通过键盘输入的情况并显示键盘，且键盘只显示需要的字符。例如，当需要编辑一个只允许输入数字的编辑窗口时，则只会显示数字而不会显示字母，如图 1-39 所示。

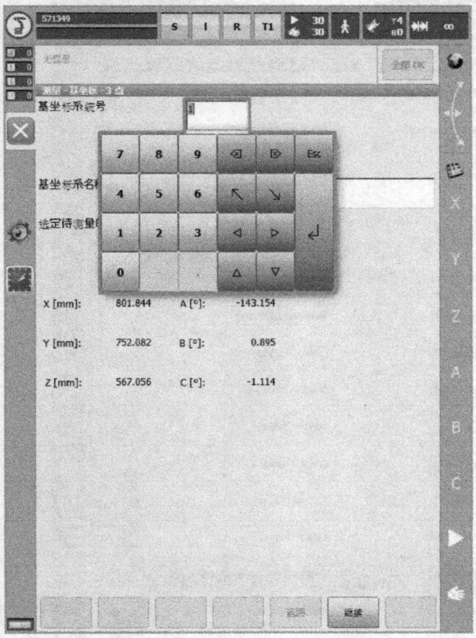

图 1-39　示教器键盘调用

（四）检查

① 插入示教器后，示教器操作界面会在 15s 内自动显示，并可以通过键盘进行编辑操作。如果在规定时间内没有显示，请检查示教器接头是否连接上。

② 检查示教器显示界面是否转换为日常要求的语言界面（英文或中文）。

③ 通过示教器运行机器人后，信息提示区为空。

④ 注意检查拔下示教器后，示教器要放在指定的位置，不得随意放在地上。

（五）评估

在完成全部操作以后，要重新回顾插入与拔下示教器、语言的设置、使用键盘编辑操作等关键环节和注意事项，对操作中出现的不规范操作要予以记录，便于下一次操作重点关注。

在操作过程中，为了对提示信息进行更好地处理，建议如下：

① 出现“OK”（确认）按钮，表示请求操作人员有意识地对信息进行分析，因此操作人员应认真地阅读。

② 首先阅读较陈旧的提示信息，较新的信息提示有可能是陈旧提示信息产生的后果。

③ 切勿轻率地按下“全部 OK”按钮。

④ 在启动后，仔细查看提示信息，在此过程中让所有提示信息都显示出来。

⑤ 触按信息提示窗口即可扩展提示信息列表。

五、知识拓展

（一）拔下示教器注意事项

在操作过程中，拔下 SmartPAD 时有以下几点需要注意：

① 如果在计数器未运行的情况下拔下示教器 SmartPAD，会触发紧急停止，只有重新插入示教器 SmartPAD 后，才能取消紧急停止。

② 在计时器计时期间，如果没有拔下示教器 SmartPAD，则此次计时失效，此时可以再次按下用于拔下示教器的按钮，以再次显示信息和计时。

③ 当 SmartPAD 拔出后，则无法再通过 SmartPAD 上的紧急停止按钮来使设备停机，所以，必须在机器人控制系统上外接一个紧急停止装置。

④ 示教器 SmartPAD 拔出后，应立即将示教器从设备上移开并放在固定位置妥善保管。为避免有效的和无效的紧急停止装置相混淆，保管处应远离机器人作业场地，但应在工作人员的视线范围内。如果没有注意该项项措施，有可能造成人身伤害及财产损失。

（二）控制系统状态信息

工业机器人操作者可以通过 SmartPAD 界面上的状态栏查看 KUKA 机器人控制系统的提示信息。控制器与操作者的通信是通过信息窗口实现的，如图 1-40 所示。SmartPAD 信息窗口中图标说明见表 1-10。

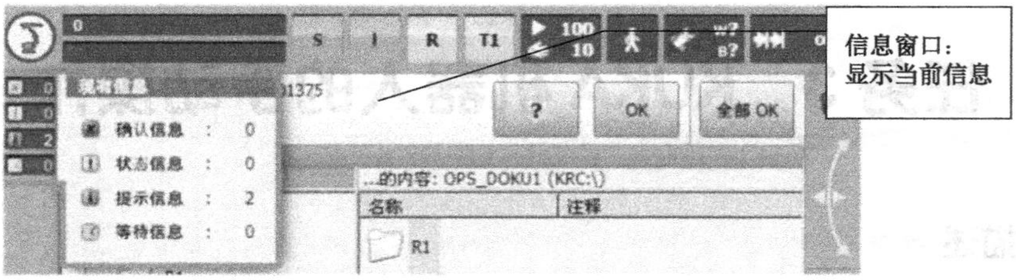

图 1-40 信息窗口

KUKA 机器人的提示信息类型可分为 5 种，具体见表表 1-10。

表 1-10　SmartPAD 信息窗口中图标说明

序　号	信息提示图标	信息描述
1		确认信息：用于显示需操作者确认才能继续处理机器人程序的状态。例如，“确认紧急停止”。确认信息会引发机器人停止或抑制机器人运动
2		状态信息：用于报告控制器的当前状态。例如，“紧急停止”。只要控制器的当前状态存在，状态信息便无法被确认
3		提示信息：提供有关正常操作机器人的信息。例如，“需要启动键”。提示信息可被确认，但是只要它们不使控制器停止，则无须确认
4		等待信息：说明控制器在等待某一事件（例如状态、信息或时间）。等待信息可通过按“模拟”按键手动取消。注意事项：“模拟”指令只允许在能够排除碰撞和其他危险的情况下使用
5		对话信息：用于控制系统与操作人员的直接通信、问询。对话信息窗口中将出现各种按键，用这些按键可给出各种不同的回答。用“OK”按钮可对可确认的信息提示加以确认，用“全部 OK”按钮可一次性全部确认所有可以被确认的信息提示

（三）使能器按键的功能与使用

使能器按键是工业机器人为保证操作人员人身安全而设置的，只有在按下使能器按键，并保持在“电动机开启”的状态，才可对机器人进行手动的操作与程序的调试。当发生危险时，人会本能地将使能器按键松开或按紧，机器人则会马上停下来，从而保证操作人员安全。

使能器按键分为两档，在手动状态下第一挡按下去（轻轻按下），驱动装置显示状态为字母“I”，且六轴代表字母显示为绿色，机器人将处于电动机开启状态。第二档按下去以后（用力按下），出现信息提示“安全停止”，机器人就会处于防护装置停止状态。

六、讨论题

1．插入、拔出示教器接头应注意什么？
2．如何切换示教器的中英文界面？
3．示教器的信息提示区有几种类型的信息，怎么处理？
4．机器人工作时，出现紧急情况时，有哪些处理方法？

任务 3　KUKA 机器人的手动操作

一、任务描述

在手动模式下完成机器人 $A1$～$A6$ 轴的单轴运动，通过 6D 鼠标完成机器人在世界坐标系下沿坐标轴（*X*、*Y*、*Z*）方向平移（直线）和环绕着坐标系的坐标轴方向（*A*、*B*、*C*）转动（旋转/回转）。

二、任务分析

本任务主要学习示教器单轴运动按键和6D鼠标的应用，进而通过按键和6D鼠标让机器人有规律地运动，所以在操纵机器人之前必须掌握机器人的运动模式、坐标轴的方向、6D鼠标的使用技巧。

三、相关知识

（一）手动运行机器人

手动运行机器人需要使用移动键或者 KUKA SmartPAD 的 6D 鼠标，仅在 T1 运行模式下才能手动移动，通过按确认键激活驱动装置。只要一按移动键或 6D 鼠标，机器人轴的调节装置便启动，机器人执行所需的运动。运动可以是连续的，也可以是增量式的，为此要在状态栏中选择增量值。

手动运行机器人分为 2 种方式，如图 1-41 所示。

（1）笛卡儿式运行：TCP（Tool Center Point，工具中心点）沿着一个坐标系的轴正向或反向运行。

（2）与轴相关的运行：每根轴均可以独立地正向或反向运行。

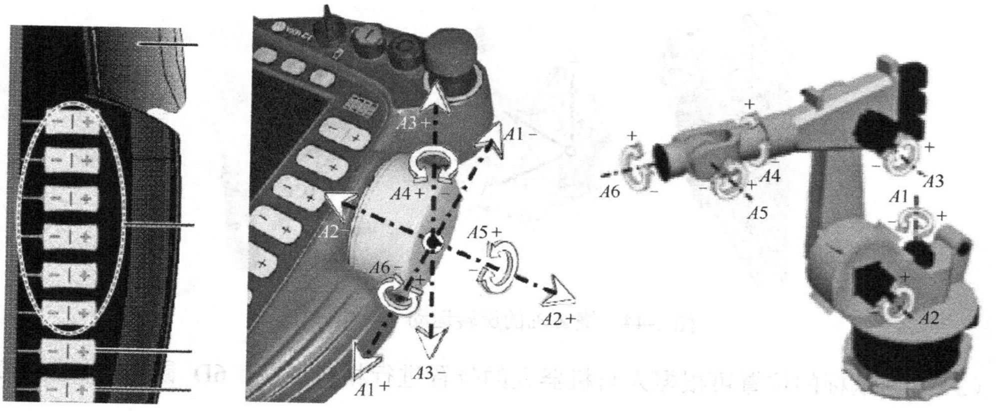

图 1-41　手动运行机器人的方式

（二）6D 鼠标的功能

在世界坐标系中，可将机器人 6D 鼠标用于沿坐标系的坐标轴（*X*、*Y*、*Z*）方向平移（直线），和环绕着坐标系的坐标轴方向（*A*、*B*、*C*）转动（旋转/回转）。坐标轴及旋转方向如图 1-42 所示。

机器人收到一个运行指令时（例如按了移动键后），控制器先计算一行程段，该行程段的起点是工具参照点（TCP），行程段的方向由世界坐标系给定。控制器控制所有轴相应运动，使工具沿该行程段运动（平动）或绕其旋转（转动）。

（1）平移：按住并拖动 6D 鼠标，向左平移运动如图 1-43 所示。

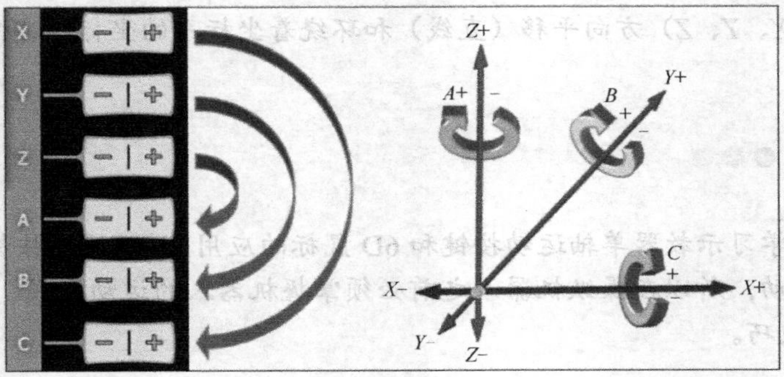

图 1-42　坐标轴及旋转方向

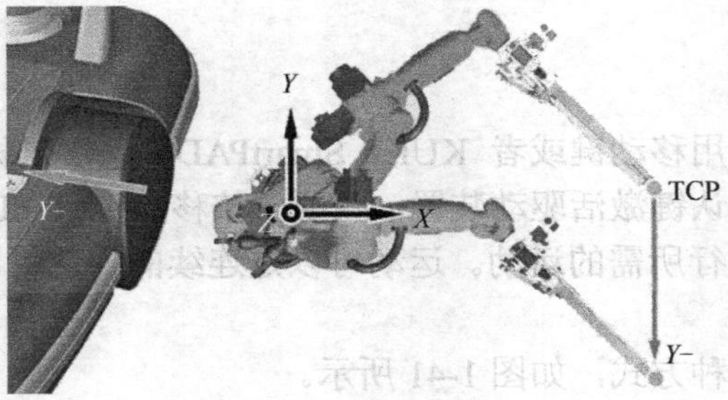

图 1-43　向左平移运动

（2）转动：转动并摆动 6D 鼠标，绕 Z 轴的旋转运动（转角 A）如图 1-44 所示。

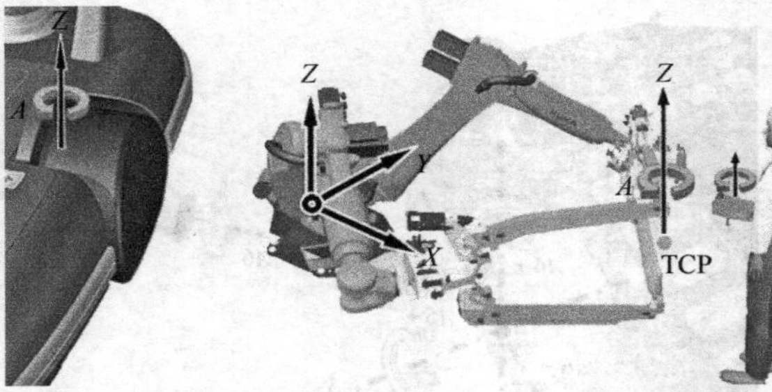

图 1-44　绕 Z 轴的旋转运动（转角 A）

（3）6D 鼠标的位置可根据人与机器人的位置进行相应调整，6D 鼠标的位置（0° 和 270°）如图 1-45 所示。

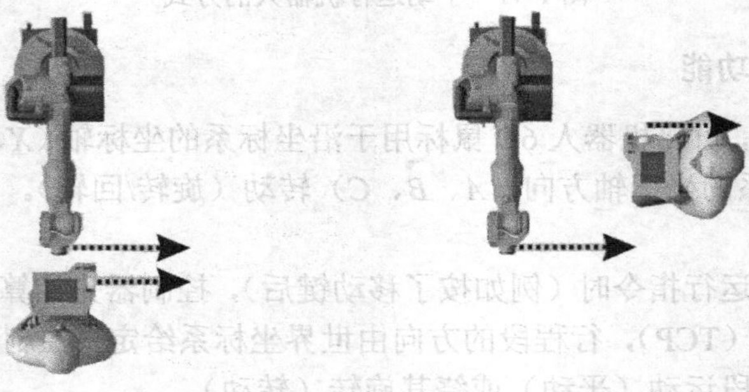

（a）0°　　（b）270°

图 1-45　6D 鼠标的位置（0° 和 270°）

三、任务实施

（一）资讯

认真阅读本任务“相关知识”的内容和 KUKA 机器人产品使用说明书的相关内容，了解基本操作要求。

（二）计划、决策

（1）检查机器人、示教器、控制器等部件的完好性；

（2）检查工作站的接线完好并能正常通电；

（3）安装夹爪工具。

（三）实施

1. 切换运行模式

在对机器人调试时，操作人员需要对机器人示教或编程，以及在点动运行模式下执行程序（包括测试、检验），这个过程可以采用手动运行 T1 或 T2 两种方式。但对新程序或者经过更改的程序必须始终先在手动慢速运行方式（T1）下进行测试。选择运行模式的操作步骤见表 1-11，运行方式说明见表 1-12。

表 1-11　选择运行模式的操作步骤

序　号	操作步骤	图片说明
1	在示教器上转动用于连接管理器的开关	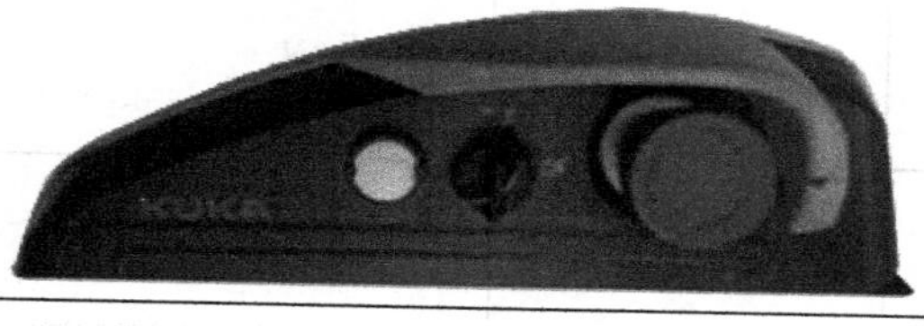
2	连接管理器显示在 SmartHMI 上，选择相应的运行方式	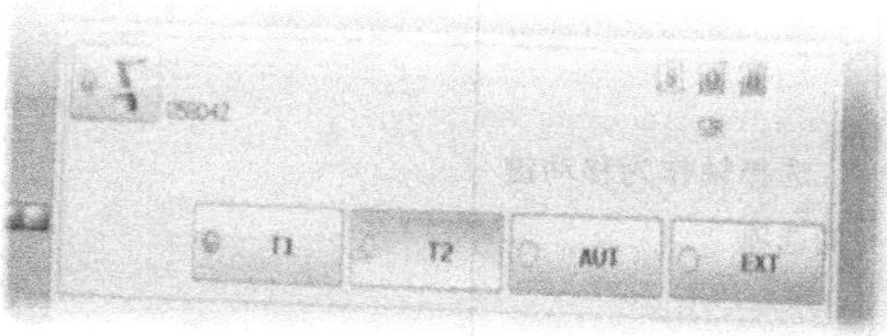
3	将用于连接管理器的开关再次转回初始位置，所选的运行方式会显示在 SmartPAD 的状态栏中	

表 1-12　运行方式说明

运行方式	使　用	速　度
T1（机械手处于手动低速运行方式下）	用于测试运行、编程和示教	■程序验证：程序设定的速度，最高为 250 mm/s ■手动运行：手动运行速度，最高为 250 mm/s

续表

运行方式	使　用	速　度
T2	用于测试运行	■程序验证：编程设定的速度 ■手动运行：　不可行
AUT（机械手处于外部运行方式下）	用于不带上级控制系统的工业机器人	■编程运行：编程设定的速度 ■手动运行：　不可行
AUT EXT（外部自动运行）	用于带有上级控制系统（例如 PLC）的工业机器人	■编程运行：编程设定的速度 ■手动运行：　不可行

2．单轴运动的手动操作

单轴运动的手动操作即与轴相关的运行操作，每个轴均可以独立地正向或反向运行。一般地，KUKA 机器人是由 6 个伺服电动机分别驱动机器人的 6 个关节轴，那么每次手动操纵一个关节轴的运动，就称为单轴运动，单轴运动的具体步骤见表 1-13。

表 1-13　单轴运动的手动操作步骤

序　号	操作步骤	图片说明
1	在示教器上转换至人机交互界面，触摸状态显示运行按钮	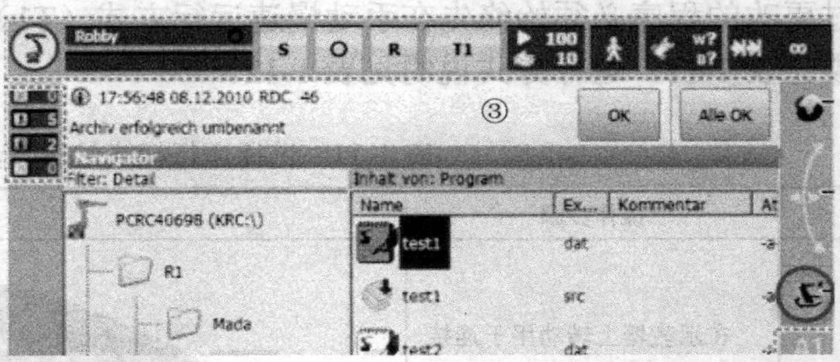
2	选择轴作为移动键的选项	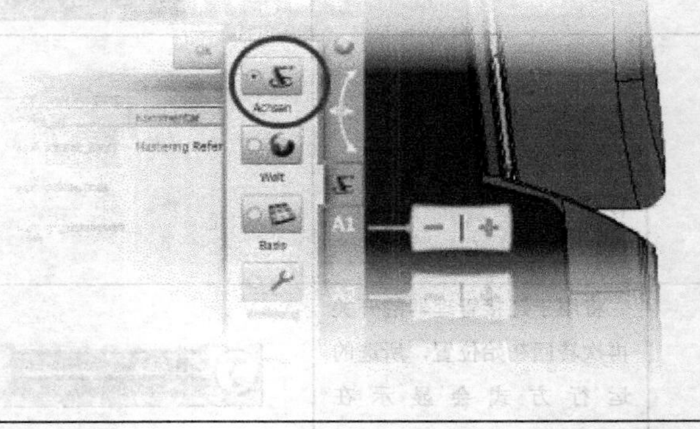
3	设置手动倍率	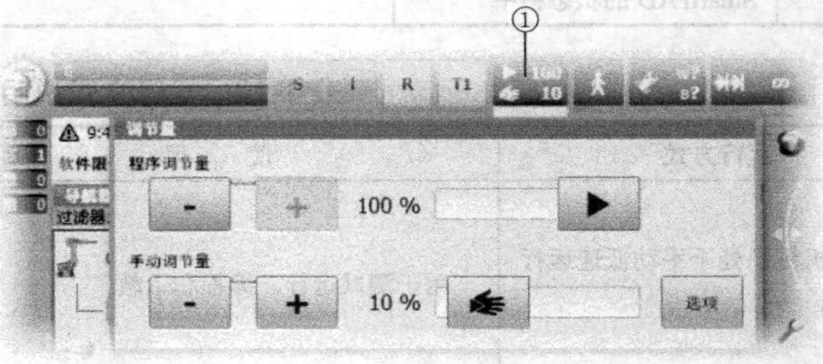

续表

序　　号	操作步骤	图片说明
4	将使能按键按至中间挡位并按住，在移动键旁边即显示 *A*1～*A*6 轴	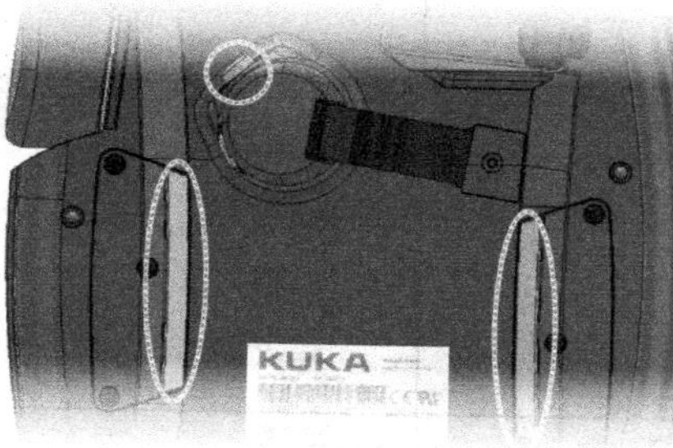
5	任意按下 *A*1～*A*6 轴正向或负向移动键，使所按轴朝正方向或反方向运动	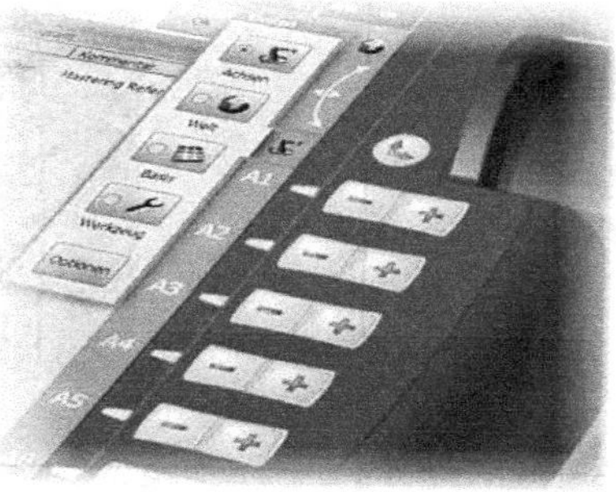

3. 6D 鼠标的手动操作

机器人的线性运动是指安装在机器人第六轴法兰盘上工具的 TCP 在空间中做线性运动，KUKA 机器人通过 6D 鼠标控制机器人的线性运动。6D 鼠标的手动操作步骤见表 1-14。

表 1-14　6D 鼠标的手动操作步骤

序　　号	操作步骤	图片说明
1	在示教器界面，通过移动滑动调节器(1)来调节 TCP 的位置	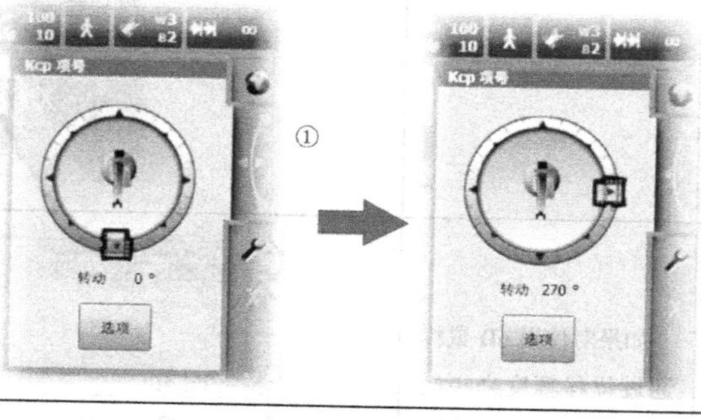
2	选择“全局”作为 6D 鼠标的选项	

续表

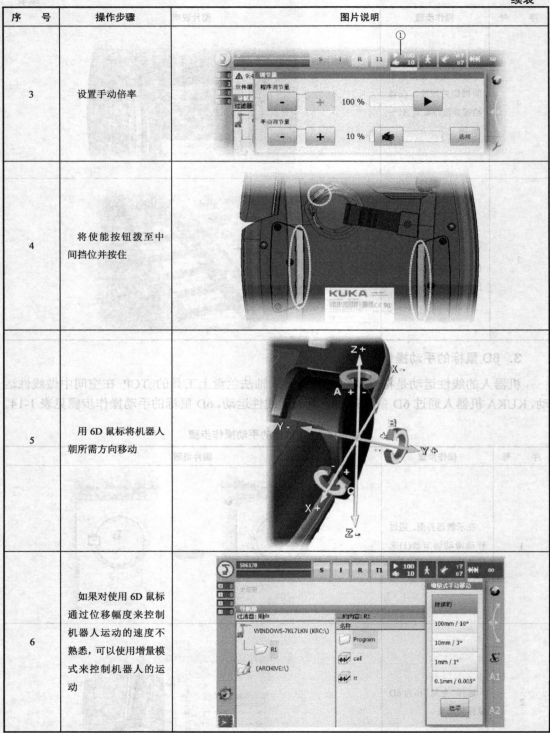

<table>
<tr><th>序　号</th><th>操作步骤</th><th>图片说明</th></tr>
<tr><td>3</td><td>设置手动倍率</td><td>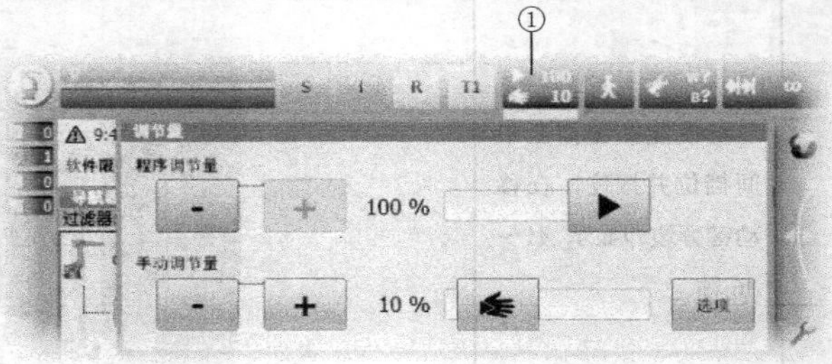</td></tr>
<tr><td>4</td><td>将使能按钮拨至中间挡位并按住</td><td>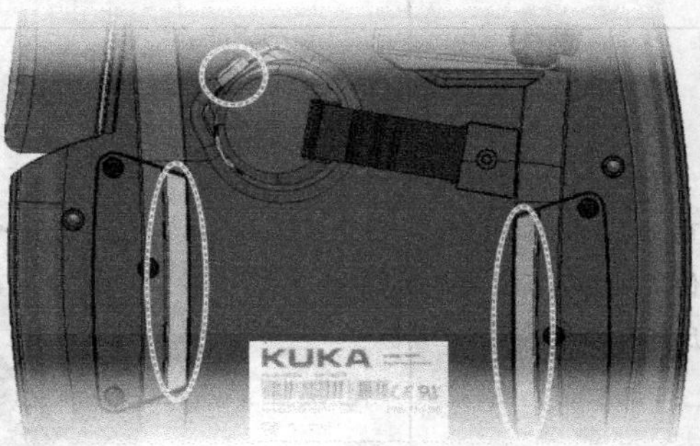</td></tr>
<tr><td>5</td><td>用 6D 鼠标将机器人朝所需方向移动</td><td>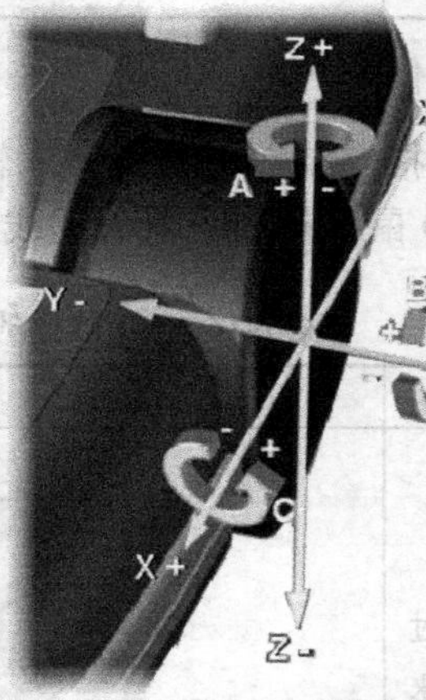</td></tr>
<tr><td>6</td><td>如果对使用 6D 鼠标通过位移幅度来控制机器人运动的速度不熟悉，可以使用增量模式来控制机器人的运动</td><td>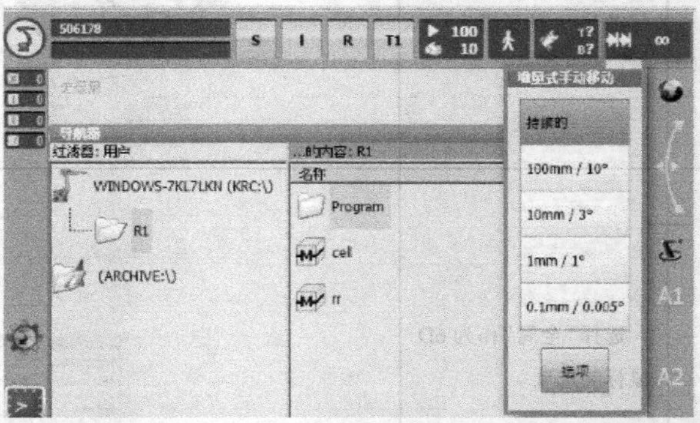</td></tr>
</table>

注：在增量模式下，6D 鼠标每位移一次，机器人就移动一步，常用的增量数据及说明见表 1-15 所示。根据需要选择增量的移动距离，就可以实现机器人增量式移动。

（四）检查

（1）检查示教器的状态栏是否显示为 T1 模式；

（2）通过示教器，能够操作机器人每根轴的运动；

（3）通过示教器，能够操作机器人沿着坐标轴直线运动和沿着坐标轴旋转运动。

表 1-15　常用的增量数据及说明

移动距离/mm	角度/（°）
100	10
10	3
1	1
0.1	0.005

（五）评估

通过上述方法可实现机器人的单轴运动和沿着坐标轴直线或旋转运动，方法可行。要掌握 6D 鼠标的使用方法和技巧，能够准确按运动方向进行操作，提高效率。

五、知识拓展

参照系中，为确定空间一点的位置，按规定方法选取的有次序的一组数据被称为“坐标”。在某一程序中规定坐标的方法，就是该程序所用的坐标系。

在工业机器人的操作、编程和投入运行时，坐标系具有重要的意义，机器人的所有运动需要通过沿坐标系轴的测量来定位目标位置。在 KUKA 机器人中规定了 5 种坐标系方向，机器人坐标系如图 1-46 所示。

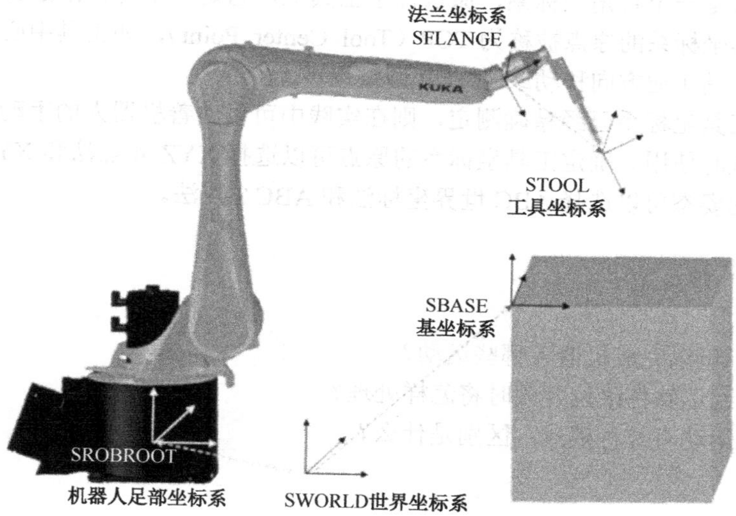

图 1-46　机器人坐标系

1. SROBROOT 机器人足部坐标系

足部坐标系又称全局参考系坐标系或绝对坐标系，是一种通用坐标系，是其他坐标系的基础。机器人足部坐标系是一个笛卡儿坐标系，固定位于机器人足部。机器人在世界坐标系中的位姿可通过足部坐标系在世界坐标系中的位姿来确定。

2. WORLD 世界坐标系

世界坐标系是系统的绝对坐标系，在没有建立用户坐标系之前，机器人上所有点的坐标都是以该坐标系的原点来确定各自的位置的。

世界坐标系是一个固定定义的笛卡儿坐标系，在默认配置中，世界坐标系位于机器人足部，与机器人足部坐标系一致；此外，世界坐标系也可以从机器人的足部“向外移出”；使用世界坐标系时，机器人的运动始终可预测，且在空间中的 TCP 运动始终是唯一的，因为原点和坐标方向始终是已知的；对于经过零点标定的机器人始终可用世界坐标系。

3. BASE 基坐标系

基坐标系也称工件坐标系，工件坐标系与工件相关，通常是最适于对机器人进行编程的坐标系。

基坐标系是一个可以自由定义、由用户订制的坐标系，它说明了基坐标系在世界坐标系中的位置，并且可以被单个测量，可以沿着工件边缘、工件支座或者货盘调整姿态。只要基坐标系已知，机器人的运动始终可以预测。确定基坐标系的原点和坐标方向可以用 3 点法和间接法或者直接数字输入法。

4. FLANGE 法兰坐标系

法兰坐标系即固定位于机器人法兰中心的坐标系，原点位于机器人的法兰中心，是工具坐标系的参照点。

5. TOOL 工具坐标系

工具坐标系是一个直角坐标系，原点位于工具上。它是一个可自由定义、由用户订制的坐标系。工具坐标系的原点被称为 TCP（Tool Center Point），即工具中心点。使用工具坐标系可以沿工具作业方向移动或绕 TCP 调整位置。

如果一个工具坐标系已经精确测定，则在实践中可以改善机器人的手动运行，并可以在轨迹运动编程时使用。确定工具坐标系的原点可以选择 XYZ 4 点法和 XYZ 参照法，确定工具坐标系的姿态可以选择 ABC 世界坐标法和 ABC 2 点法。

六、讨论题

1. 6D 鼠标可以完成机器人哪些运动？
2. 机器人到达软件限位开关时将怎样处理？
3. 机器人运动有几种模式，区别是什么？

学习单元❷

图形描图示教编程

学习目标

◎ 知识目标

1. KUKA 机器人用户权限；
2. 工具坐标系测量原理及方法；
3. 基坐标系测量原理及方法；
4. 工具坐标测量和基坐标测量的优点；
5. 工具负载的定义及影响；
6. 程序模块的创建、编辑及运行；
7. 运动指令 PTP、LIN、CIRC。

◎ 技能目标

1. 掌握 XYZ 4 点法、XYZ 参照法的测量方法及步骤；
2. 掌握 ABC 世界坐标系法、ABC 2 点法的测量方法及步骤；
3. 通过对工具坐标系测量的学习，完成尖点工具的测量；
4. 掌握输入负载数据和附加负载数据的操作方法及步骤；
5. 掌握 3 点法创建基坐标的方法及步骤；
6. 掌握 PTP、LIN、CIRC 指令的应用。

工作任务

任务 1　工具 TCP 设定
任务 2　有效载荷及基坐标设定
任务 3　平面图形描图示教编程

任务1 工具TCP设定

一、任务描述

通过 XYZ 4 点法和 ABC 世界坐标系法测量尖点工具的 TCP。

二、任务分析

本任务旨在让学生掌握工具的测量方法及工具测量的准确性。因此完成这一任务需要了解工具测量的原理，及正确使用示教器进行操作。

三、相关知识

（一）工具坐标系测量

工具坐标系是一个直角（笛卡儿）坐标系，其原点在工具上。工具坐标系的取向一般是坐标系的 *X* 轴与工具的工作方向一致。工具坐标系总是随着工具的移动而移动。

工具的测量是依托工具参照点为原点来创建一个坐标系为基础的，该参照点被称为 TCP 点，该坐标系即为工具坐标系，TCP 测量原理如图 2-1 所示。

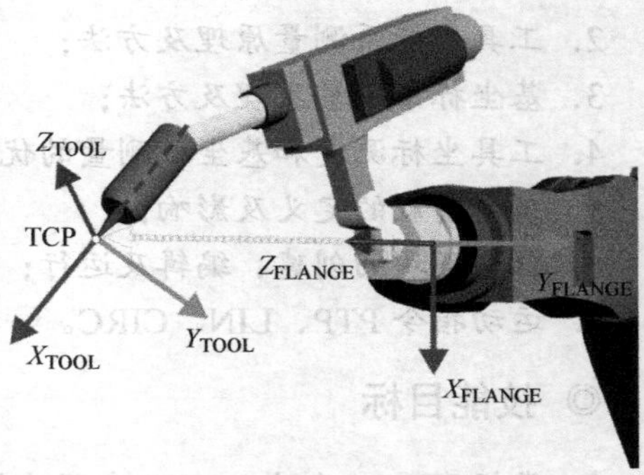

图 2-1　TCP 测量原理

工具坐标系的测量分为工具原点的确定和姿态的确定，工具坐标系测量方法见表 2-1。

表 2-1　工具坐标系测量方法

步　骤	说　明	
1	确定坐标系的原点	XYZ 4 点法
		XYZ 参照法
2	确定坐标系的姿态	ABC 世界坐标系法
		ABC 2 点法
3	数字输入	直接输入参考点至法兰中心点的距离值（*X,Y,Z*）和转角（*A*，*B*，*C*）。

1. 确定坐标系的原点

（1）XYZ 4 点法

将工具的 TCP 从 4 个不同的方向移向一个参考点（一般选择尖端点或具有明显特征的点），机器人控制系统从不同的法兰位置值中计算出 TCP 点，XYZ 4 点法如图 2-2 所示。

注：4 个不同方向的工具的姿态差距越大越好。

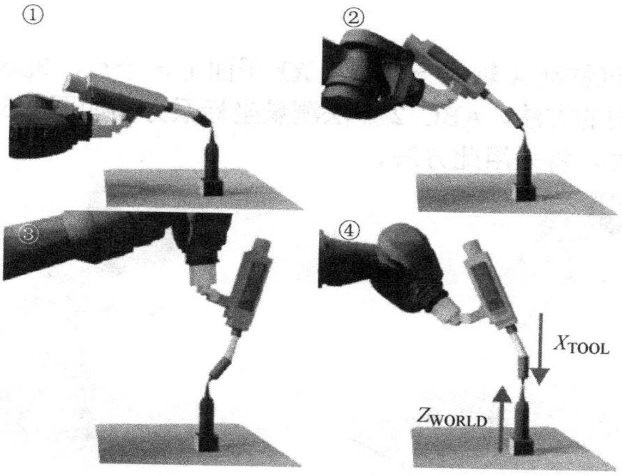

图 2-2　XYZ 4 点法

（2）XYZ 参照法

对一件新工具与一件已测量过的工具进行比较测量，机器人控制系统比较法兰位置，并对工具的 TCP 进行计算。此种方法适用于几何相似的同类工件，XYZ 参照法如图 2-3 所示。

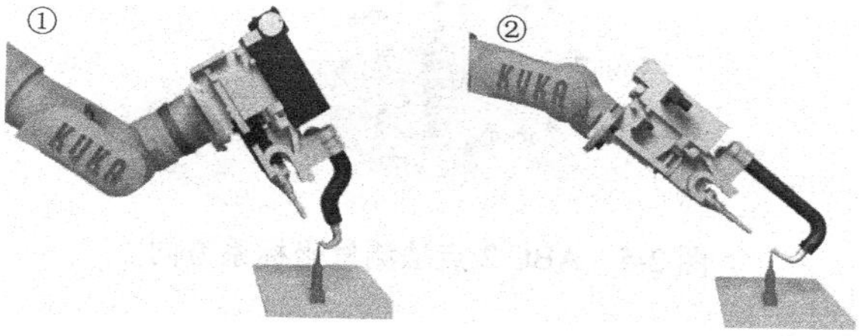

图 2-3　XYZ 参照法

2. 确定坐标系姿态

（1）ABC 世界坐标系法

ABC 世界坐标系法是将工具坐标系的轴平行于世界坐标系的轴进行校准，机器人控制系统从而得知工具坐标系的姿态。该方法具体有两种方式，即 5D 法和 6D 法，如图 2-4 所示。

① 5D 法：只将工具的作业方向告知机器人控制系统。该作业方向默认为 X 轴，其他轴的方向由系统确定，即 $+X_{\text{工具坐标}}$ // $-Z_{\text{世界坐标}}$，常用于 MIG/MAG 焊接、激光切割和水射流切割。

② 6D 法：将所有 3 根轴的方向均告知机器人控制系统，即 $+X_{\text{工具坐标}}$ // $-Z_{\text{世界坐标}}$、$+Y_{\text{工具坐标}}$ // $+Y_{\text{世界坐标}}$、$+Z_{\text{工具坐标}}$ // $+X_{\text{世界坐标}}$，如图 2-4 所示，常用于焊钳、抓爪或粘胶喷嘴。

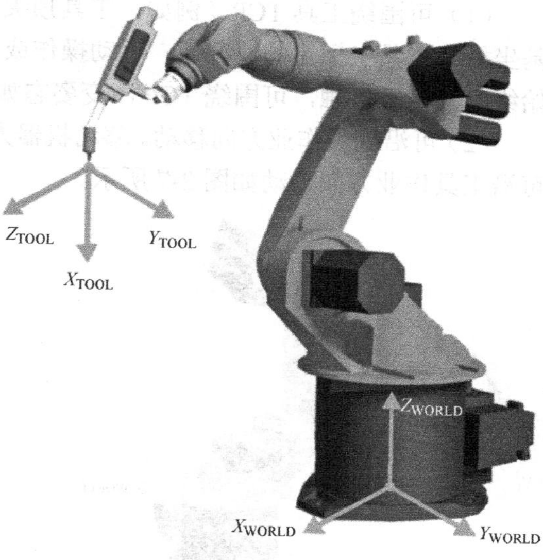

图 2-4　ABC 世界坐标系法

（2）ABC 2 点法

ABC 2 点法是通过移动 *X* 轴上一个点和 *XY* 平面上一个点，机器人控制系统即可得知工具坐标系各轴的方向的方法，ABC 2 点法测量坐标系方向如图 2-5 所示。当轴方向要求必须特别精确地确定时，将采用此方法。

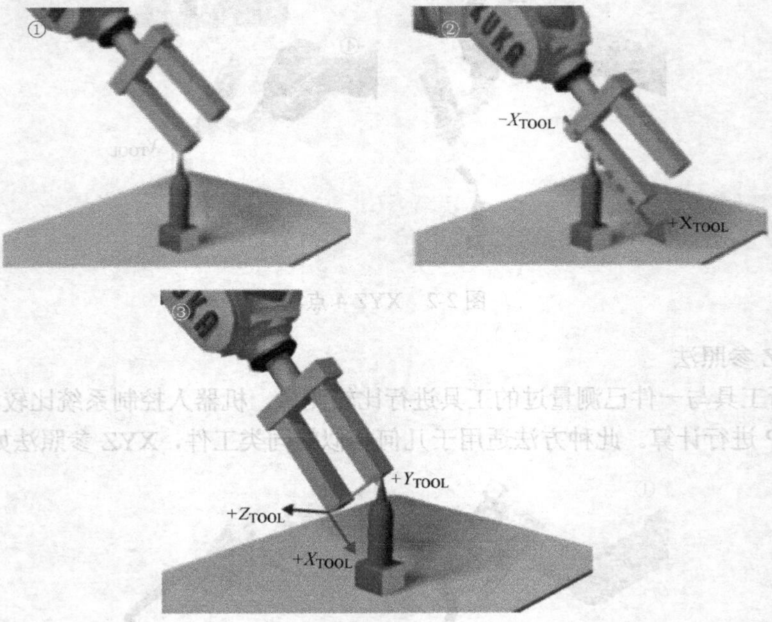

图 2-5　ABC 2 点法测量坐标系方向

（二）工具测量的意义

精确测量机器人的工具之后，有以下几个特点：

（1）可围绕工具 TCP（例如，工具顶尖）点改变姿态。将工具 TCP 靠近一个固定点，基坐标为工具坐标系的情况下，手动操作或 6D 鼠标操作机器人，不管是什么姿态，TCP 始终与固定点接触，可围绕 TCP 改变姿态如图 2-6 所示。

（2）可沿工具作业方向移动。移动机器人时，工具 TCP 点始终沿着工具作业方向移动，可沿工具作业方向移动如图 2-7 所示。

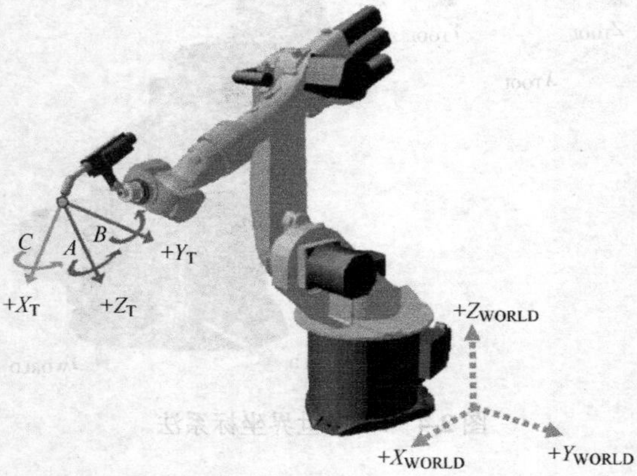

图 2-6　可围绕 TCP 改变姿态

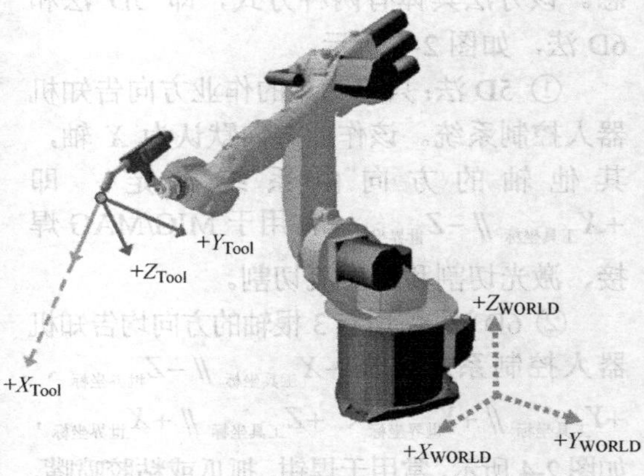

图 2-7　可沿工具作业方向移动

（3）沿着 TCP 上的轨迹保持编程的运行速度。运行程序时，工具 TCP 点的速度始终是保持设定的速度，如图 2-8 所示。

（4）定义的姿态可沿着轨迹运动。在轨迹某一点定义好机器人姿态，全局坐标系下移动机器人，其工具始终保持开始的姿态沿着轨迹运行，如图 2-9 所示。

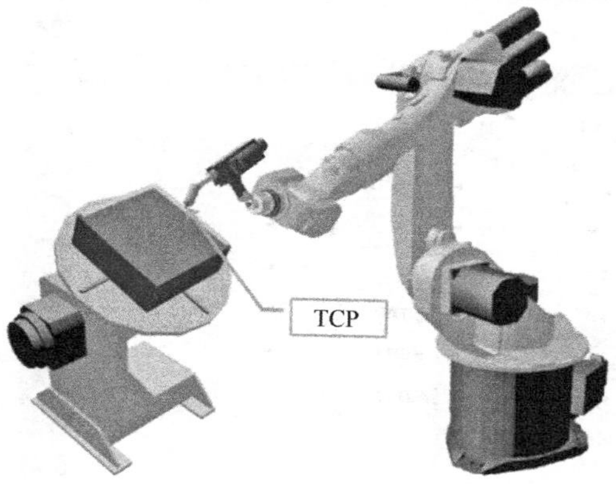

图 2-8　TCP 保持已编程设定的速度运行

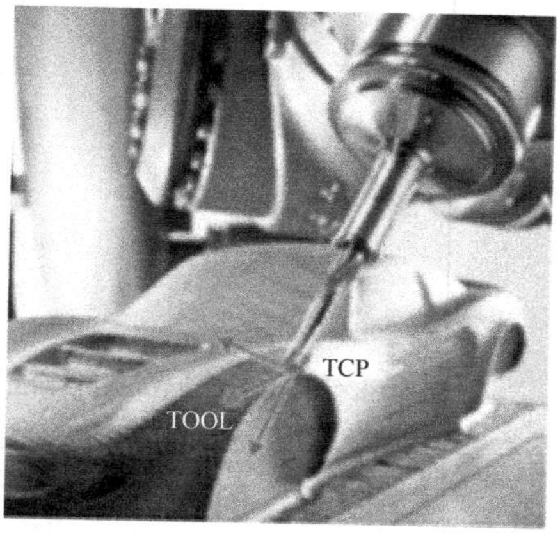

图 2-9　TCP 保持定义的姿态运行

四、任务实施

（一）资讯

认真阅读本任务“相关知识”的内容和 KUKA 机器人产品使用说明书的相关内容，了解工具测量的基本原理及要求，了解测量时的安全注意事项。

（二）计划、决策

（1）检查机器人、示教器、控制器等部件的完好性；
（2）检查工作站的接线完好并能正常通电；
（3）准备尖点工具和抓爪工具并进行安装。

（三）实施

通过 XYZ 4 点法和 ABC 世界坐标系 5D 法进行尖点工具的测量，具体方法及操作步骤见表 2-2。

（四）检查

将机器人调整至在尖点工具坐标系下运行，分别单击运行键或使用 6D 鼠标，查看其 TCP 是否围绕一点运行并查看坐标系方向是否准确，若不正确，则需要重新进行标定。

（五）评估

通过上述方法可实现机器人工具的测量，方法可行。根据不同的要求可选择不同的方法进行工具的测量。为了使得到的工具坐标更准确，通过 XYZ 4 点法确定坐标系原点的时候各姿态的偏差越大越好。

表 2-2　尖点工具测量的方法和步骤

序　号	操作步骤	图片说明
1	单击“投入运行”菜单，选择“测量”选项	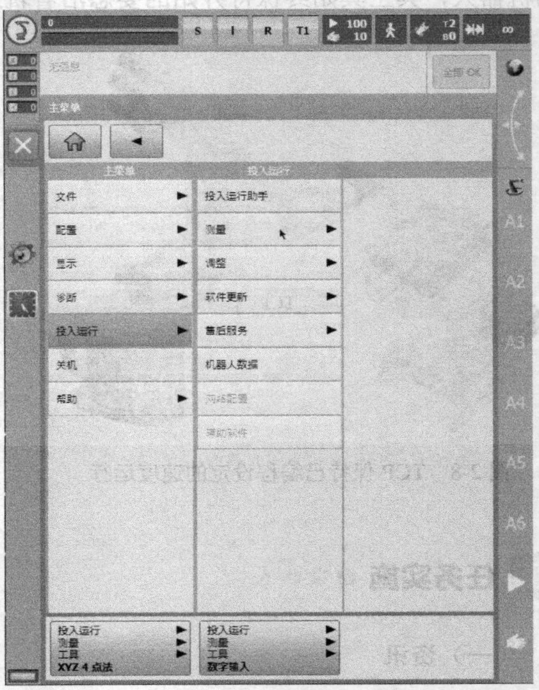
2	单击“工具”菜单，选择“XYZ 4 点法”选项	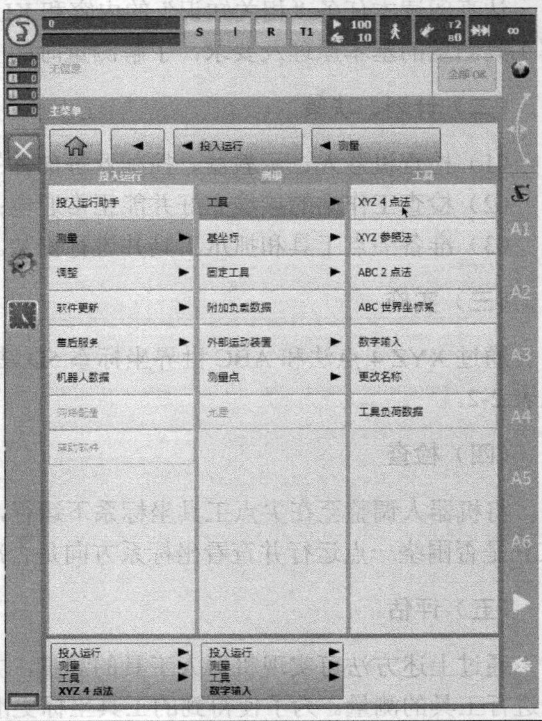

续表

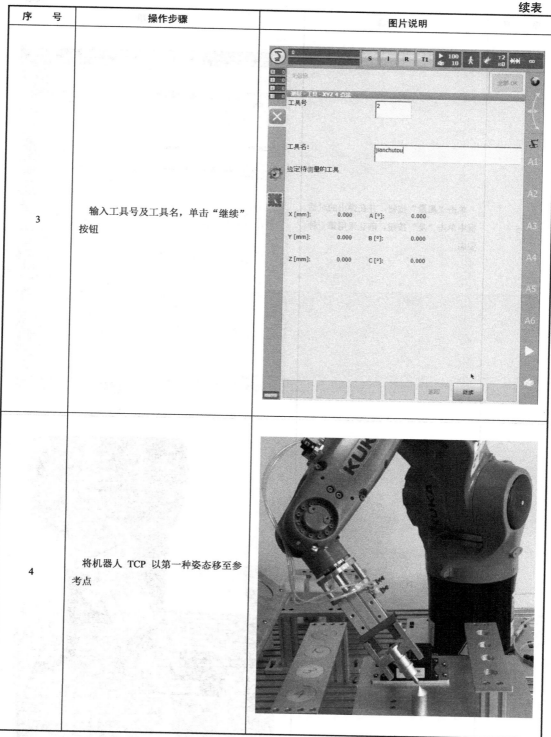

序　　号	操作步骤	图片说明
3	输入工具号及工具名，单击“继续”按钮	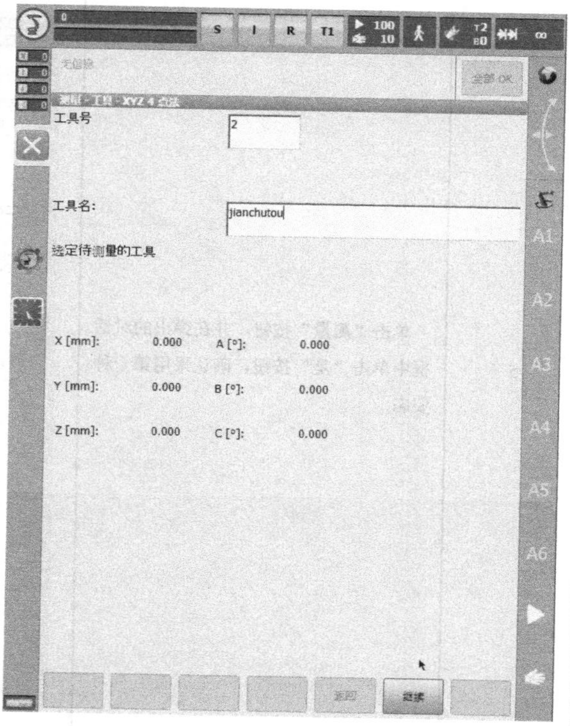
4	将机器人 TCP 以第一种姿态移至参考点	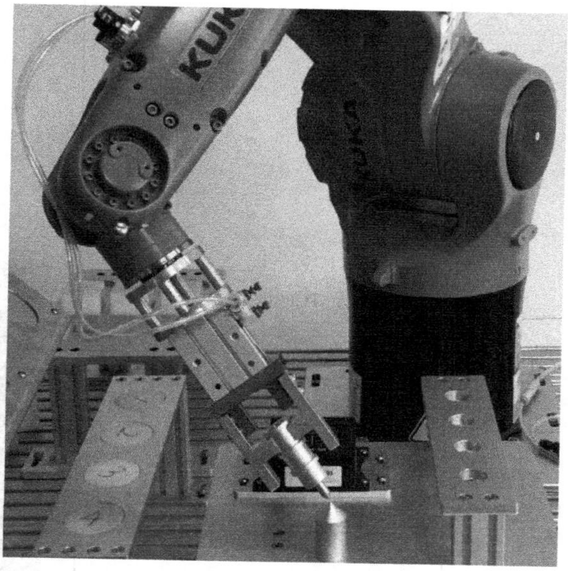

续表

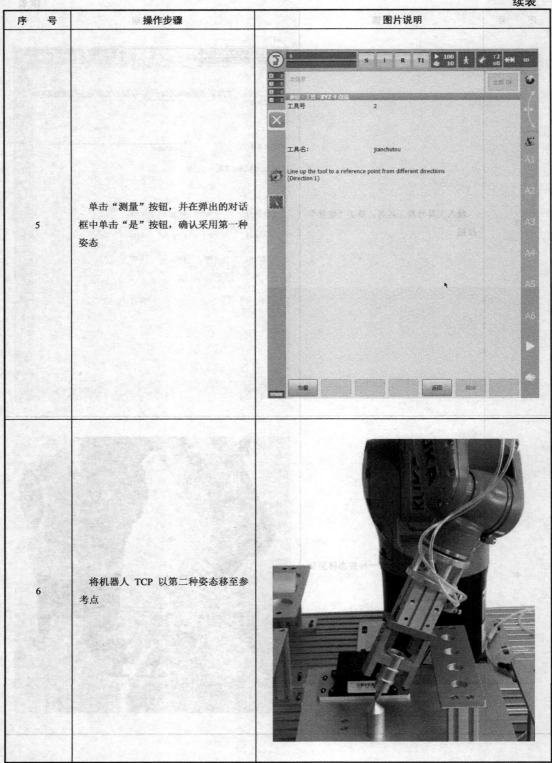

序　号	操作步骤	图片说明
5	单击“测量”按钮，并在弹出的对话框中单击“是”按钮，确认采用第一种姿态	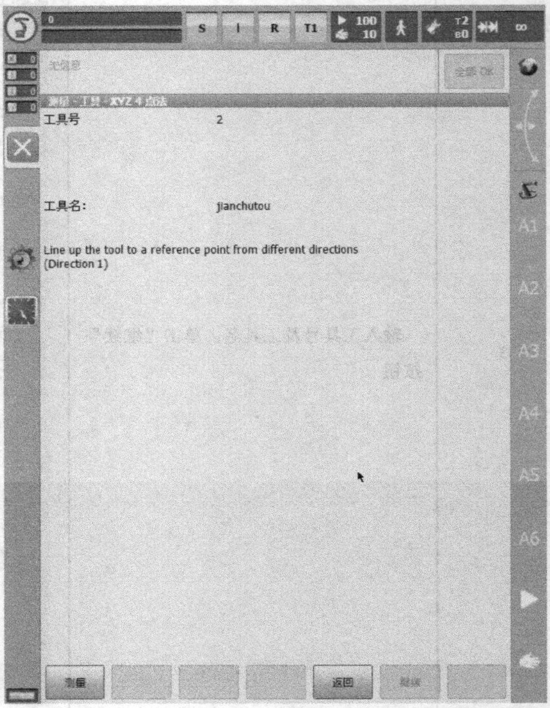
6	将机器人 TCP 以第二种姿态移至参考点	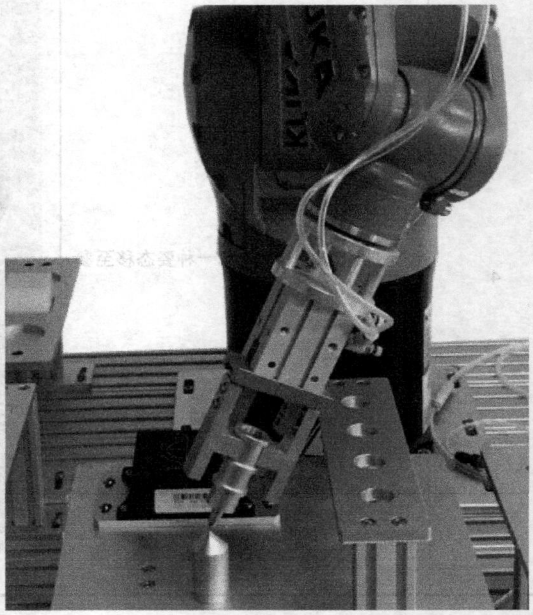

续表

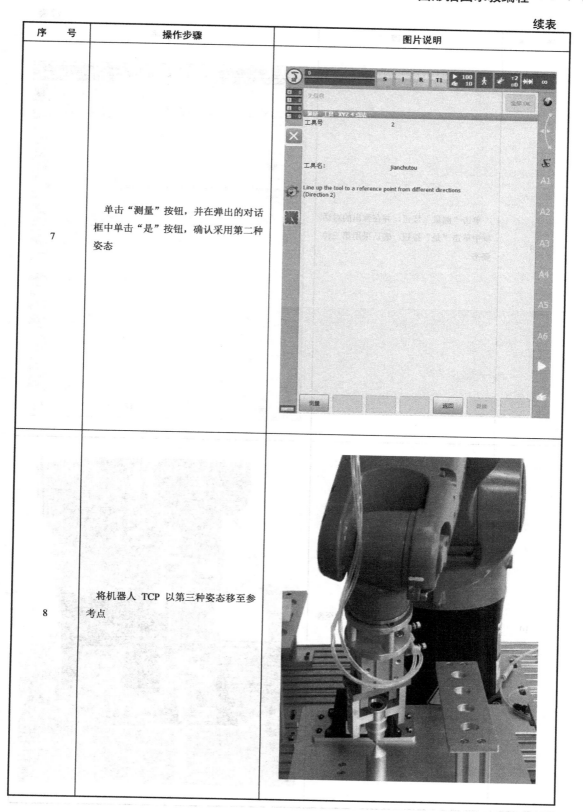

序　号	操作步骤	图片说明
7	单击“测量”按钮，并在弹出的对话框中单击“是”按钮，确认采用第二种姿态	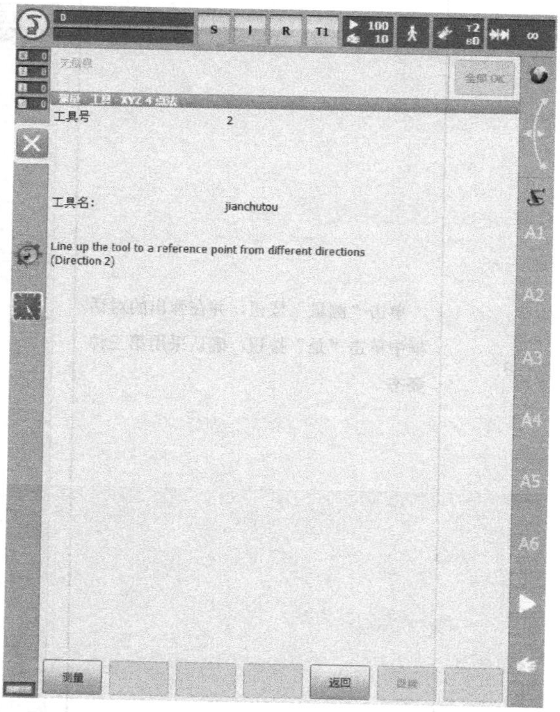
8	将机器人 TCP 以第三种姿态移至参考点	

续表

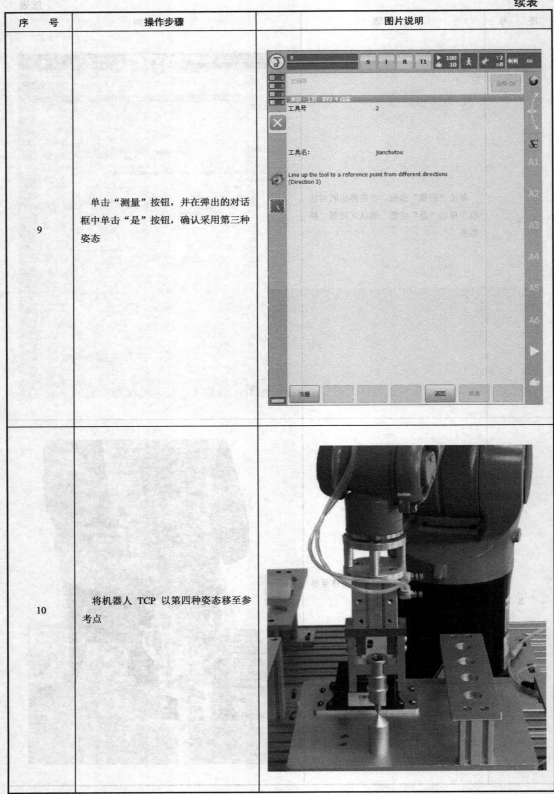

序　　号	操作步骤	图片说明
9	单击“测量”按钮，并在弹出的对话框中单击“是”按钮，确认采用第三种姿态	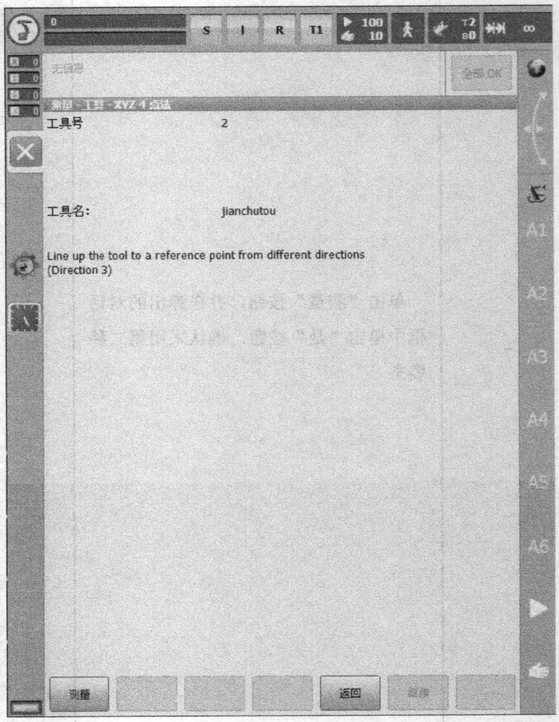
10	将机器人 TCP 以第四种姿态移至参考点	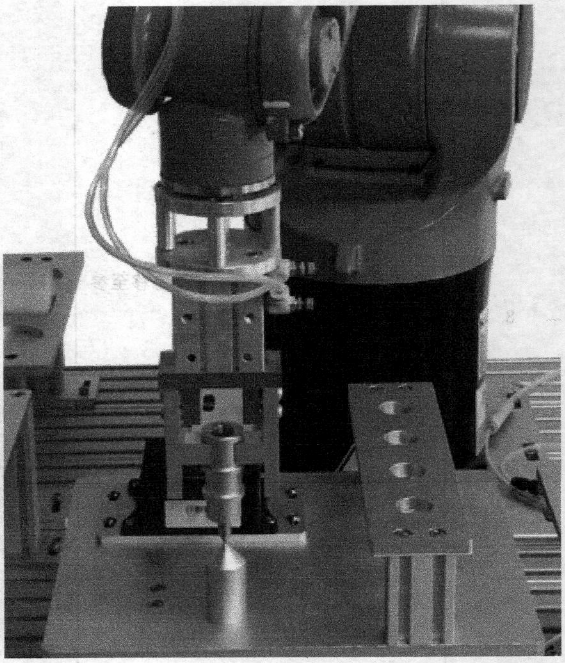

续表

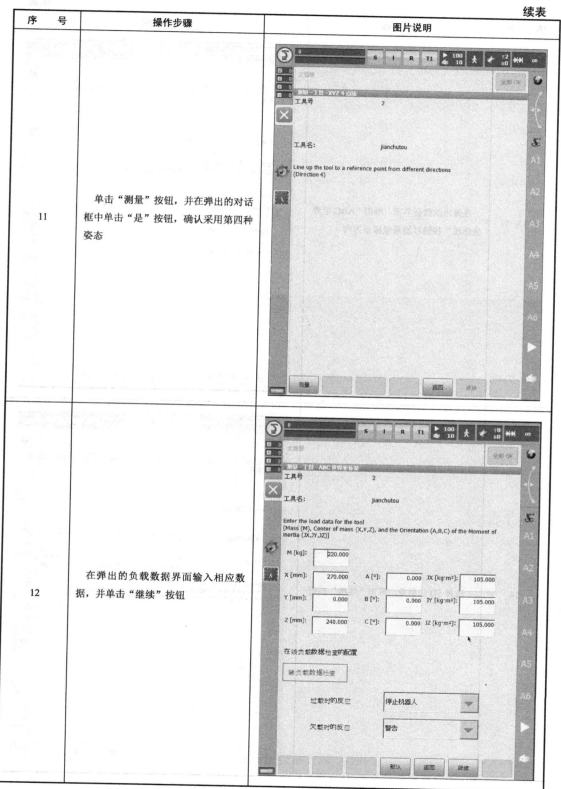

序　号	操作步骤	图片说明
11	单击“测量”按钮，并在弹出的对话框中单击“是”按钮，确认采用第四种姿态	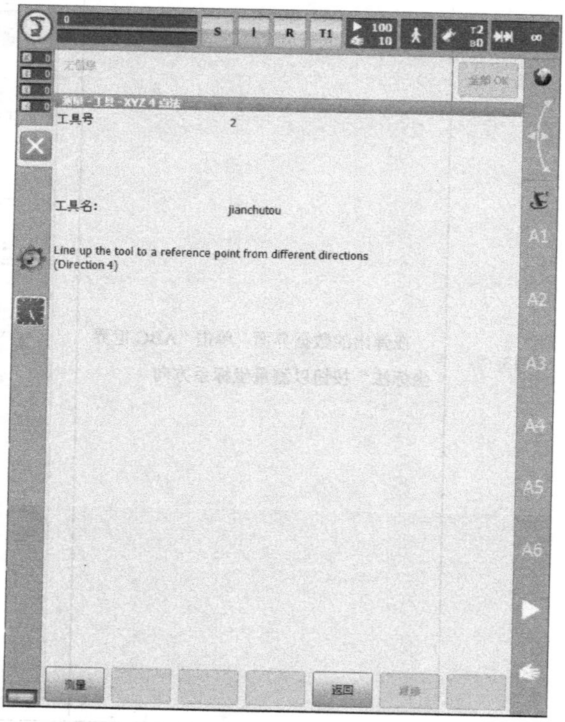
12	在弹出的负载数据界面输入相应数据，并单击“继续”按钮	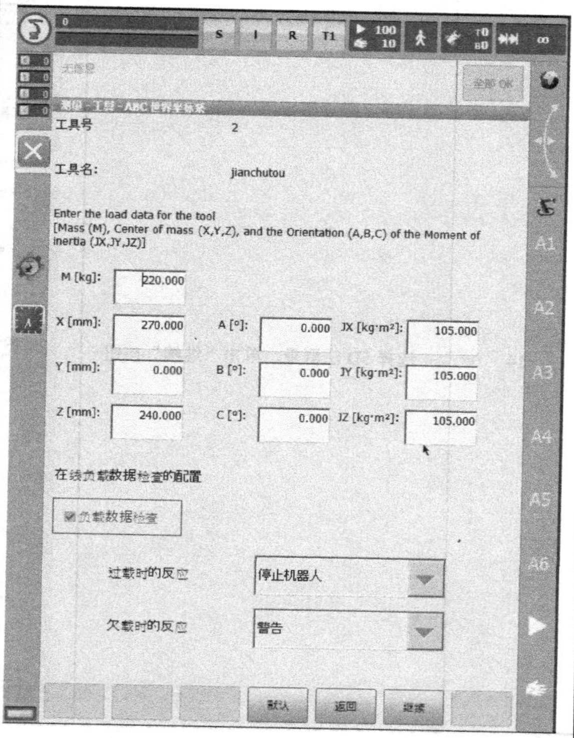

续表

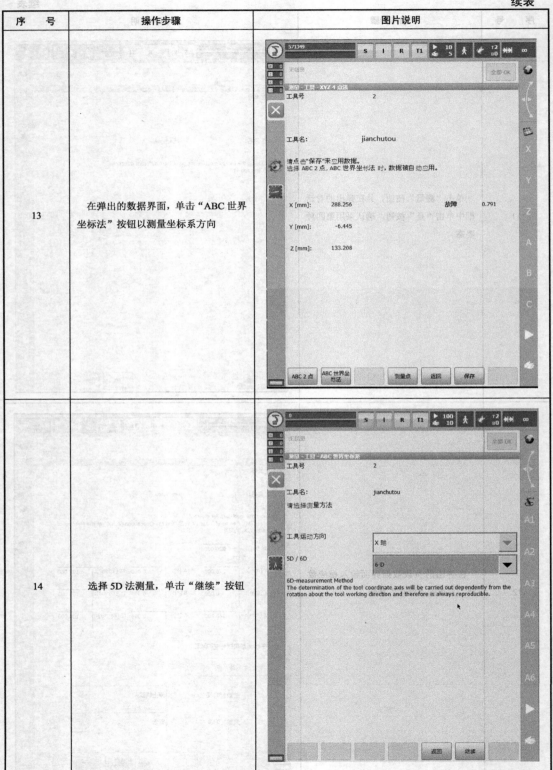

序　号	操作步骤	图片说明
13	在弹出的数据界面，单击“ABC 世界坐标法”按钮以测量坐标系方向	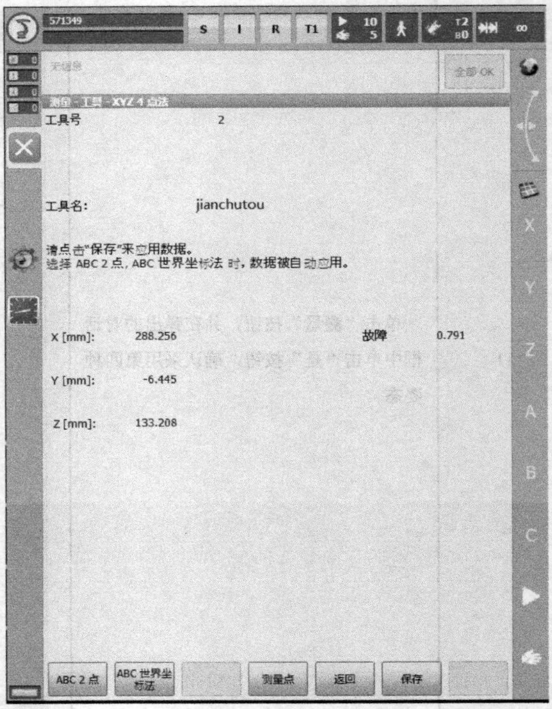
14	选择 5D 法测量，单击“继续”按钮	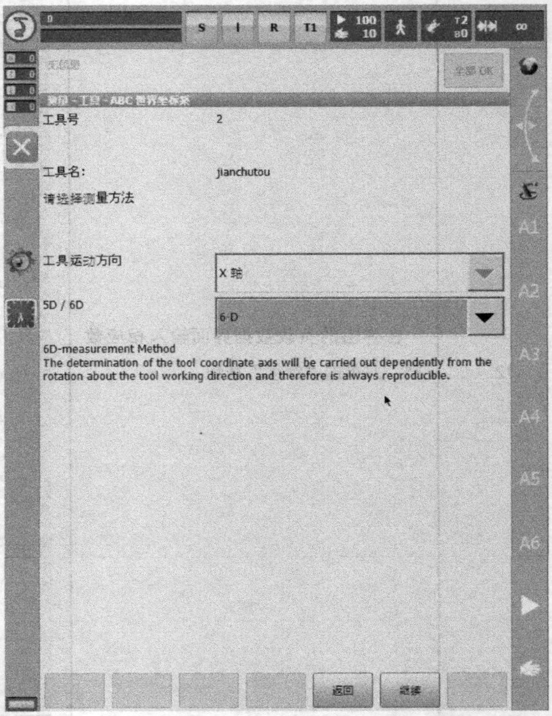

续表

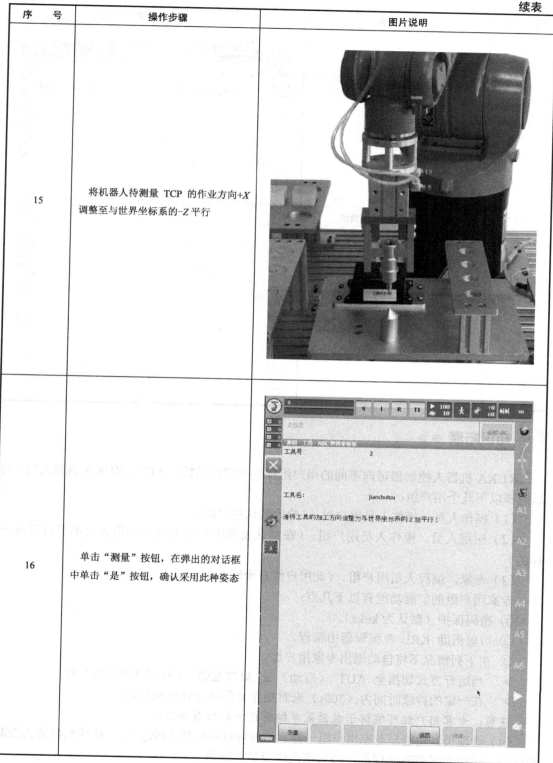

序　　号	操作步骤	图片说明
15	将机器人待测量 TCP 的作业方向+X调整至与世界坐标系的$-Z$平行	
16	单击“测量”按钮，在弹出的对话框中单击“是”按钮，确认采用此种姿态	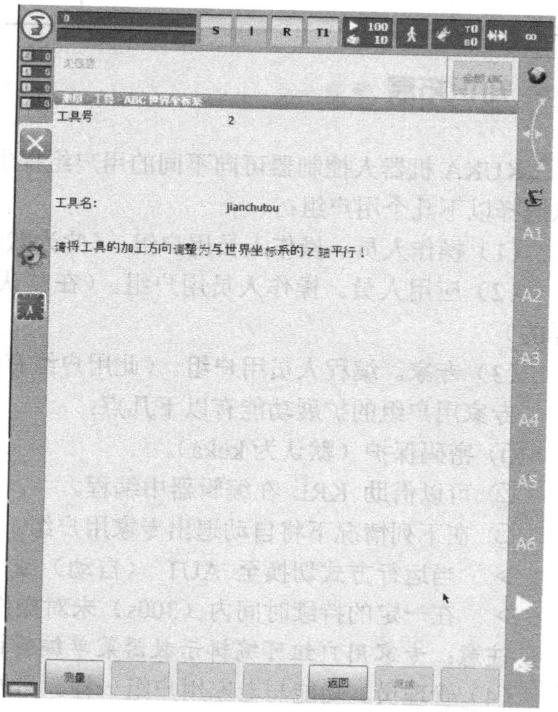

续表

序　号	操作步骤	图片说明
17	单击“保存”按钮，保存数据	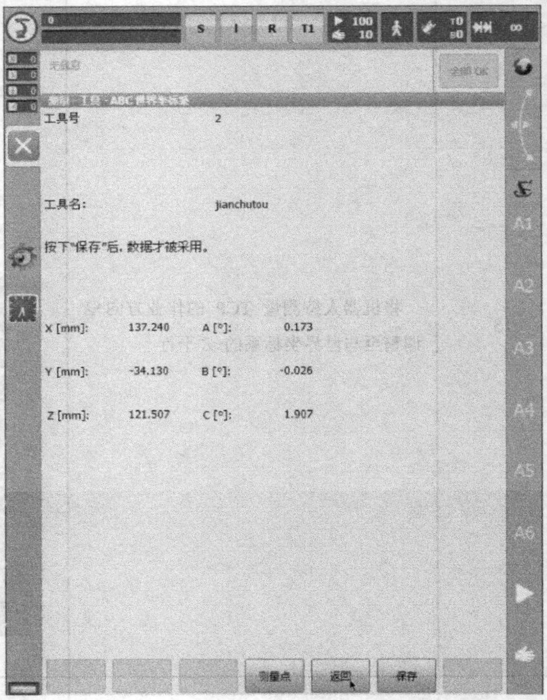

五、知识拓展

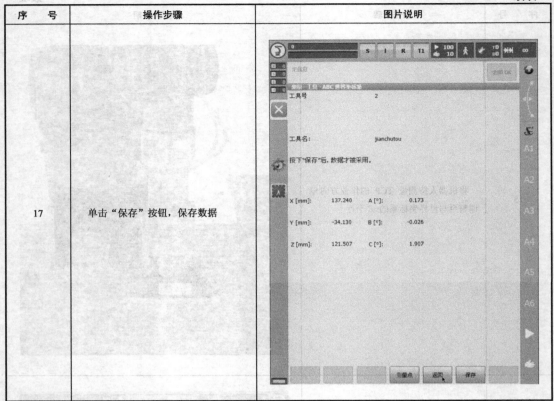

KUKA机器人控制器可向不同的用户组提供不同的功能。在操作KUKA机器人时，可以选择以下几个用户组：

（1）操作人员。操作人员用户组。（此为默认用户组）

（2）应用人员。操作人员用户组。（在默认设置中操作人员和应用人员的目标群是一样的）

（3）专家。编程人员用户组。（此用户组有密码保护）

专家用户组的扩展功能有以下几点：

① 密码保护（默认为kuka）。

② 可以借助 KRL 在编辑器中编程。

③ 在下列情况下将自动退出专家用户组。

➢ 当运行方式切换至 AUT （自动）或 AUT EXT （外部自动运行）时；

➢ 在一定的持续时间内（300s）未对操作界面进行任何操作时。

注意：专家用户组可编辑示教器菜单编辑栏中的所有功能。

（4）管理员。功能与专家用户组一样。另外可以将插件（Plug-Ins）集成到机器人控制系统中。该用户组有密码保护，必须更改供货时的密码。

（5）安全维护员。该用户组可通过激活码激活机器人的现有安全配置。不使用诸如

KUKA.SafeOperation 或 KUKA.SafeRangeMonitoring 等安全选项时，安全维护员拥有更多的权限，例如有权对标准安全功能进行配置。该用户组通过密码进行保护，必须更改供货时的密码。

(6)安全调试员。只有当使用 KUKA.SafeOperation 或 KUKA.SafeRangeMonitoring 时，才与该用户组相关。该用户组通过密码进行保护，必须更改供货时的密码。

六、讨论题

1. 为什么要测量由机器人引导的工具？
2. 何为 TCP？
3. 简述什么是 XYZ 4 点法？
4. 工具测量的方法有哪些？各种方法有什么区别？
5. 控制器最多可管理多少个工具？

任务 2　有效载荷及基坐标设定

一、任务描述

以机器人系统中工具坐标 2 为参照创建基坐标 BASE，如图 2-10 所示，并手动输入工具 2 的负载数据。数据分别为质量 M=7.32kg；重心（X=21mm，Y=21mm，Z=23mm）；姿态（A=0°，B=0°，C=0°）；质量转动惯量，J_X=0kg · m^2，J_Y=0.2kg · m^2，J_Z=0.3kg · m^2。

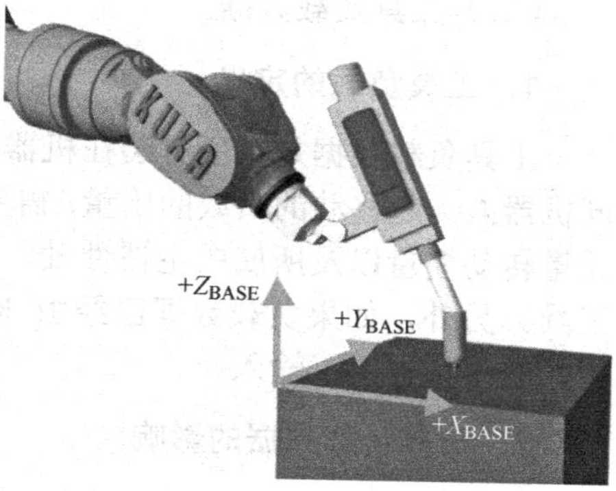

图 2-10　创建基坐标 BASE

二、任务分析

本任务主要让学生掌握机器人有效载荷的设定和基坐标的设定。在完成此任务前，需要先学习机器人上的负载和工具负载的含义及应用、基坐标的测量原理、基坐标测量的意义等知识。

三、相关知识

（一）机器人上的负载

KUKA 机器人上的负载包括工具负载和附加负载，如图 2-11 所示，附加负载可安装在轴 1、2 和 3 上。

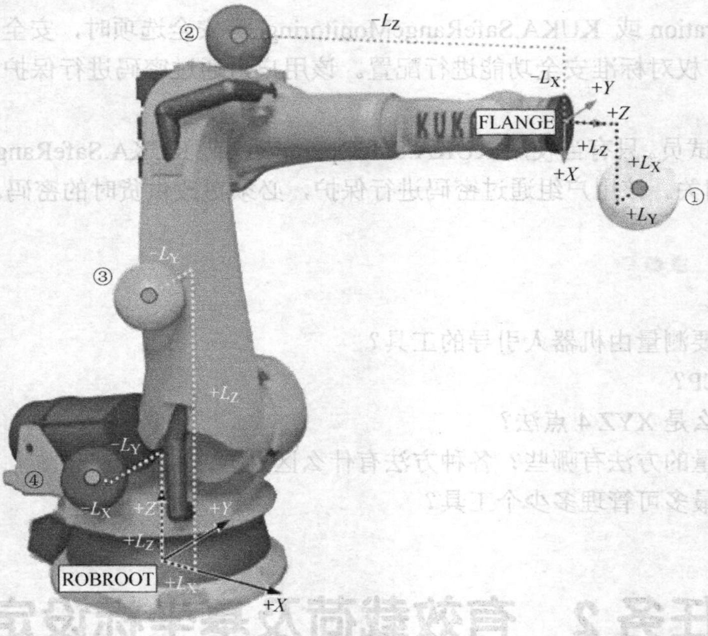

①-工具负载；②-轴 3 的附加负载；③-轴 2 的附加负载；④-轴 1 的附加负载

图 2-11　机器人上的负载示意图

（二）工具负载数据

1. 工具负载的定义

工具负载数据是指所有装在机器人法兰上的负载的数值，它是另外安装在机器人上并同机器人一起移动的负载的质量。需要输入的值有质量、重心位置（质量受重力作用的点）、质量转动惯量以及所属的主惯性轴。负载数据必须输入机器人控制系统，并分配给正确的工具。另外，如果负载数据已经由 KUKA.LoadDataDetermination 传输到机器人控制系统中，则无须再手工输入。

2. 工具负载数据的影响

输入的负载数据会影响许多控制过程，包括控制算法（计算加速度）、速度和加速度监控、力矩监控、碰撞监控、能量监控等，所以，正确输入负载数据是非常重要的。如果机器人以正确输入的负载数据执行其运动，则可以从它的高精度中受益，使运动过程具有最佳的节拍时间，最终使机器人具有长的使用寿命。

3. 监控工具负载

对于许多机器人类型，机器人控制系统在运行时监控是否存在过载和欠载，这种监控称为在线负载数据检查（OLDC）。表 2-3 列出了过载和欠载的说明。

表 2-3　过载和欠载的说明

序　号	负　载	说　明
1	过载	当实际负载高于配置的负载时，则存在过载
2	欠载	当实际负载低于配置的负载时，则存在欠载

当 OLDC 确定为欠载时，机器人控制系统将做出反应，比如显示一条信息，可对反应进行配置。

除了在线负载数据检查，也可以通过系统变量 LDC_RESULT 查询检查结果。对于使用 KUKA.LoadDataDetermination 的机器人，OLDC 也可使用。判断的依据是通过 LDC_LOADED 查询，true 代表 OLDC 可供使用。

不管手动输入工具数据，还是单独输入负载数据时，都可以激活和配置 OLDC。

（1）过载的反应：机器人停止。发出以下确认信息：在检查机器人负载（未定义工具）和设定的负载时，测得过载。机器人以 stop2 停止。

（2）欠载的反应：警告。发出以下状态信息：在检查机器人负载（未定义工具）和设定的负载时，测得过载。

（三）基坐标说明

基坐标系测量是根据世界坐标系在机器人周围的某一个位置上创建的坐标系。其目的是使机器人的运动以及编程设定的位置均以该坐标系为参照。因此，设定的工件支座和抽屉的边缘、货盘或机器的外缘均可作为基准坐标系中合理的参照点，如图 2-12 所示。

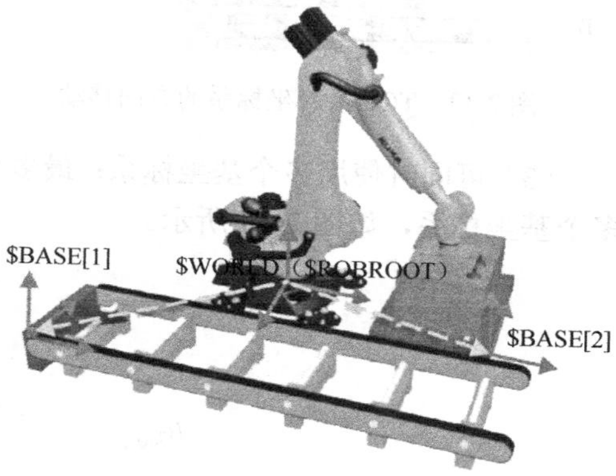

图 2-12　基坐标系测量

（四）基坐标系测量原理

基坐标系测量分为两个步骤：确定坐标系原点和定义坐标系方向，具体测量方法如表 2-4 所示。

表 2-4　基坐标系测量方法

方　法	说　明
3 点法	① 定义原点； ② 定义 *X* 轴正方向； ③ 定义 *Y* 轴正方向（*XY* 平面）
间接方法	① 当无法逼近基坐标系原点时，例如，由于该点位于工件内部，或位于机器人工作空间之外时，须采用间接法。 ② 此时须移至待测量基坐标的 4 个点，其坐标值已知（CAD 数据）。机器人控制系统根据这些点进行计算
数字输入	直接输入参考点至世界坐标系的距离（*X*，*Y*，*Z*）和转角（*A*，*B*，*C*）

注：3 点法测量时 3 个测量点不允许位于一条直线上，这些点间必须有一个最小夹角（标准设定 2.5°）。

（五）基坐标系测量优势

工件经过测量之后，有以下几个特点。

（1）沿着工件边缘移动：在手动运行模式下，机器人选择在基坐标系下运行，工具 TCP 可以沿着基坐标系的方向移动，如图 2-13 所示。

（2）作为参照坐标系：如图 2-14 所示，在基坐标系 base1 下，对工件 A 进行轨迹编程，如果要对另外一件和 A 一样的工件进行轨迹编程，只需建立一个基坐标系 base2，将工件 A 的程序复制一份，base1 更新为 base2 即可，无须再重新示教编程了。

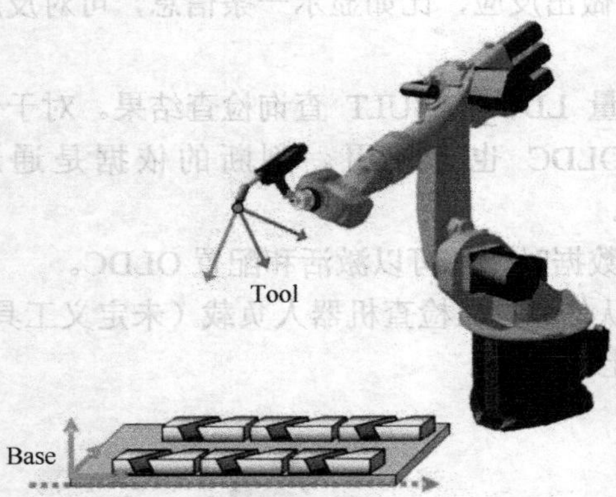

图 2-13　TCP 沿着坐标系的方向移动

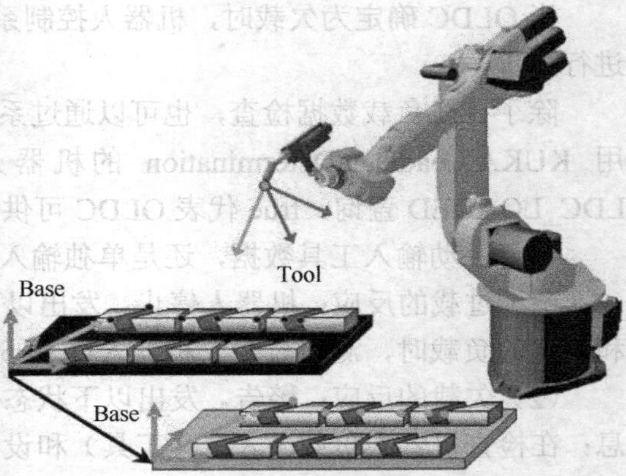

图 2-14　可进行基坐标系偏移

（3）可同时使用多个基坐标系：最多可建立 32 个不同的坐标系，一段程序里面可应用多个基坐标系，如图 2-15 所示。

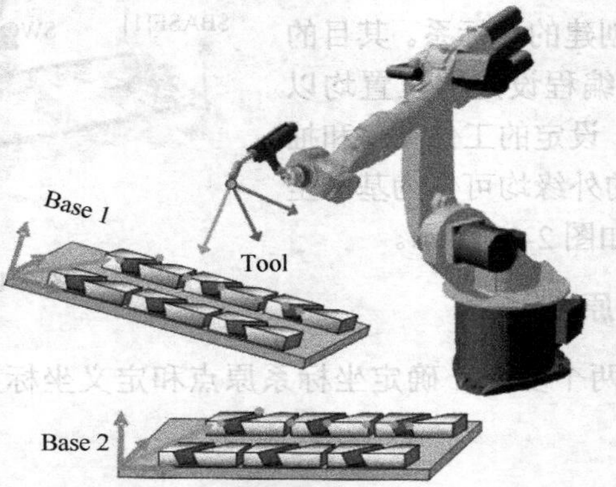

图 2-15　可同时使用多个基坐标系

四、任务实施

（一）资讯

认真阅读本任务“相关知识”的内容和 KUKA 机器人产品使用说明书的相关内容，了解负载和工件测量的基本原理及要求，了解测量时的安全注意事项。

（二）计划、决策

（1）检查机器人、示教器、控制器等部件的完好性；

（2）检查工作站的接线完好并能正常通电；

（3）准备尖点工具和抓爪工具并进行安装。

（三）实施

1. 输入负载数据

输入负载数据步骤见表 2-5。

表 2-5　输入负载数据步骤

<table>
<tr><th>序　号</th><th>操作步骤</th><th>图片说明</th></tr>
<tr><td>1</td><td>选择主菜单，单击“投入运行”，选择“测量”选项</td><td>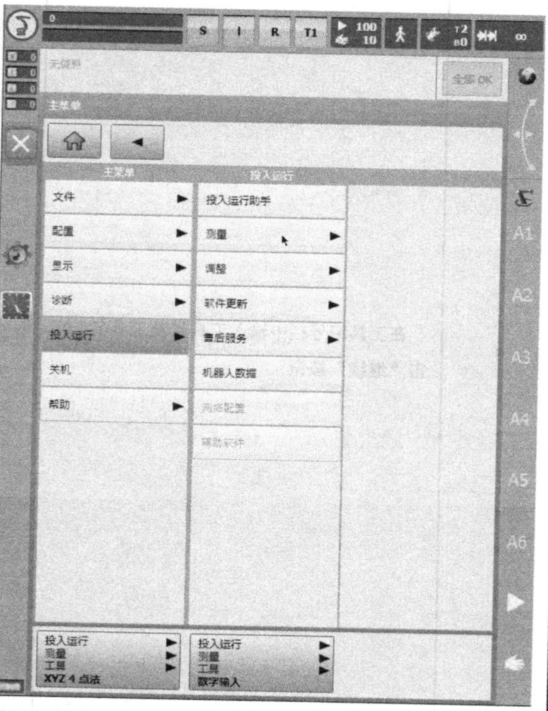
</td></tr>
<tr><td>2</td><td>单击“工具”，选择“工具负荷数据”选项</td><td>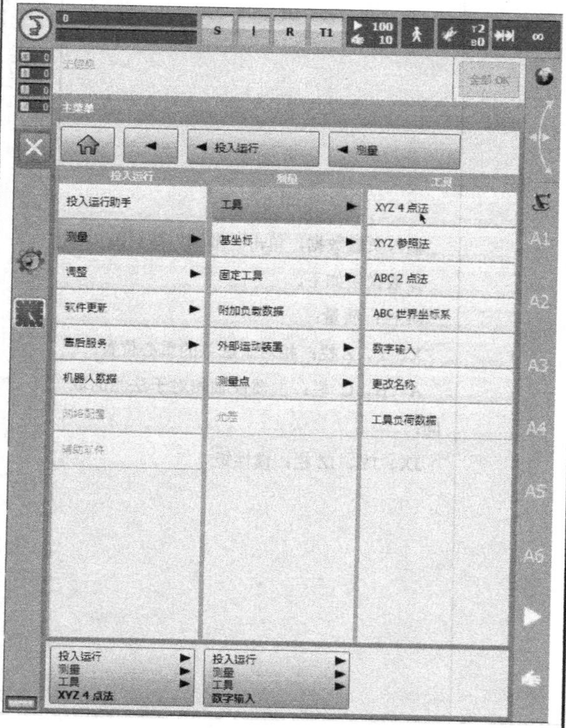
</td></tr>
</table>

续表

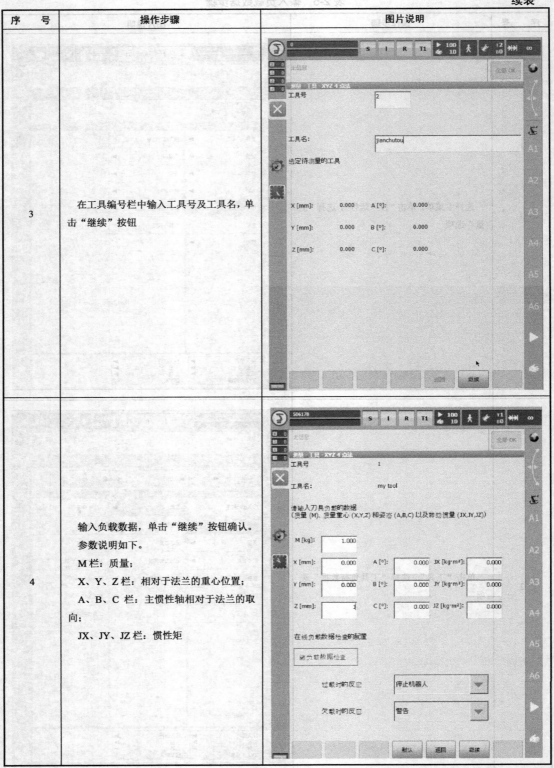

序　号	操作步骤	图片说明
3	在工具编号栏中输入工具号及工具名，单击“继续”按钮	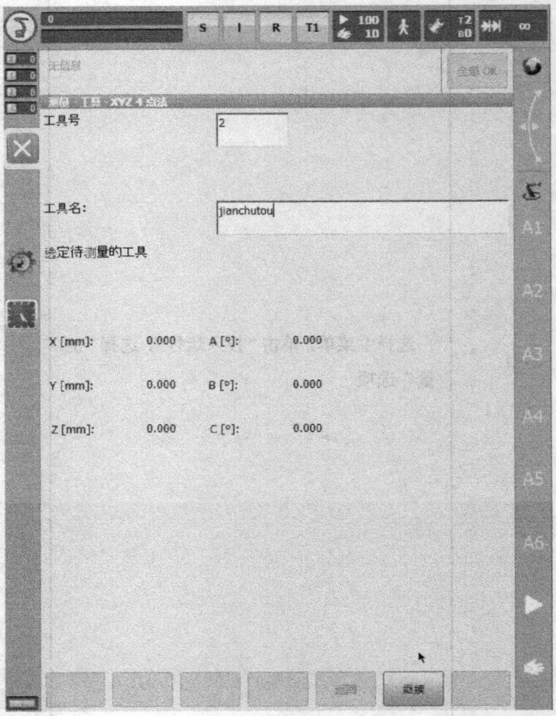
4	输入负载数据，单击“继续”按钮确认。 参数说明如下。 M 栏：质量； X、Y、Z 栏：相对于法兰的重心位置； A、B、C 栏：主惯性轴相对于法兰的取向； JX、JY、JZ 栏：惯性矩	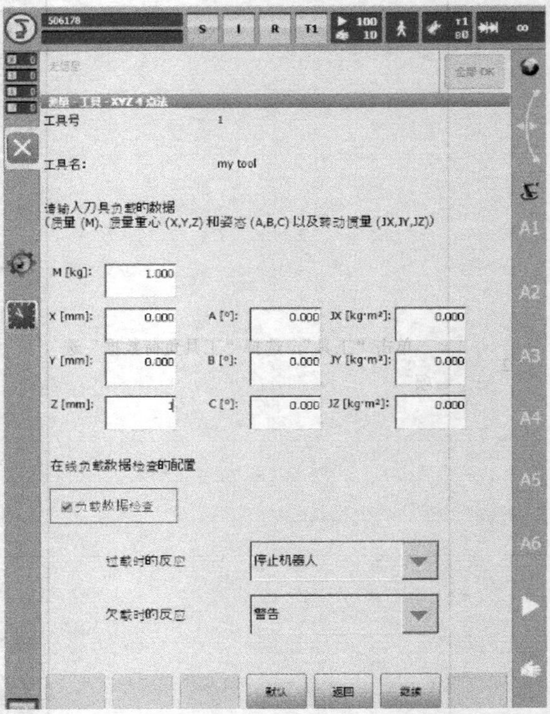

续表

序　　号	操作步骤	图片说明
5	单击“保存”按钮	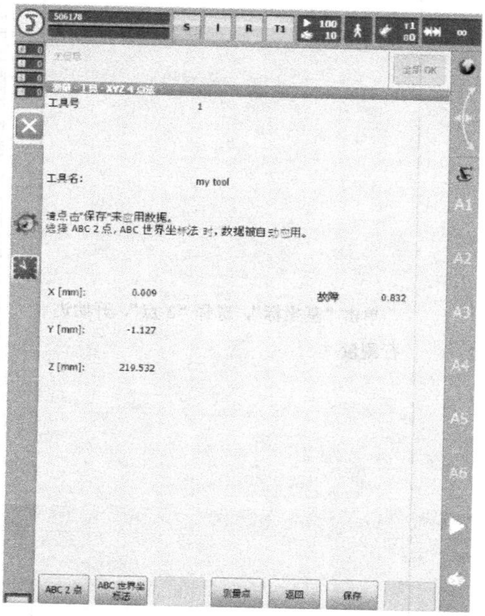

2. 创建基坐标系

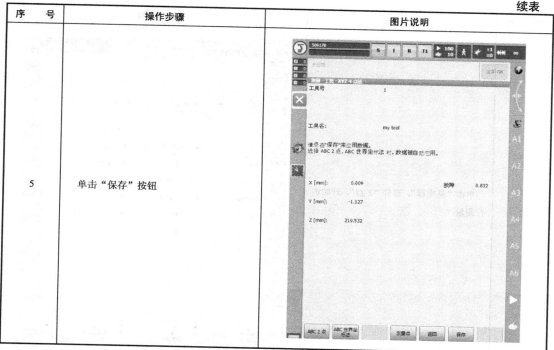

创建基坐标系 base 的步骤见表 2-6。

表 2-6　创建基坐标系 base 的步骤

序　　号	操作步骤	图片说明
1	单击“投入运行”，选择“测量”选项	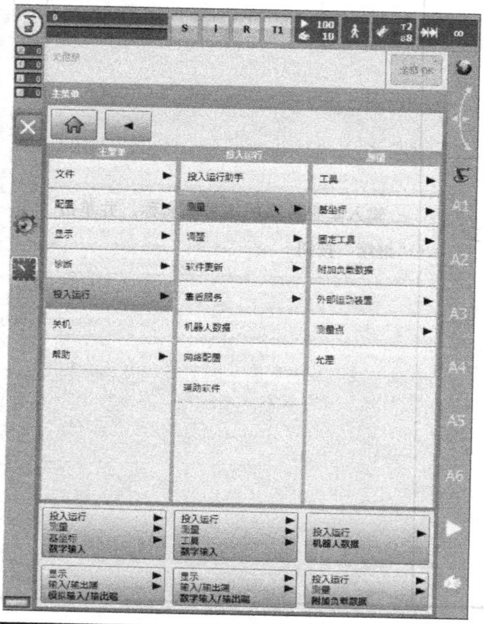

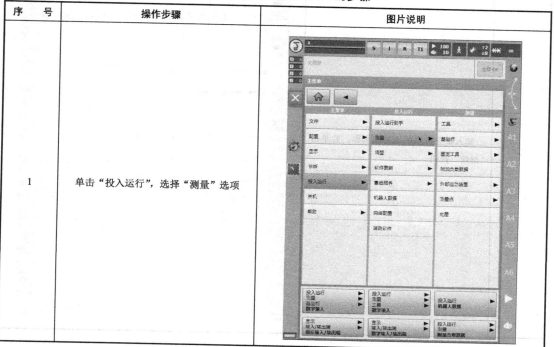

续表

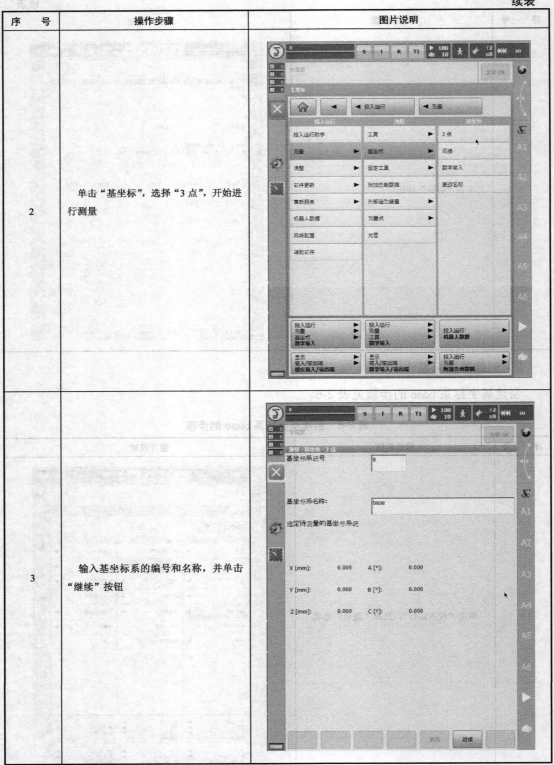

序　号	操作步骤	图片说明
2	单击“基坐标”，选择“3 点”，开始进行测量	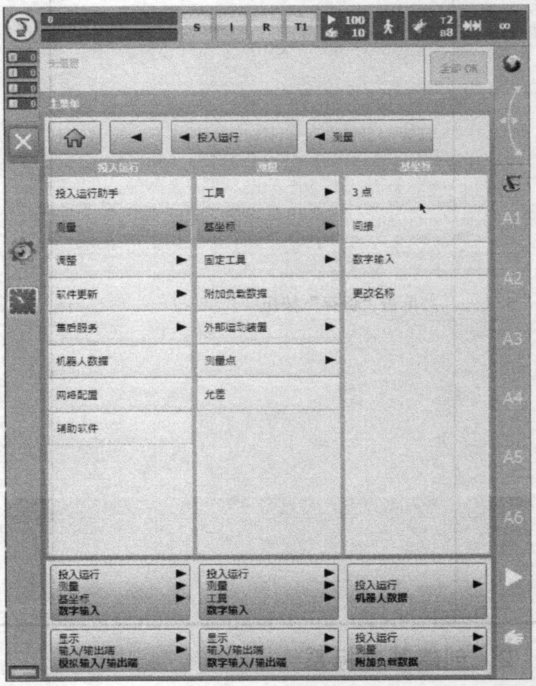
3	输入基坐标系的编号和名称，并单击“继续”按钮	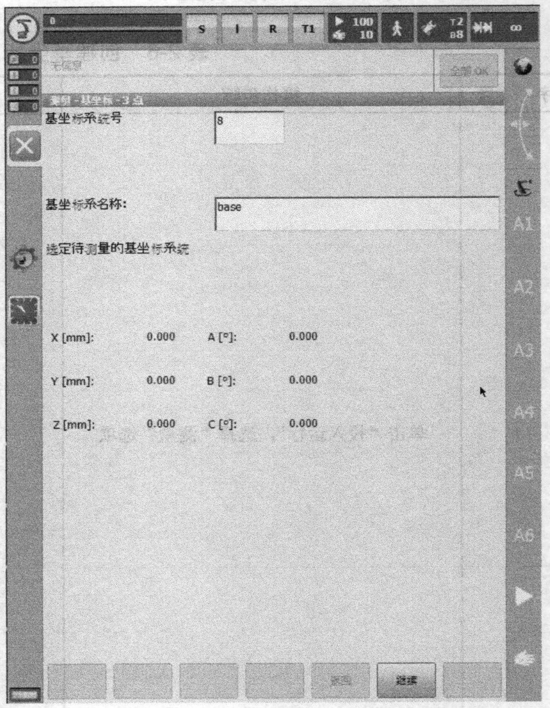

续表

序　　号	操作步骤	图片说明
4	选择机器人使用的参考工具 2，并单击“继续”按钮	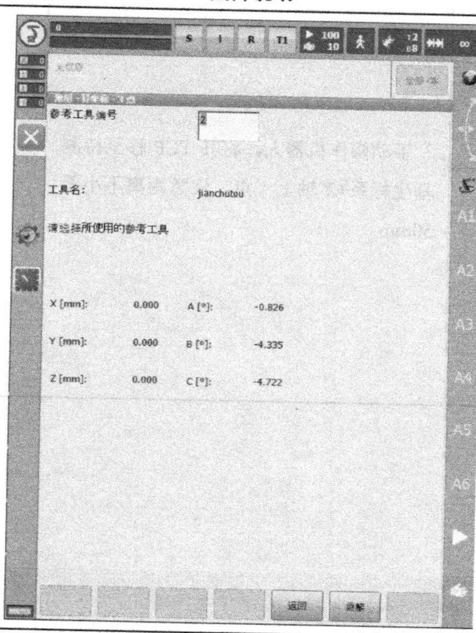
5	手动操作机器人，将其 TCP 移至待测基坐标系的原点	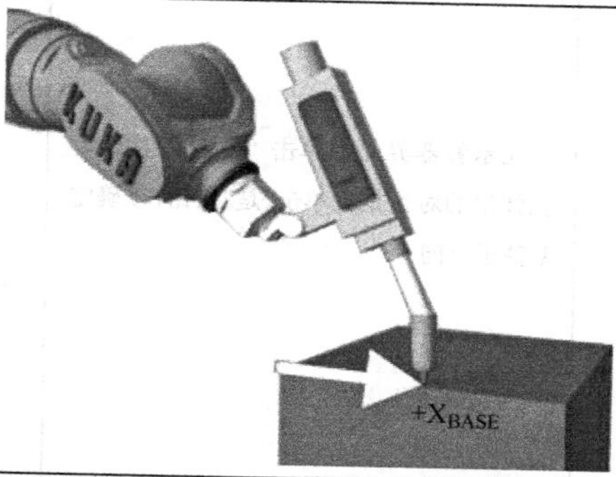
6	在示教器界面中单击“测量”按钮，在弹出的对话框中单击“是”按钮，以确认采用此点为原点	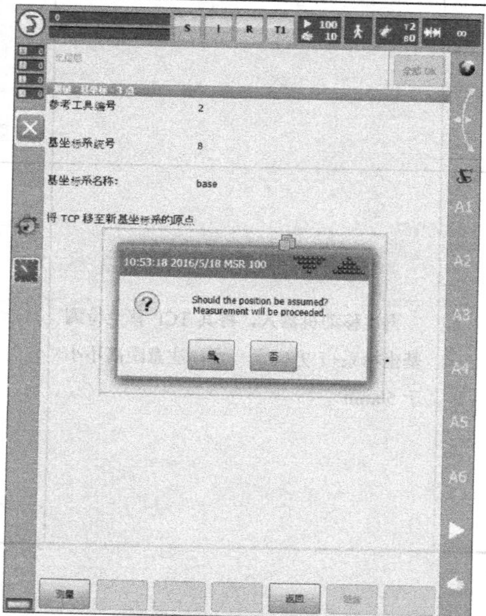

续表

序　号	操作步骤	图片说明
7	手动操作机器人，将其 TCP 移至待测基坐标系+X轴上一点，注意距离不小于 50mm	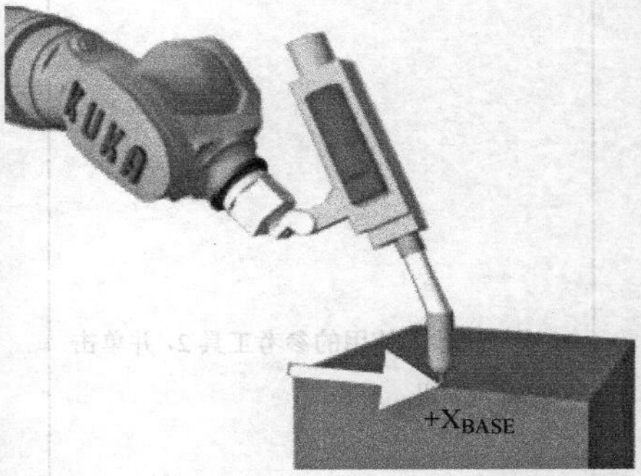
8	在示教器界面中单击“测量”按钮，在弹出的对话框中单击“是”按钮，以确定X轴正方向	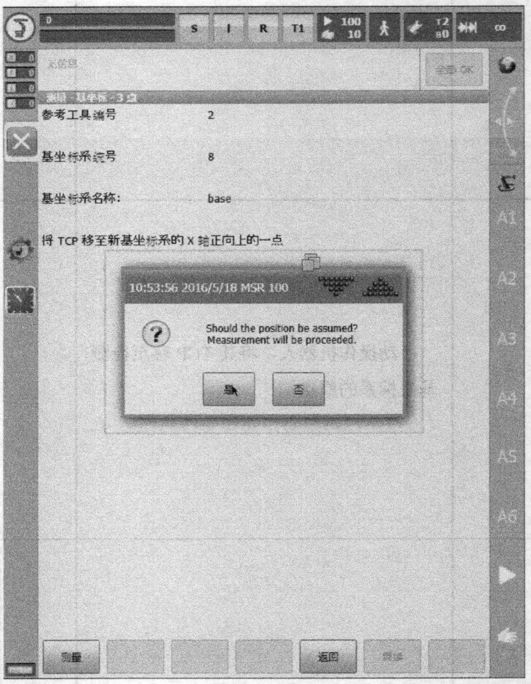
9	再次移动机器人，将其 TCP 移至待测基坐标系+Y方向上一点，注意距离不小于 50mm	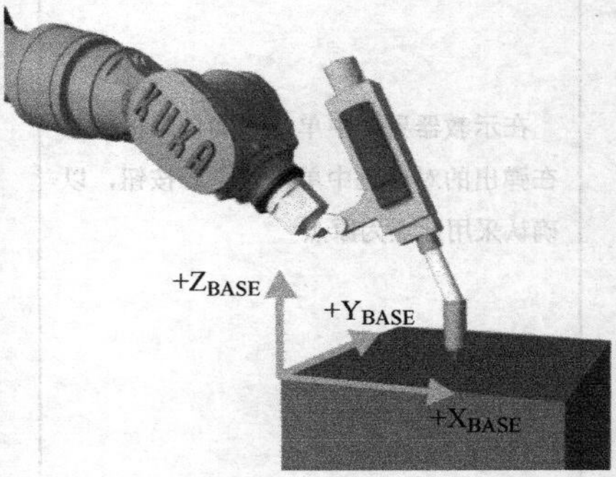

续表

序　号	操作步骤	图片说明
10	在示教器界面中单击“测量”按钮，在弹出的对话框中单击“是”按钮，以确定 *Y* 轴正方向	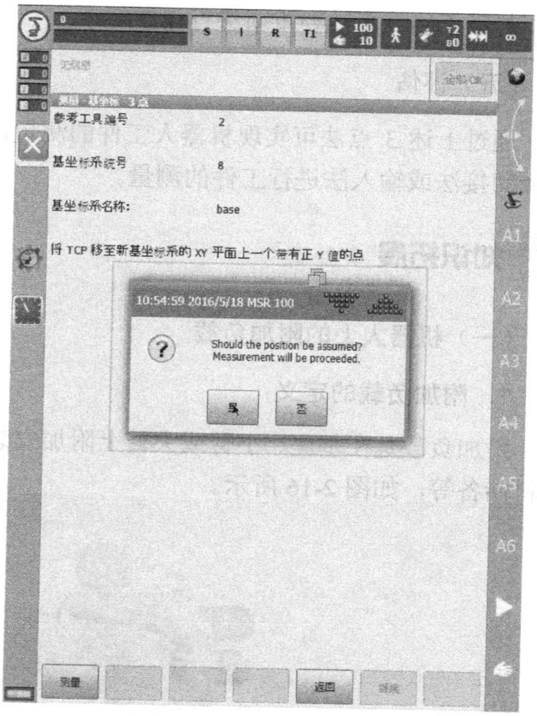
11	示教器界面弹出坐标系测量数据，单击“保存”按钮，数据被保存并被采用，此时基坐标系 base 已完成创建	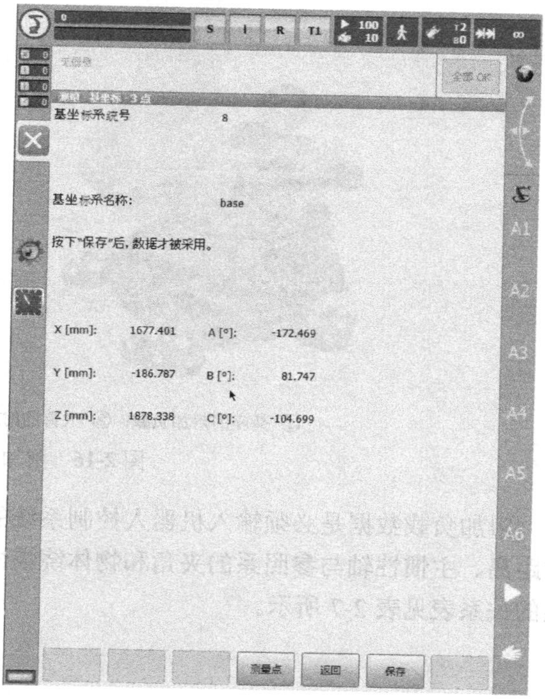

（四）检查

将机器人调至此 base 基坐标系下运行，单击相应运行键，查看坐标系测量方向是否正确，若不正确，则需要重新进行标定。

（五）评估

通过上述 3 点法可实现机器人工件的测量，方法可行。根据不同的要求及实际情况可选择间接法或输入法进行工件的测量。

五、知识拓展

（一）机器人上的附加负载

1. 附加负载的定义

附加负载是在基座、小臂或大臂上附加安装的部件，比如功能系统、阀门、上料系统、材料储备等，如图 2-16 所示。

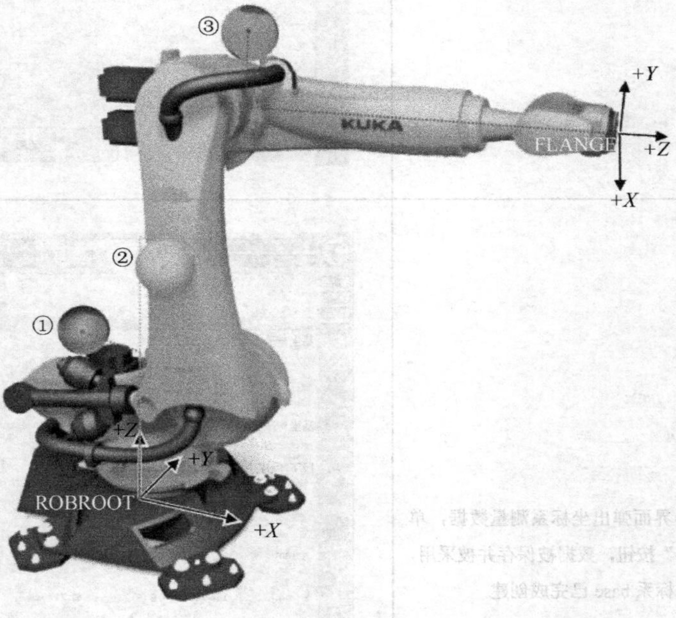

①-基座的附加负载；②-大臂的附加负载；③-小臂的附加负载

图 2-16　附加负载位置

附加负载数据是必须输入机器人控制系统的必要数据，包括质量、物体质心至参照系的距离、主惯性轴与参照系的夹角和物体绕惯性轴的转动惯量。每个附加负载轴对应参照系的关系表见表 2-7 所示。

表 2-7 附加负载轴对应参照系的关系表

负　载	参　照　系
附加负载 *A1*	ROBROOT 坐标系，*A1* = 0°
附加负载 *A2*	ROBROOT 坐标系，*A2* =-90°
附加负载 *A3*	法兰坐标系，*A4* = 0°，*A5* = 0°，*A6* = 0°

2. 附加负载对机器人运动的影响

负载数据以不同的方式对机器人的运动发生影响，具体包含以下几个方面：

（1）轨迹规划；

（2）加速度；

（3）节拍时间；

（4）磨损。

如果用错误的负载数据或不适当的负载来运行机器人，则会导致人员受伤和产生生命危险或导致严重财产损失。

（二）输入附加负载数据

输入附加负载数据的步骤见表 2-8。

表 2-8 输入附加负载数据的步骤

序　号	操作步骤	图片说明
1	选择主菜单，单击“投入运行”，选择“测量”选项	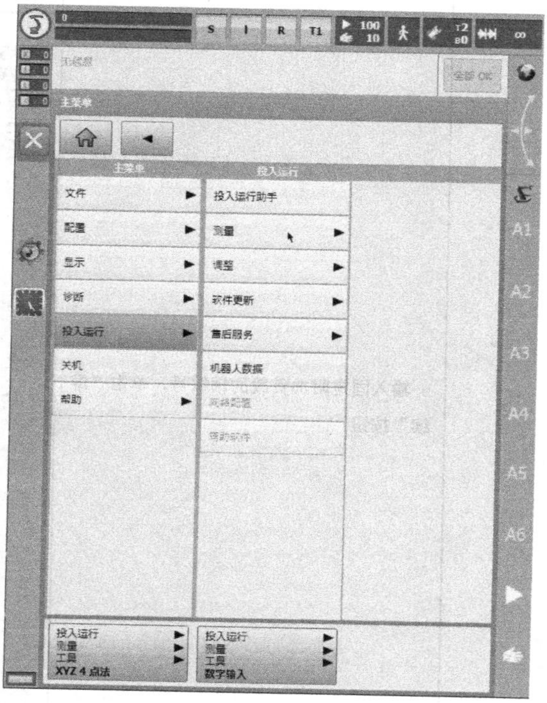

续表

序　　号	操作步骤	图片说明
2	单击“测量”，选择“附加负载数据”选项	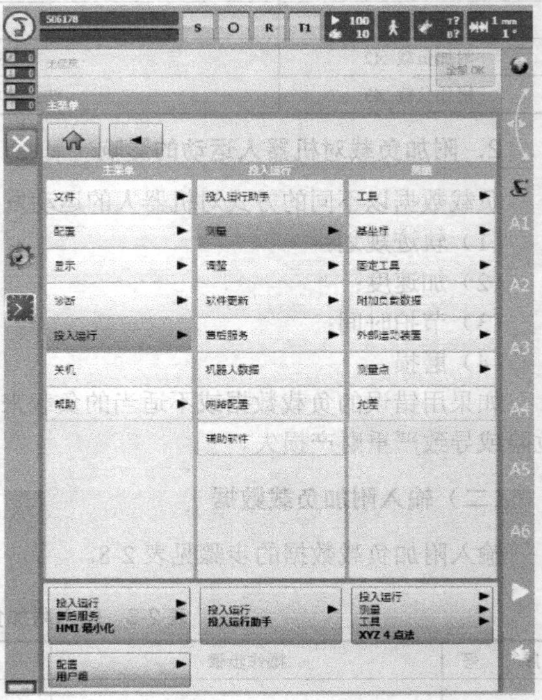
3	输入固定附加负载的轴编号，单击“继续”按钮	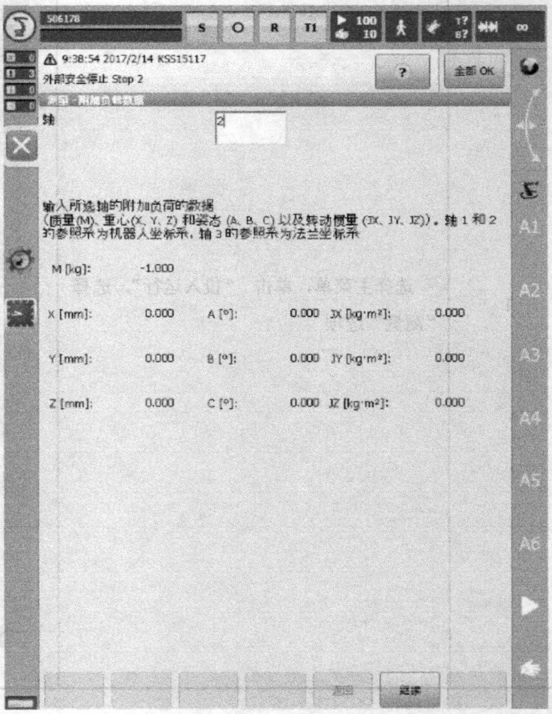

续表

<table>
<tr><th>序号</th><th>操作步骤</th><th>图片说明</th></tr>
<tr><td>4</td><td>输入负载数据，单击“继续”按钮确认。
参数说明如下。
M 栏：质量；
X、Y、Z 栏：相对于法兰的重心位置；
A、B、C 栏：主惯性轴相对于法兰的取向；
JX、JY、JZ 栏：惯性矩</td><td>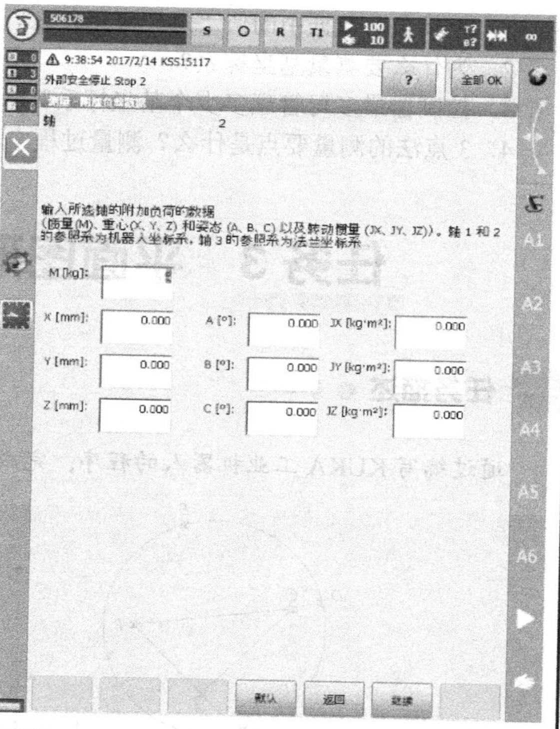
</td></tr>
<tr><td>5</td><td>单击“保存”按钮</td><td>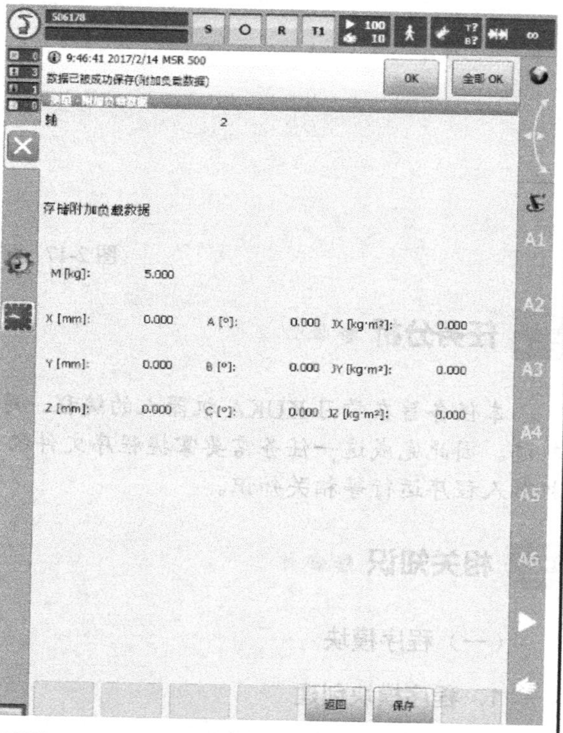
</td></tr>
</table>

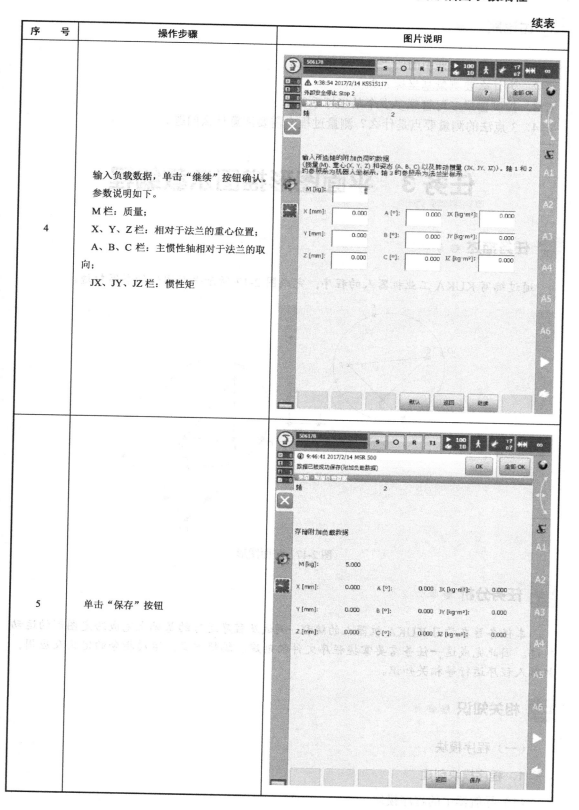

六、讨论题

1．工具负荷数据中的值“-1”表示什么？
2．为什么要测量基坐标系？
3．控制器最多可管理多少个基坐标系？
4．3 点法的测量要点是什么？测量过程中需要注意什么问题？

任务 3　平面图形描图示教编程

一、任务描述

通过编写 KUKA 工业机器人的程序，完成图 2-17 所示平面图形的书写轨迹。

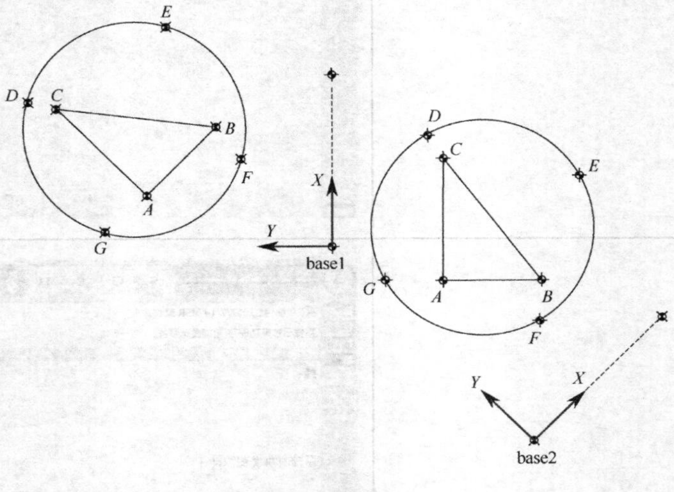

图 2-17　平面图形

二、任务分析

本任务旨在学习 KUKA 机器人的编程、调试及程序运行的基础上完成给定图形的运动轨迹。因此完成这一任务需要掌握程序文件的创建、编辑方式，运动指令的定义及应用，机器人程序运行等相关知识。

三、相关知识

（一）程序模块

1．程序模块创建

（1）导航器中的程序模块

程序模块应始终保存在文件夹“Program”（程序）中，也可建立新的文件夹并将程序模块存放在那里。模块用字母“M”标识。一个模块中可以加入注释，此类注释中可含有程序的简短功能说明，如图 2-18 所示。

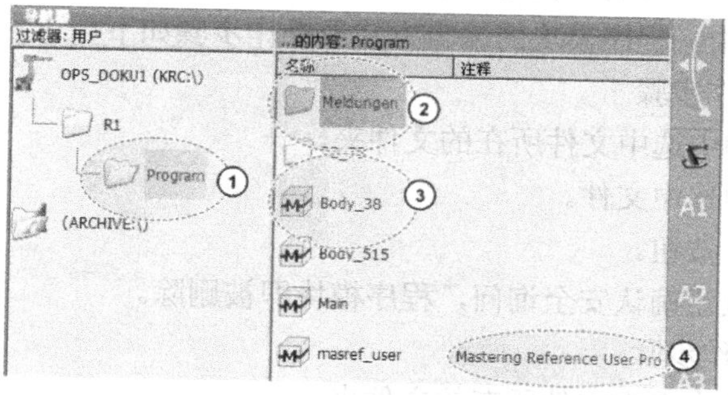

①-程序的主文件夹“程序”；②-其他程序的子文件夹；③-程序模块/模块；④-程序模块的注释

图 2-18　导航器中的模块

（2）程序模块的属性

程序模块由 SRC 文件和 DAT 文件两个部分组成，如图 2-19 所示。

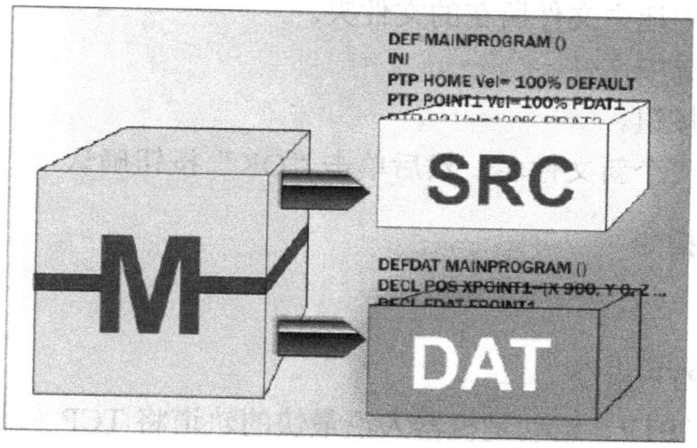

图 2-19　程序模块组成

① SRC 文件：SRC 文件中含有程序源代码，示例程序如下所示。

```
DEF MAINPROGRAM ()
INI
PTP HOME Vel= 100% DEFAULT
PTP POINT1 Vel=100% PDAT1 TOOL[1] BASE[2]
PTP P2 Vel=100% PDAT2 TOOL[1] BASE[2]
…
END
```

② DAT 文件：DAT 文件中含有固定数据和点坐标，示例程序如下所示。

```
DEFDAT MAINPROGRAM ()
DECL E6POS XPOINT1={X 900, Y 0, Z 800, A 0, B 0, C 0, S 6, T 27, E1 0, E2 0, E3 0, E4 0, E5 0, E6 0}
DECL FDAT FPOINT1 …
…
ENDDAT
```

2. 程序编辑方式

通过 KUKA 导航器编辑 SmartPad 程序模块，编辑方式与常见的文件系统类似。编辑方式包含复制、删除、重命名。在用户组“专家”权限下，每个模块的 SRC 文件和 DAT 文件都映射在导航器中。程序模块的编辑方式及操作步骤如下。

（1）程序删除操作步骤

① 在文件夹结构中选中文件所在的文件夹。

② 在文件列表中选中文件。

③ 单击“删除”按钮。

④ 单击“是”按钮确认安全询问，程序模块即被删除。

（2）程序改名操作步骤

① 在文件夹结构中选中文件所在的文件夹。

② 在文件列表中选中文件。

③ 单击“编辑”菜单中的“改名”按钮。

④ 用新的名称覆盖原文件名，并单击“OK”按钮确认。

（3）程序复制操作步骤

① 在文件夹结构中选中文件所在的文件夹。

② 在文件列表中选中文件。

③ 单击“复制”按钮。

④ 给新模块输入一个新文件名，然后单击“OK”按钮确认。

（二）KUKA 运动指令

1. 运动指令定义

（1）点到点运动 PTP 指令

机器人的点到点（PTP）运动是机器人沿最快的轨道将 TCP 从起始点引至目标点。这是最快也是时间最优化的移动方式，因为机器人轴进行回转运动，所以曲线轨道比直线轨道进行更快。一般情况下，最快的轨道并不是最短的轨道，也就是说轨迹并非是直线，所有轴的运动同时开始和结束，这些轴必须同步，因此无法精确地预计机器人的轨迹。

如图 2-20 所示，机器人工具 TCP 从 *P*1 点移动到 *P*2 点，采用 PTP 运动方式时，移动路线不一定就是直线运动。由于此轨迹无法精确预知，所以在调试以及试运行时，应该在阻挡物体附近降低速度来测试机器人的移动特性。如果不进行这项工作，则可能发生碰撞并且由此造成部件、工具或机器人损伤的后果。

SPTP 与 PTP 两个指令本质上没有区别，都是指点到点运动，但是 SPTP 中的“S”（Synchro）意为同步，即规定了所有轴同时启动并且也同步停下。SLIN、SCIRC 与 SPTP 意思相同，即轴同步运行及停下。

（2）线性运动 LIN 指令

线性运动时机器人沿着一条直线以定义的速度移动至目标点，即在线性移动过程中，机器人转轴之间将进行配合，使工具及工件参照点沿着一条通往目标点的直线移动。如果按给定的速度沿着某条精确的轨迹到达某一个点，或者如果因为存在对撞的危险而不能以

PTP 运动方式到达某些点的时候，将采用线性运动。

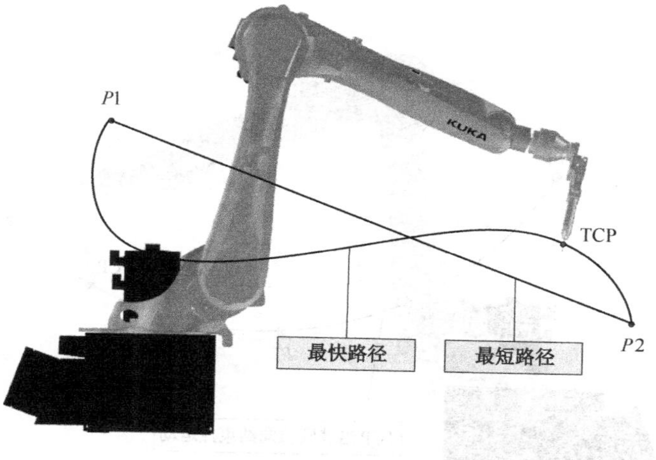

图 2-20　PTP 运动示意图

线性运动时，工具尖端从起点到目标点做直线运动。此时，只有工具的尖端精确地沿着定义的轨迹运行，而工具本身的取向则在运动过程中发生变化，此变化与程序设定的取向有关。如图 2-21 所示，机器人工具 TCP 从 *P*1 点移动到 *P*2 点做直线运动，从 *P*2 点移动到 *P*3 点做直线运动。

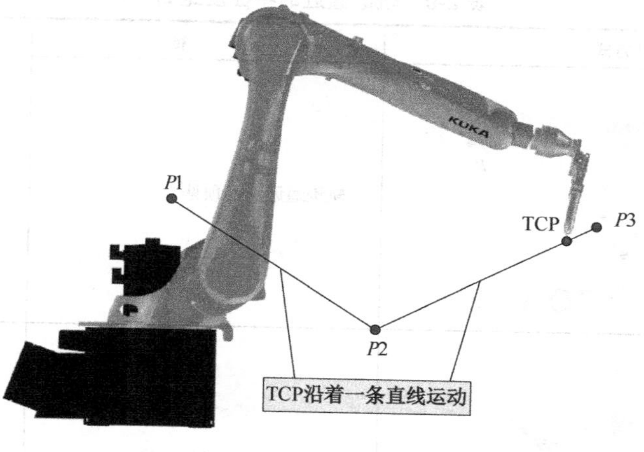

图 2-21　LIN 运动示意图

（3）圆周运动 CIRC 指令

圆周运动是机器人沿圆形轨道以定义的速度将 TCP 移动至目标点。圆形轨迹是通过定义起点、辅助点和目标点来实现的，如图 2-22 所示。上一条指令以精确定位方式到达的目标点可以作为圆弧的起点，辅助点是指圆周所经历的中间点。起点、辅助点和目标点在空间的一个平面上，为了使控制部分能够尽可能准确地确定这个平面，上述三个点相互之间离得越远越好。在运动过程中，工具尖端取向的变化顺应于持续的运动轨迹。

2．轨迹逼近

为了加速运动过程，控制器以 CONT 标示的运动指令进行轨迹逼近。轨迹逼近意味着将不精确移动到点坐标。TCP 被导引沿着轨迹逼近轮廓运行，该轮廓止于下一个运动指令的精确轮廓。

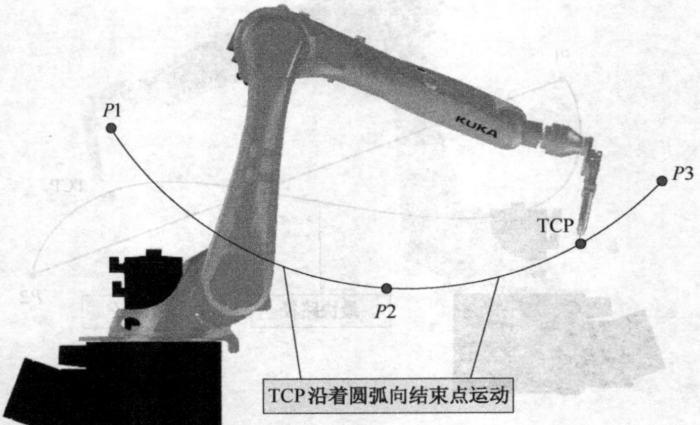

图 2-22　CIRC 运动示意图

轨迹逼近功能不适用于生成圆周运动，它仅用于防止在某点出现精确暂停。在运行方式 PTP、LIN 和 CIRC 下进行轨迹逼近，其特征及距离见表 2-9。

表 2-9　轨迹逼近的特征及距离

运动方式	特　征	轨迹逼近距离
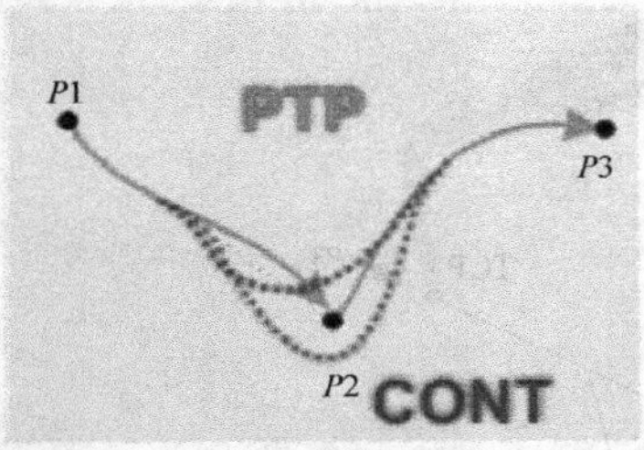	轨迹逼近不可预见	以 % 表示
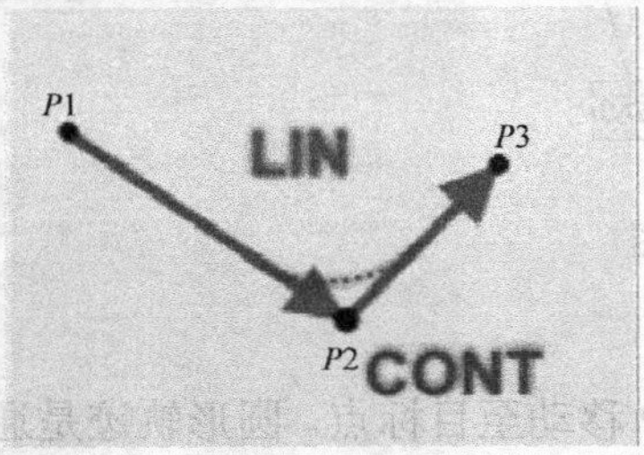	轨迹曲线相当于抛物线	mm 数字
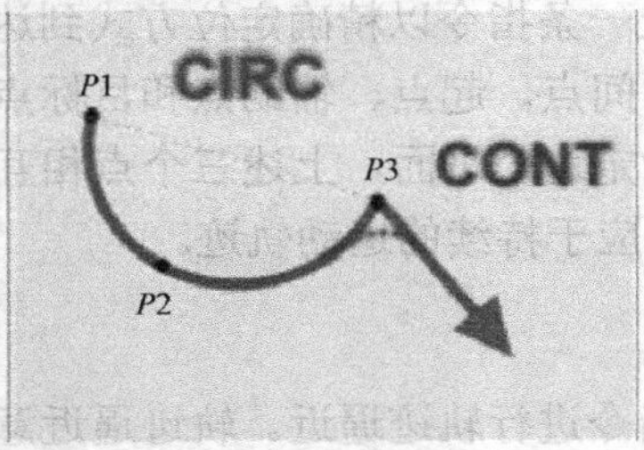	轨迹曲线相当于抛物线 目标点被轨迹逼近	mm 数字

（1）轨迹逼近的优点（如图 2-23 所示）

① 由于这些点之间不再需要制动和加速，所以运动系统受到的磨损减少。

② 由此节拍时间得以优化，程序可以更快地运行。

（2）轨迹逼近的缺点

① 轨迹通过不在轨迹上的轨迹逼近点定义。轨迹逼近区域很难预测，生成所需的轨迹非常烦琐。

② 在很多情况下会造成在轨迹逼近区域和邻近点的减速量很难预计。

③ 如果不能轨迹逼近，则轨迹发生变化。

④ 轨迹的变化受倍率、速度或加速度的影响。

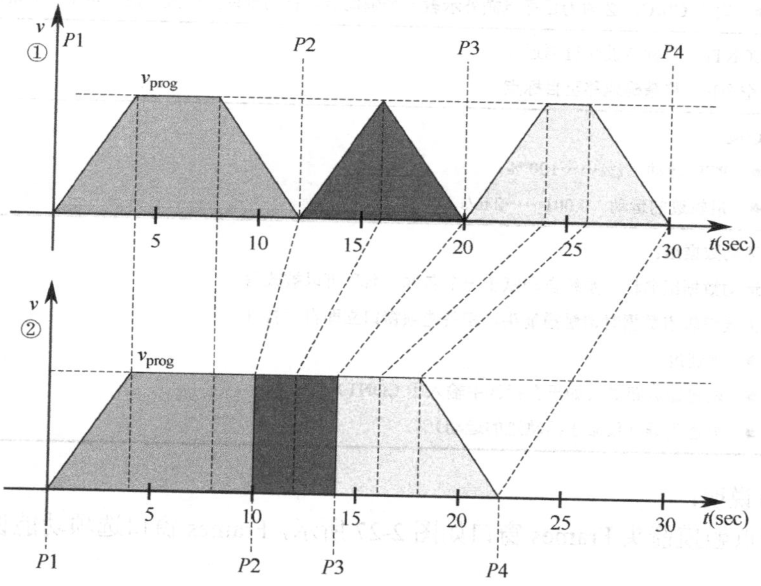

图 2-23　比较精确暂停和轨迹逼近

3. 指令联机表格

机器人的运动可通过运动指令进行控制，运动指令的联机表格分别见图 2-24 至图 2-26 所示，联机表格符号说明见表 2-10。

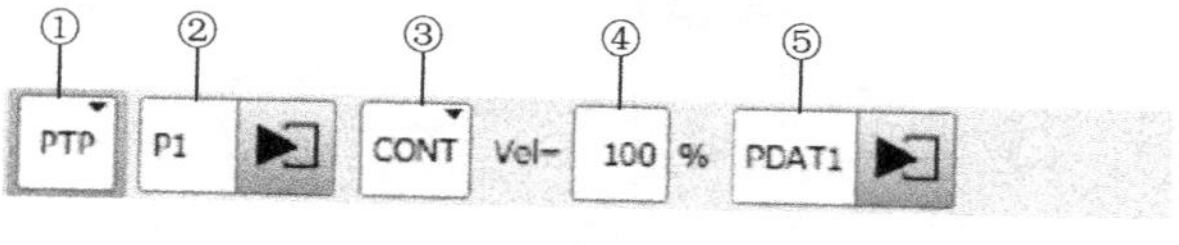

图 2-24　PTP 联机表格

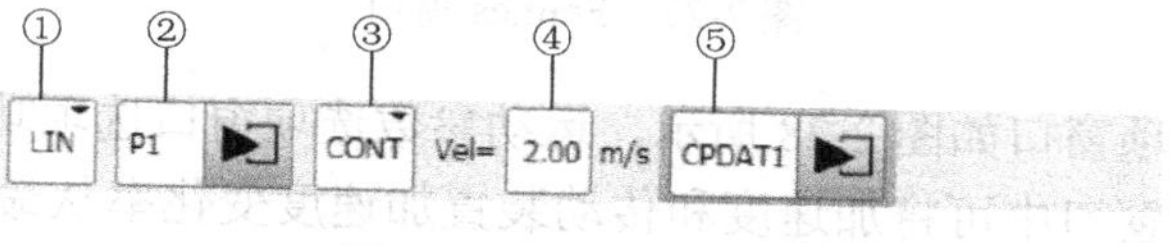

图 2-25　LIN 联机表格

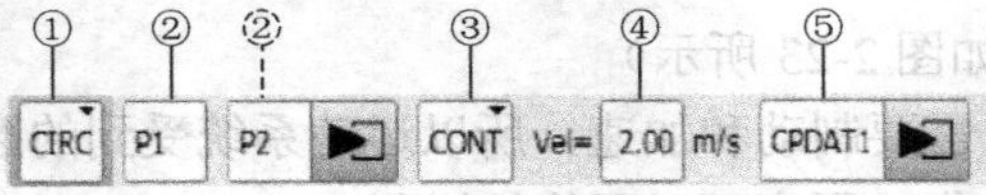

图 2-26 CIRC 联机表格

表 2-10 联机表格符号说明

序 号	说 明
①	运动方式为 PTP、LIN 或者 CIRC
②	● 目标点的名称，系统自动赋予一个名称，名称可以被改写 ● 触摸箭头以编辑点数据，然后选项窗口 Frames 自动打开 ● 对于 CIRC，必须为目标点额外示教一个辅助点。移向辅助点位置，然后按下“Touchup HP”
③	CONT： 目标点被轨迹逼近 [空白]： 将精确地移至目标点
④	速度 ● PTP 运动 1%……100 % ● 沿轨迹的运动 0.001……2 m/s
⑤	运动数据组： 运动数据组名称，系统自动赋予一个名称，名称可以被改写。 需要编辑点数据时请触摸箭头，相关选项窗口立即自动打开。 ● 加速度 ● 轨迹逼近距离（如果在栏③中输入了 CONT） ● 姿态引导（仅限于沿轨迹的运动）

指令窗口说明：

（1）目标点触摸箭头 Frames 窗口如图 2-27 所示，Frames 窗口选项功能说明见表 2-11。

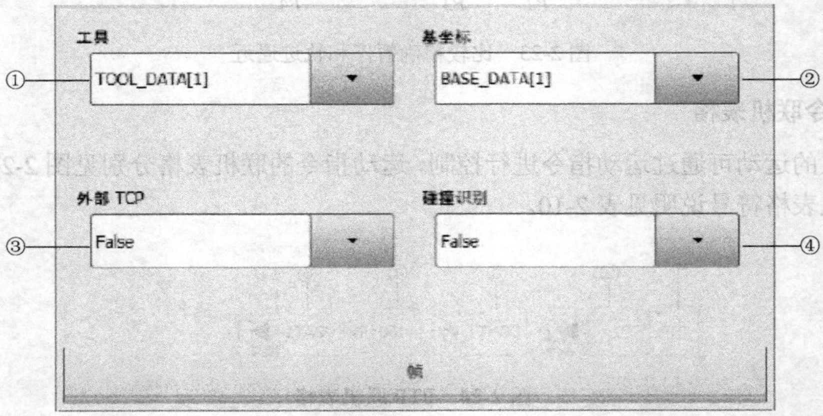

图 2-27 Frames 窗口

（2）运动参数选项窗口如图 2-28 所示，运动参数选项窗口选项功能说明见表 2-12。

在运动参数选项窗口中可将加速度和传动装置加速度变化率从最大值降下来。如果已经激活轨迹逼近，则也可更改轨迹逼近距离。此外还可修改姿态引导。

表 2-11　Frames 窗口选项功能说明

序　号	说　明
①	工具。 如果外部 TCP 栏中显示 True：选择工具 值域：[1] … [16]
②	基坐标。 如果外部 TCP 栏中显示 True：选择固定工具 值域：[1] … [32]
③	外部 TCP。 False：该工具已安装在连接法兰处 True：该工具为固定工具
④	碰撞识别。 True：机器人控制系统为此运动计算轴的扭矩。此值用于碰撞识别 False：机器人控制系统对此运动不计算轴的扭矩，因此对此运动无法进行碰撞识别

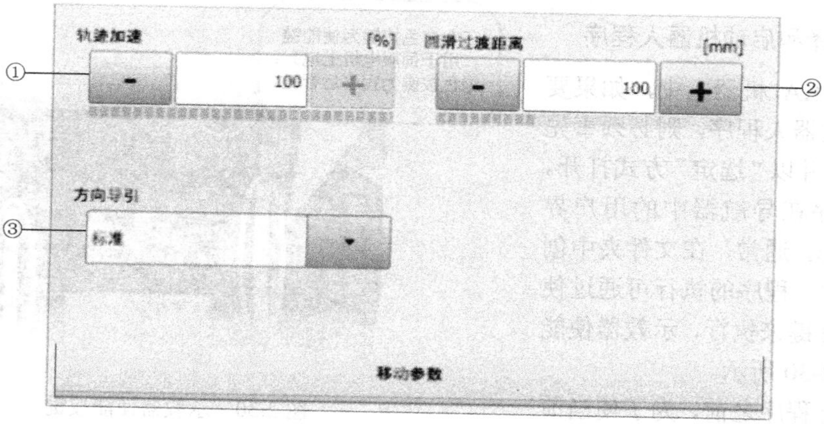

图 2-28　运动参数选项窗口

表 2-12　运动参数选项窗口选项功能说明

序　号	说　明
①	加速度： 以机器数据中给出的最大值为基准，此最大值与机器人类型和所设定的运行方式有关
②	轨迹逼近距离： 此距离最大可为起始点至目标点距离的一半。如果在此处输入了一个更大数值，则此值将被忽略而采用最大值 只有在联机表单中选择了 CONT 之后，此栏才显示
③	选择姿态引导： ● 标准 ● 手动 PTP ● 恒定的姿态

（三）机器人程序运行

1. 执行初始化运行

KUKA 机器人的初始化运行称为 BCO 运行。在进行选择程序、程序复位、程序执行时，手动移动、在程序中更改或选择语句行时，要进行 BCO 运行。

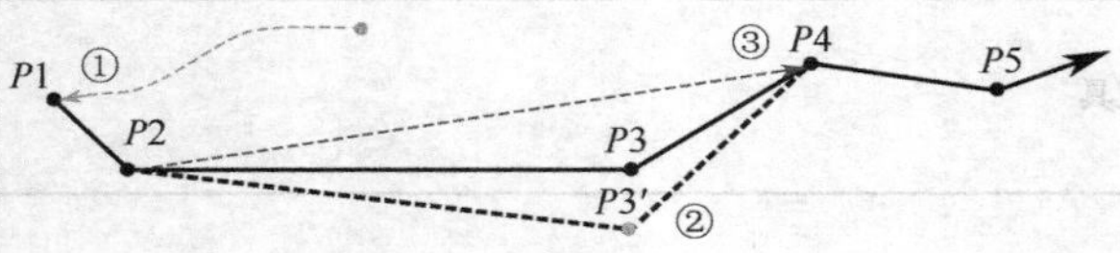

图 2-29　BCO 运行举例

BCO 运行举例如图 2-29 所示。

① 选定程序或程序复位后 BCO 运行至 Home 位置；

② 更改了运动指令后执行 BCO 运行：删除、示教了点后；

③ 进行了选择语句行后执行 BCO 运行。

BCO 运行的原因：

① 为了使当前的机器人位置与机器人程序中的当前点位置保持一致，必须执行 BCO 运行。

② 仅当当前的机器人位置与编程设定的位置相同时才可进行轨迹规划，因此，首先必须将 TCP 置于轨迹上。

2. 选择和启动机器人程序

在 KUKA 机器人中，如果要执行一个机器人程序，则必须事先将其选中，并以“选定”方式打开。机器人程序在导航器中的用户界面上供选择。通常，在文件夹中创建移动程序。程序的执行可通过使能键及运行键来执行，示教器使能按键如图 2-30 所示。

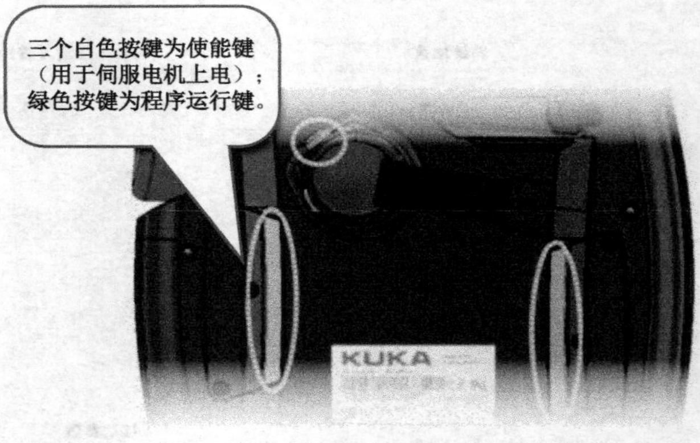

图 2-30　示教器使能按键

在执行程序之前，为了使当前机器人位置与机器人程序中的当前位置保持一致，必须执行 BCO 运行。如果运行某个程序，则对于编程控制的机器人运动，可提供多种程序运行方式。机器人程序的运行方式说明见表 2-13，程序状态见表 2-14。

表 2-13　机器人程序的运行方式说明

名　称	状态显示	说　明
Go #GO		程序不停顿地运行，直至程序结尾
动作 #MSTEP		程序运行过程中在每个点上暂停，包括在辅助点和样条段点上暂停。对每一个点都必须重新按下启动键。程序没有预进就开始运行
单个步骤 #ISTEP		程序运行时在每一程序行后暂停，在不可见的程序行和空行后也要暂停。对每一程序行都必须重新按下启动键。程序没有预进就开始运行。单个步骤仅供专家用户组使用
逆向 #BSTEP		如果按下逆向启动键，则会自动选择这种程序运行方式，不得通过其他方式选择。特性与动作时相同，有以下例外情况：CIRC 运动反向执行与上一次正向运行时相同，即如果向前在辅助点上未暂停，则反向运行时在此处也不会暂停。这种例外情况不适用于 SCIRC 运动。在这种运动中，反向运行时始终在辅助点上暂停

表 2-14 程序状态

图　　标	颜　　色	说　　明
	灰色	未选定程序
	黄色	语句指针位于所选程序的首行
	绿色	已经选择程序，而且程序正在运行
	红色	选定并启动的程序被暂停
	黑色	语句指针位于所选程序的末端

四、任务实施

（一）资讯

认真阅读本任务“相关知识”的内容和 KUKA 机器人产品使用说明书的相关内容，了解机器人运动的基本原理及相关指令，按要求完成平面图形的轨迹运行。

（二）计划、决策

（1）检查工作站，能正常通电和通气，安装好书写工具。

（2）确定实施任务的运动轨迹路径。路径如下：

机器人到达安全位置 home 点→机器人到达 A 点的上方位置→机器人到达 A 点→机器人到达 B 点→机器人到达 C 点→机器人到达 A 点→机器人到达 D 点的上方位置→机器人到达 D 点→机器人走圆弧 $\overset{\frown}{DEF}$ →机器人走圆弧 $\overset{\frown}{FGD}$ →机器人到达 D 点的上方位置→机器人回到安全位置 home 点。

（3）创建工具坐标系和基坐标系。

（4）根据机器人轨迹路径编写程序“chengxu”，调试程序。

（5）修改基坐标系，复制轨迹路径。

（6）在新的基坐标系下运行程序。

（三）实施

1．设定尖点工具坐标 TCP

尖点工具坐标 TCP 的设定请参考单元 2 任务 1 的操作步骤，此处略。

2．设定基坐标 base1

基坐标 base1 的设定请参考单元 2 任务 2 的操作步骤，此处略。

3．程序文件创建及运行

（1）创建程序文件。

创建程序文件的前提是已选定 T1 运行方式，操作步骤见表 2-15。

（2）在程序中添加运动指令的操作见表 2-16。

表 2-15 创建程序文件的操作步骤

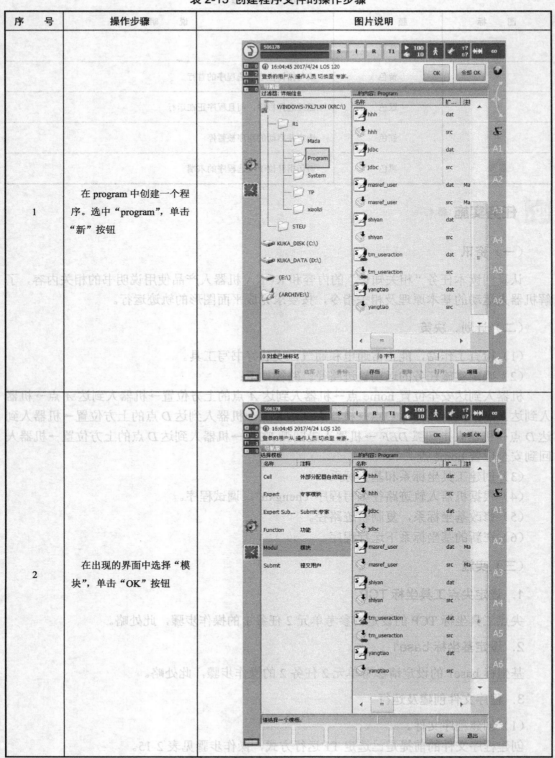

序　号	操作步骤	图片说明
1	在 program 中创建一个程序。选中“program”，单击“新”按钮	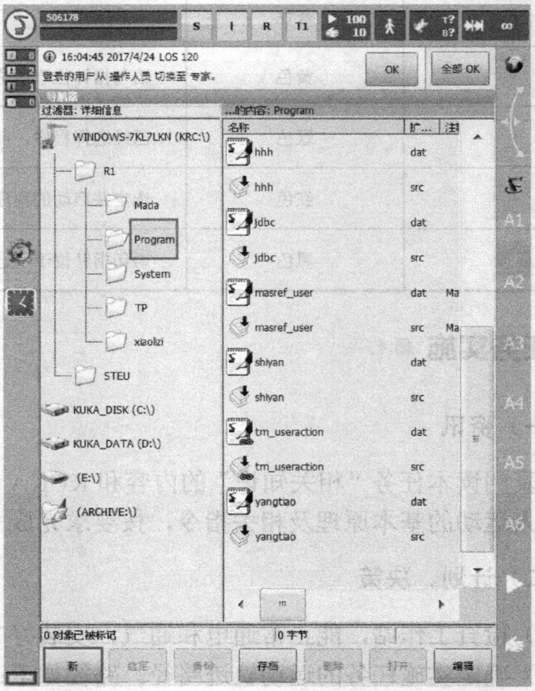
2	在出现的界面中选择“模块”，单击“OK”按钮	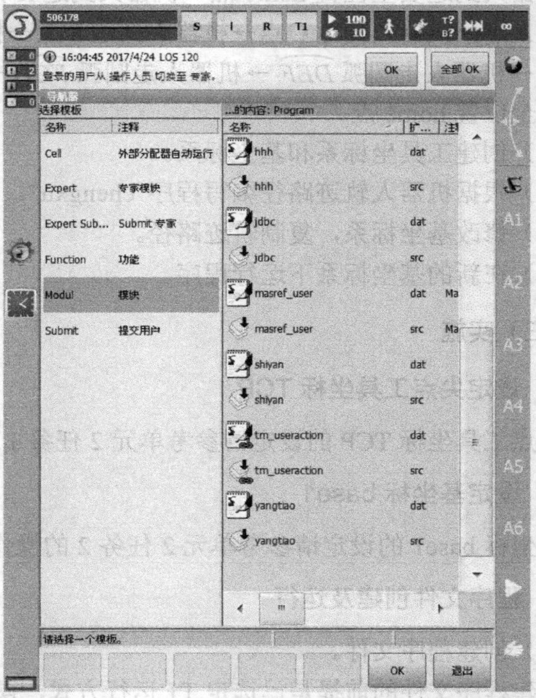

续表

序　号	操作步骤	图片说明
3	通过键盘输入程序名称“chengxu”	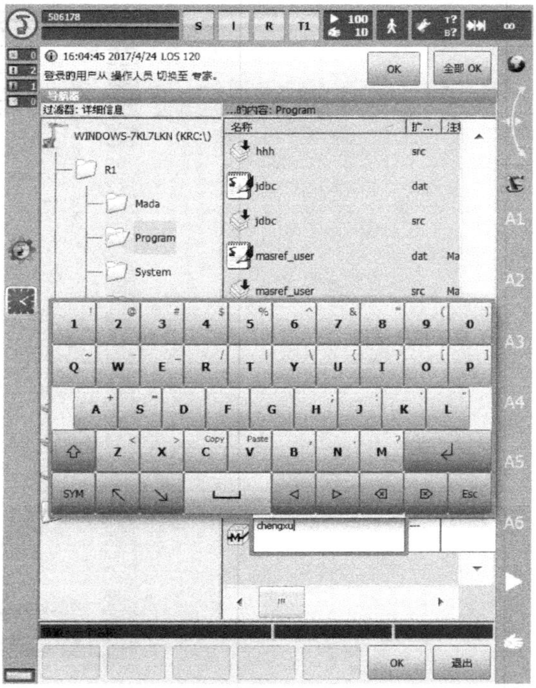
4	此时程序文件创建完成，出现 dat 和 src 文件，选中“chengxu.src”文件，单击“打开”按钮	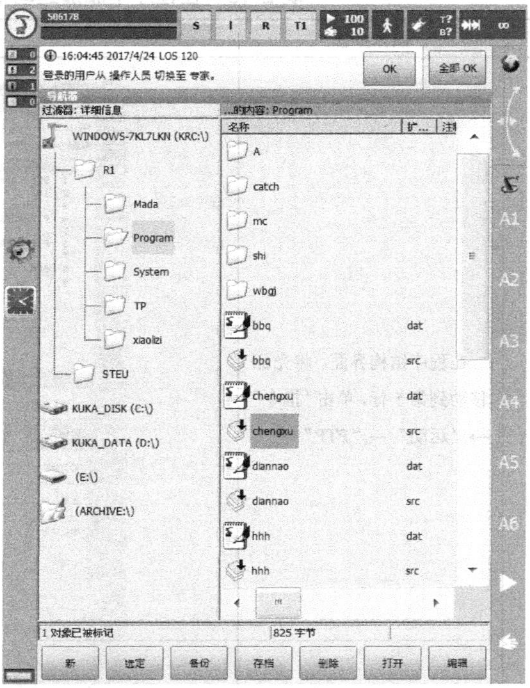

续表

序　号	操作步骤	图片说明
5	显示程序结构	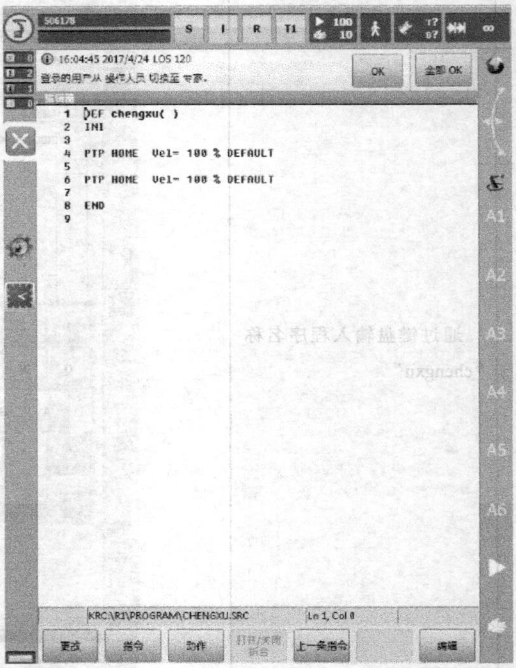

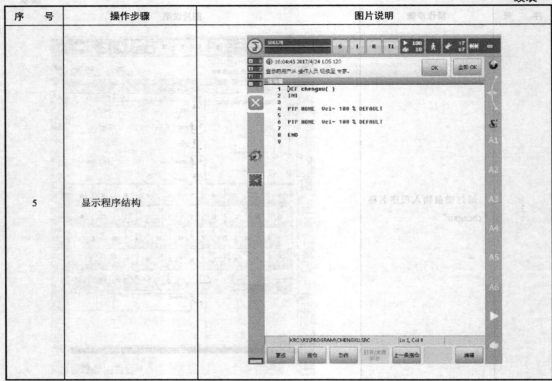

表 2-16　在程序中添加运动指令的操作步骤

序　号	操作步骤	图片说明
1	在程序结构界面，将光标移动到第 5 行，单击“指令”→“运动”→“PTP”	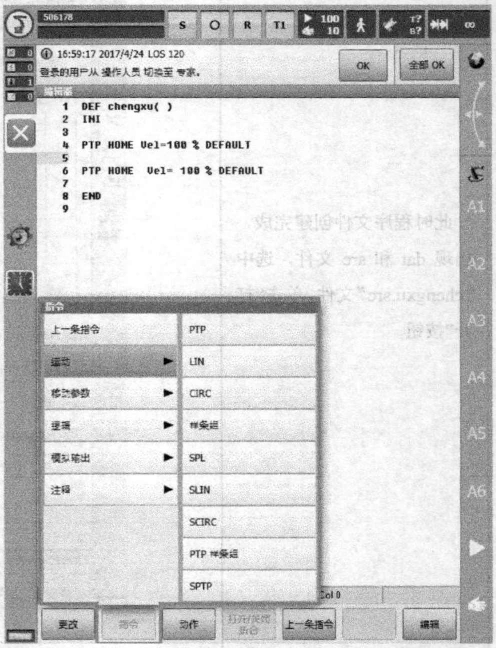

续表

序　　号	操作步骤	图片说明
2	添加 PTP 指令，修改指令行参数	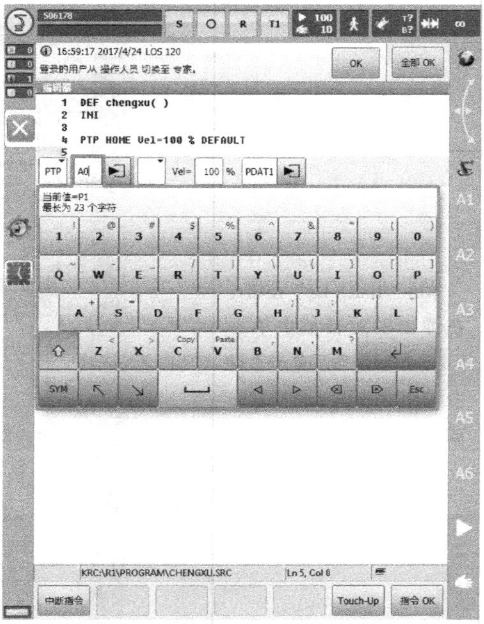
3	选择之前设定好的工具坐标和基坐标	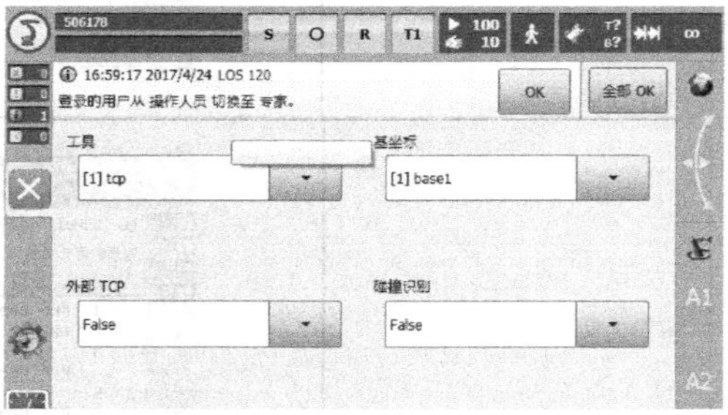
4	通过示教器把工具移到 *A* 点的正上方	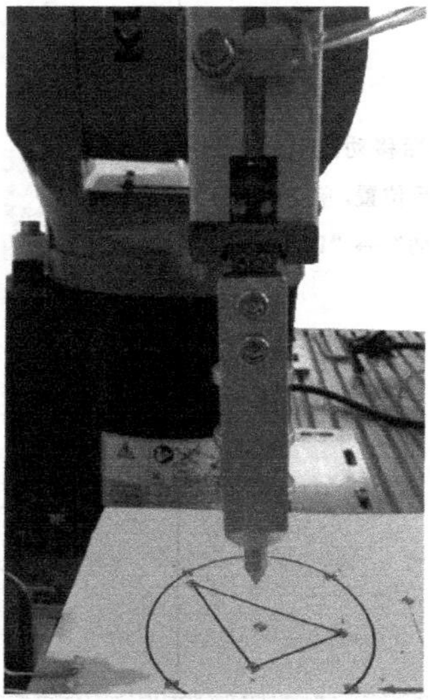

续表

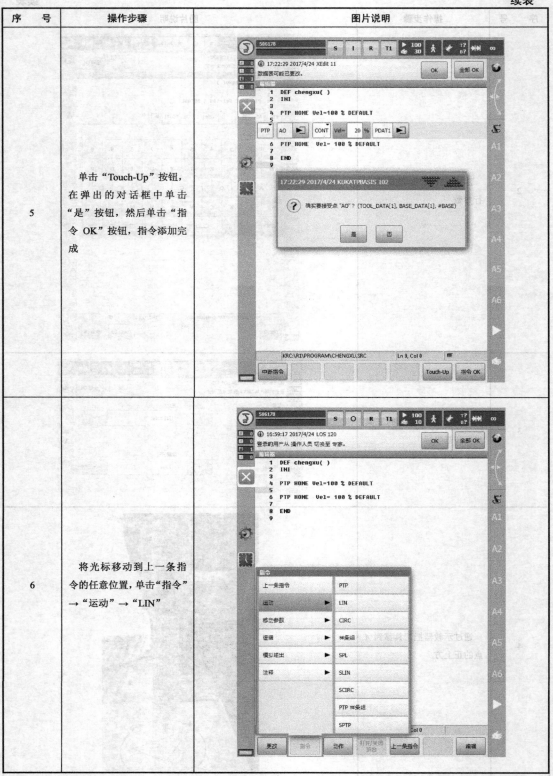

序　号	操作步骤	图片说明
5	单击“Touch-Up”按钮，在弹出的对话框中单击“是”按钮，然后单击“指令 OK”按钮，指令添加完成	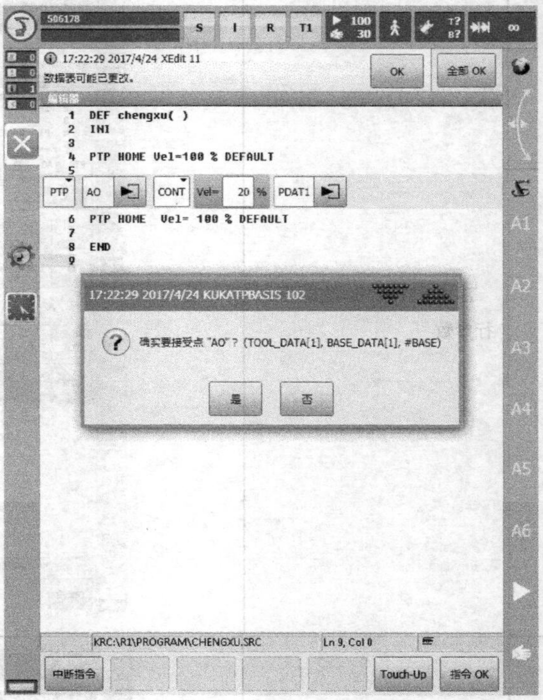
6	将光标移动到上一条指令的任意位置，单击“指令”→“运动”→“LIN”	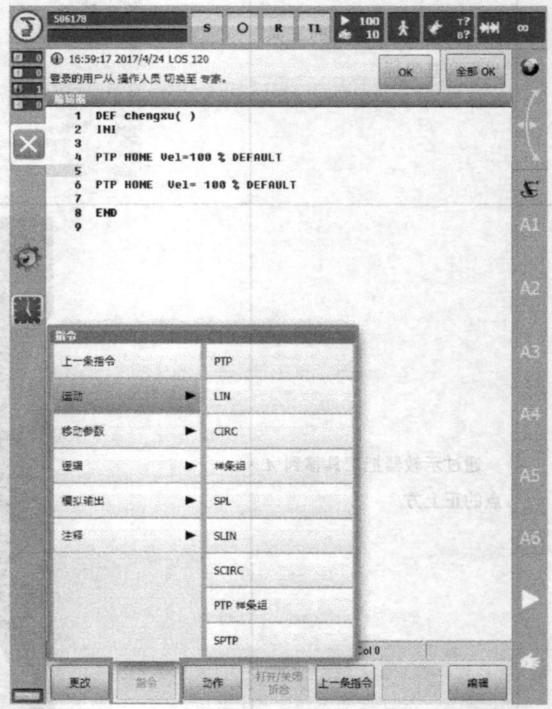

续表

序　号	操作步骤	图片说明
7	添加 LIN 指令并修改参数	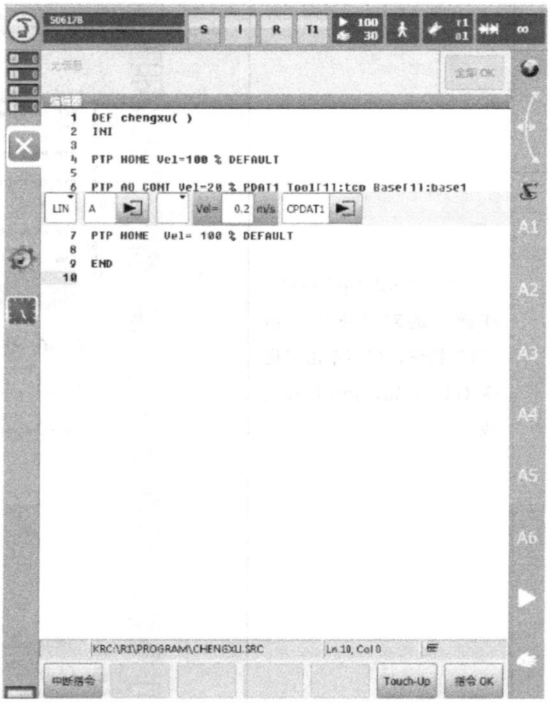
8	机器人移动到 *A* 点位置	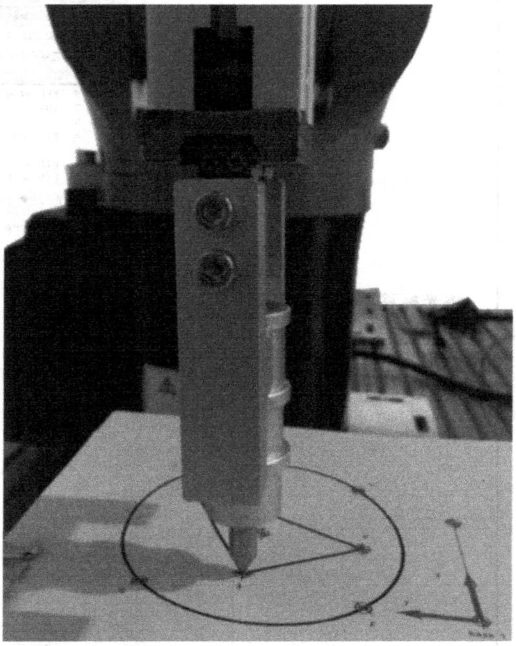

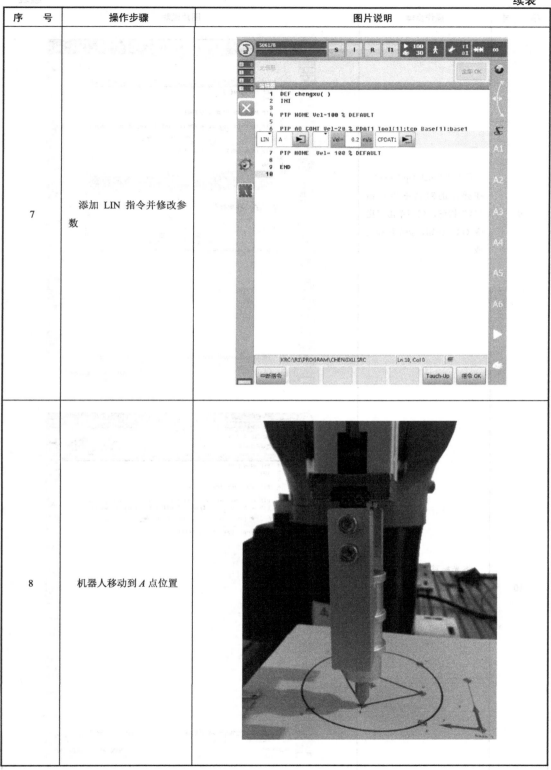

续表

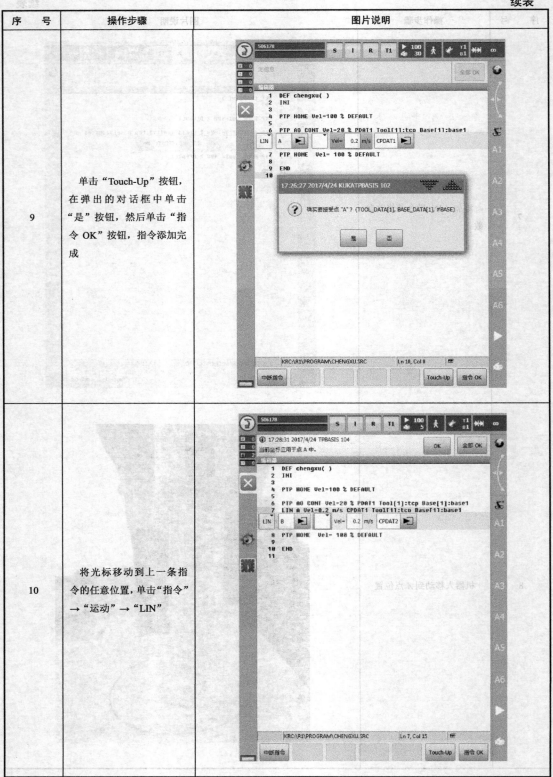

序　号	操作步骤	图片说明
9	单击“Touch-Up”按钮，在弹出的对话框中单击“是”按钮，然后单击“指令 OK”按钮，指令添加完成	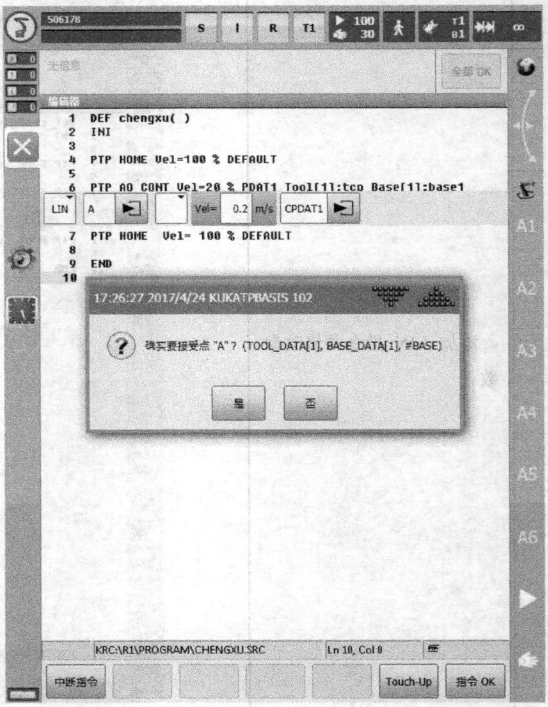
10	将光标移动到上一条指令的任意位置，单击“指令”→“运动”→“LIN”	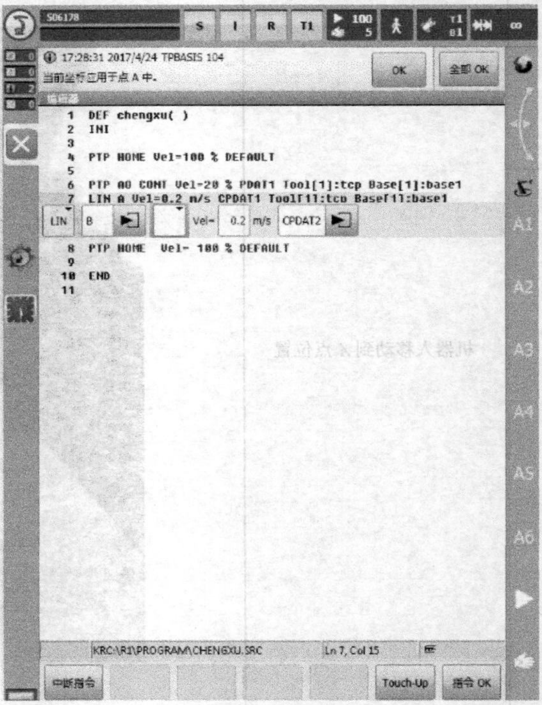

续表

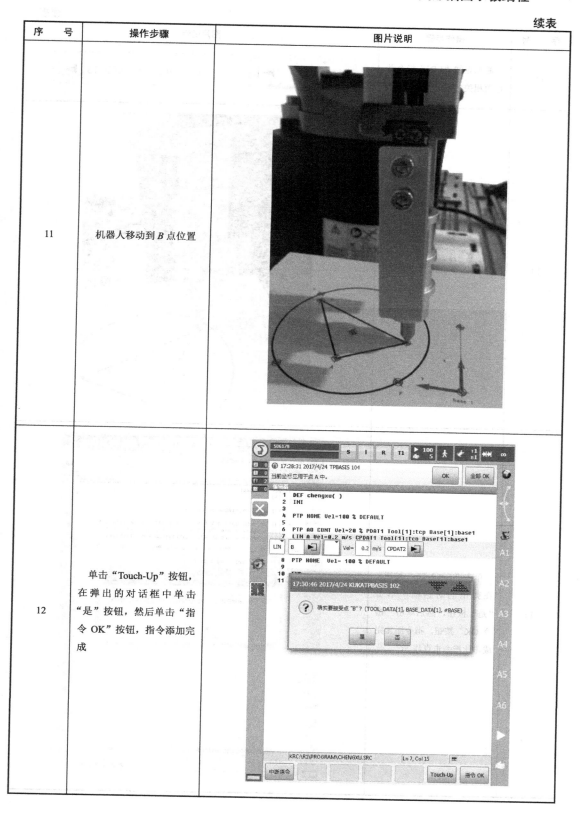

序　　号	操作步骤	图片说明
11	机器人移动到 *B* 点位置	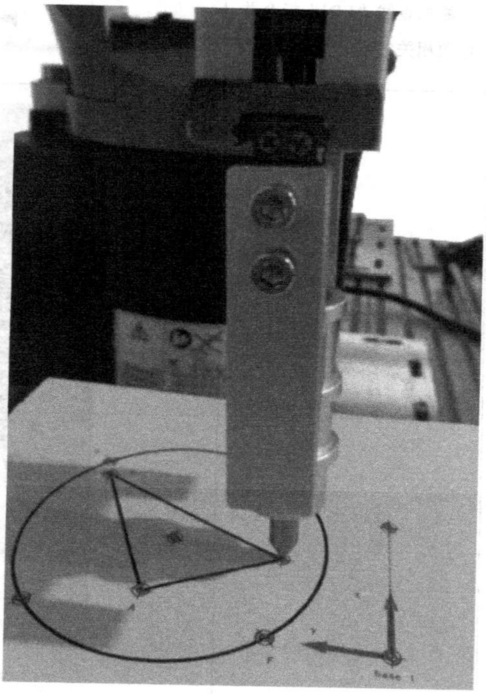
12	单击“Touch-Up”按钮，在弹出的对话框中单击“是”按钮，然后单击“指令 OK”按钮，指令添加完成	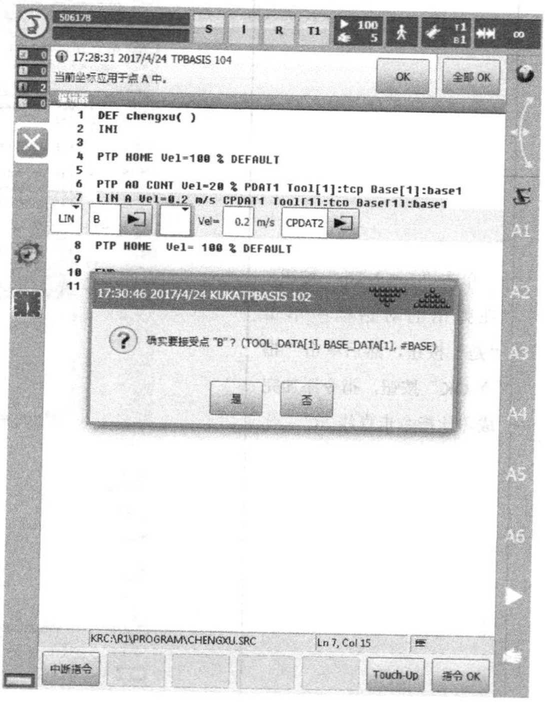

续表

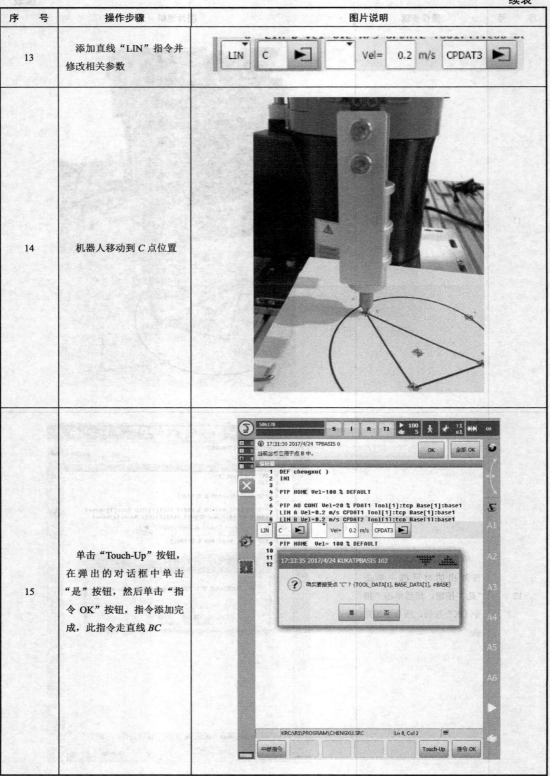

序号	操作步骤	图片说明
13	添加直线“LIN”指令并修改相关参数	
14	机器人移动到 *C* 点位置	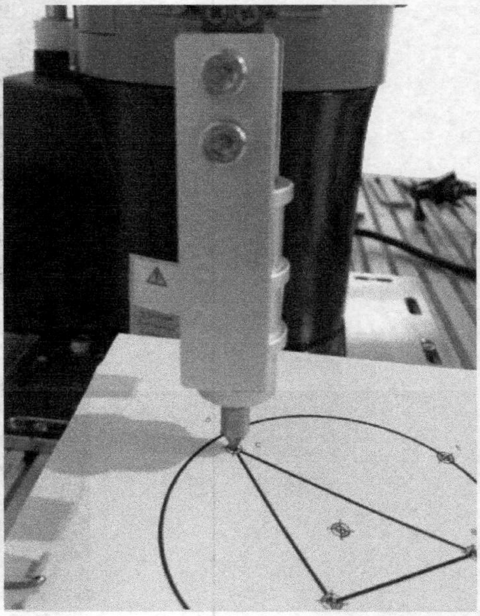
15	单击“Touch-Up”按钮，在弹出的对话框中单击“是”按钮，然后单击“指令 OK”按钮，指令添加完成，此指令走直线 *BC*	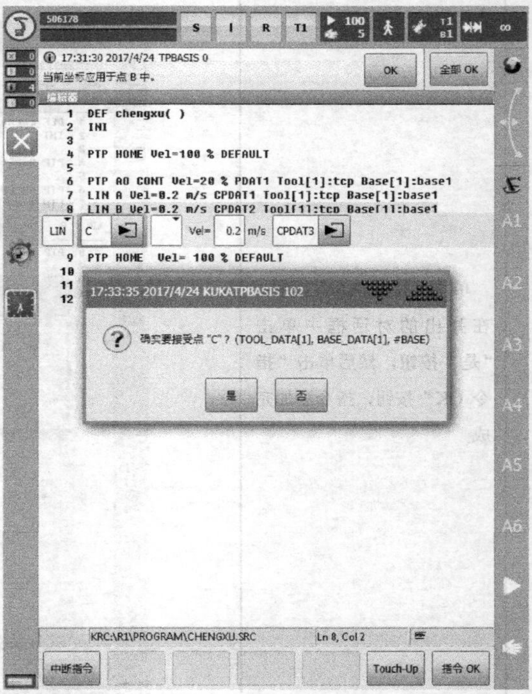

续表

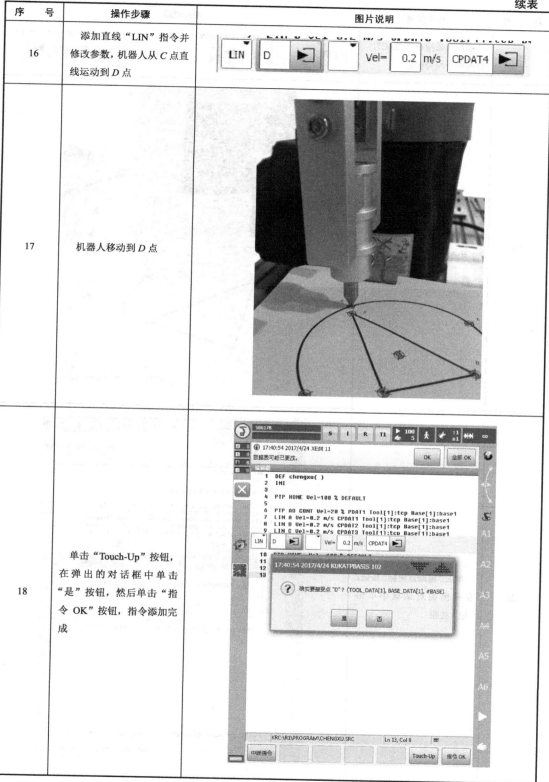

序 号	操作步骤	图片说明
16	添加直线“LIN”指令并修改参数，机器人从 *C* 点直线运动到 *D* 点	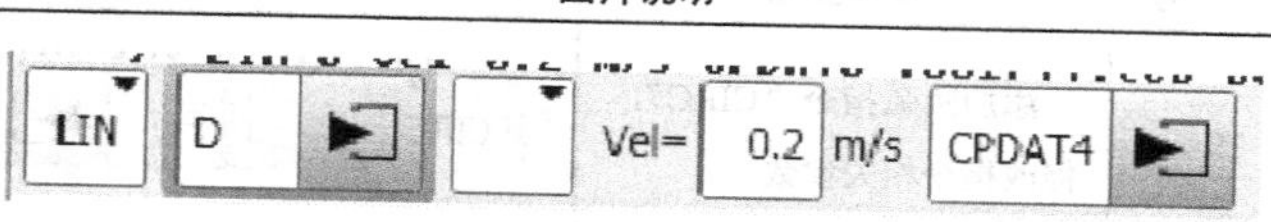
17	机器人移动到 *D* 点	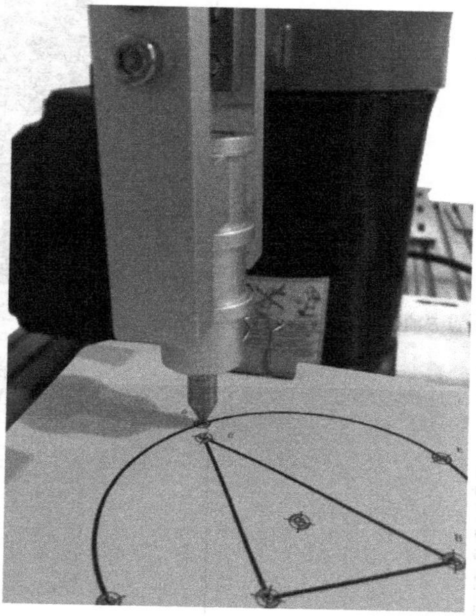
18	单击“Touch-Up”按钮，在弹出的对话框中单击“是”按钮，然后单击“指令 OK”按钮，指令添加完成	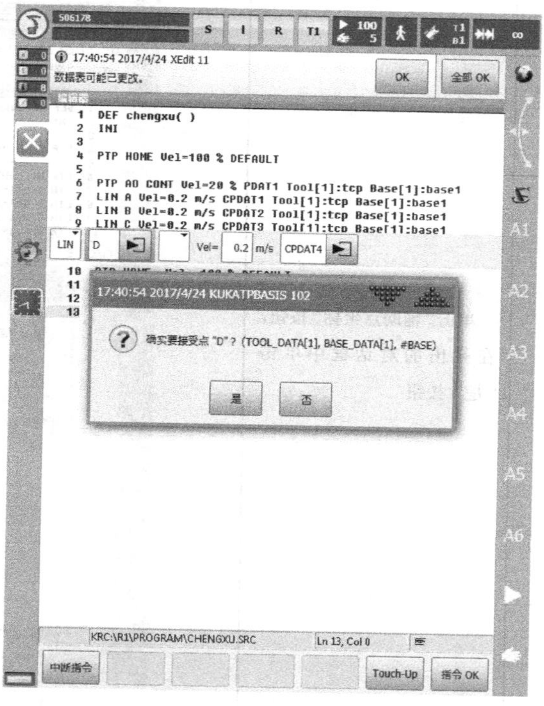

续表

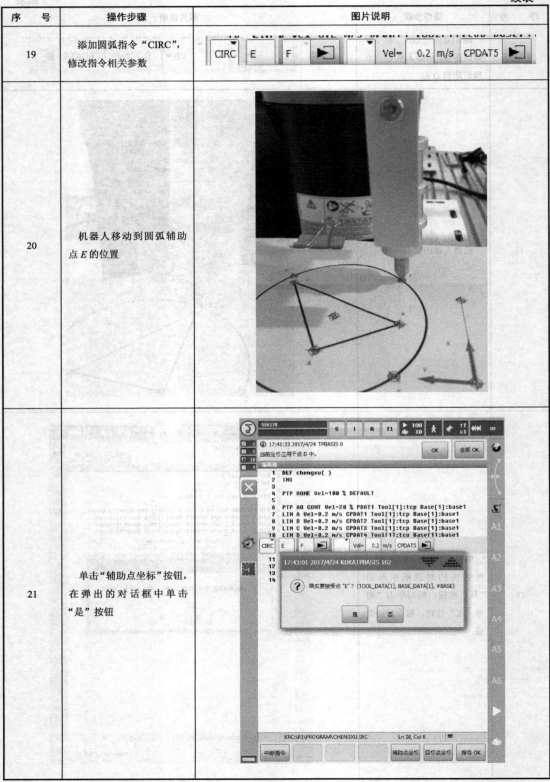

<table>
<tr><th>序 号</th><th>操作步骤</th><th>图片说明</th></tr>
<tr><td>19</td><td>添加圆弧指令“CIRC”，修改指令相关参数</td><td>
</td></tr>
<tr><td>20</td><td>机器人移动到圆弧辅助点 E 的位置</td><td>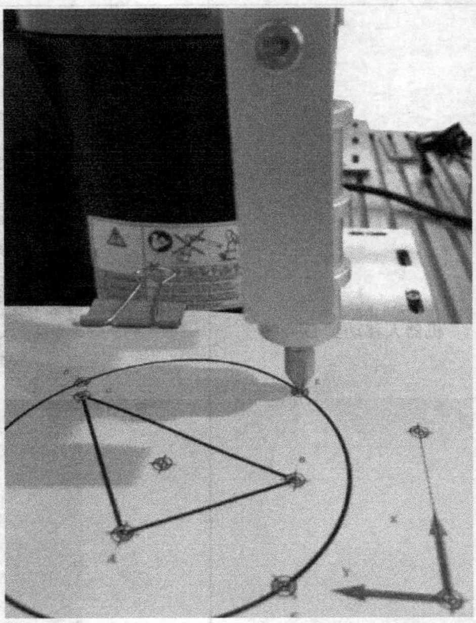</td></tr>
<tr><td>21</td><td>单击“辅助点坐标”按钮，在弹出的对话框中单击“是”按钮</td><td>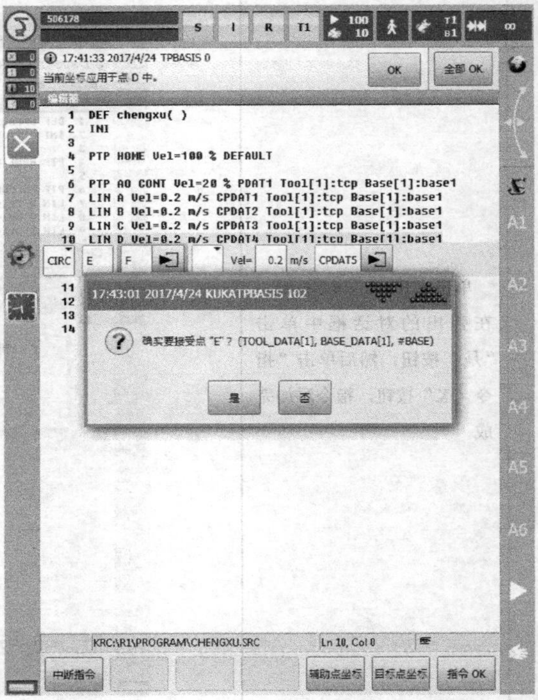
</td></tr>
</table>

续表

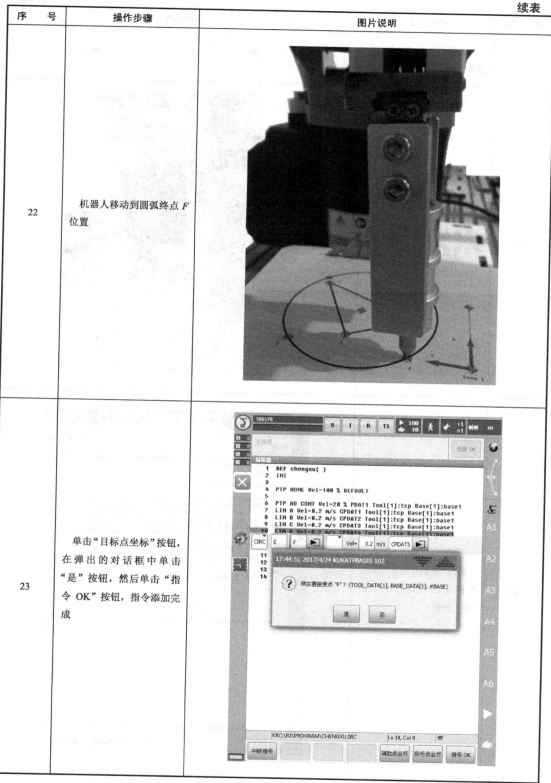

序　　号	操作步骤	图片说明
22	机器人移动到圆弧终点 *F* 位置	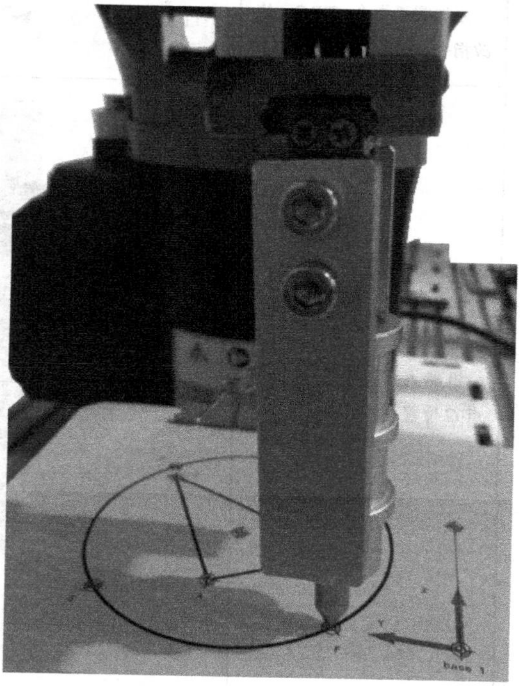
23	单击“目标点坐标”按钮，在弹出的对话框中单击“是”按钮，然后单击“指令 OK”按钮，指令添加完成	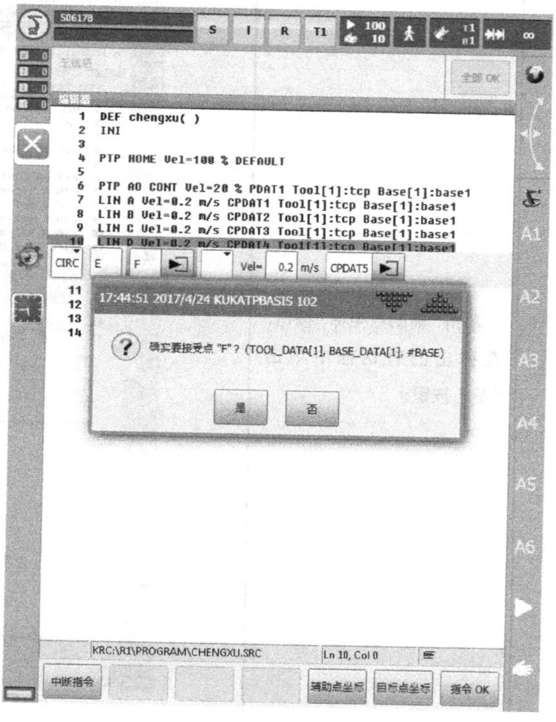

续表

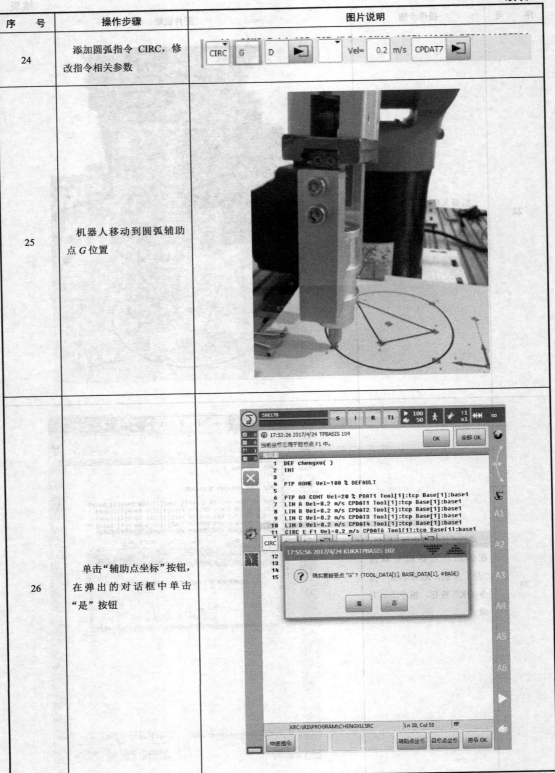

序号	操作步骤	图片说明
24	添加圆弧指令 CIRC，修改指令相关参数	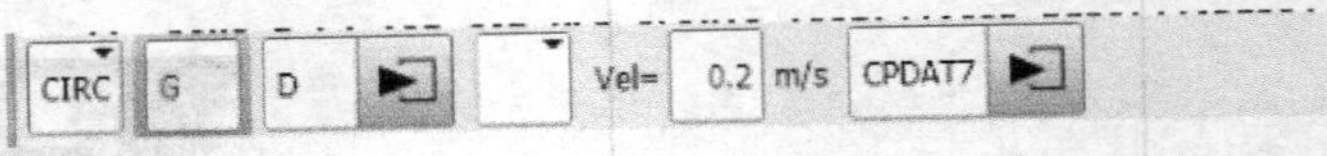
25	机器人移动到圆弧辅助点 *G* 位置	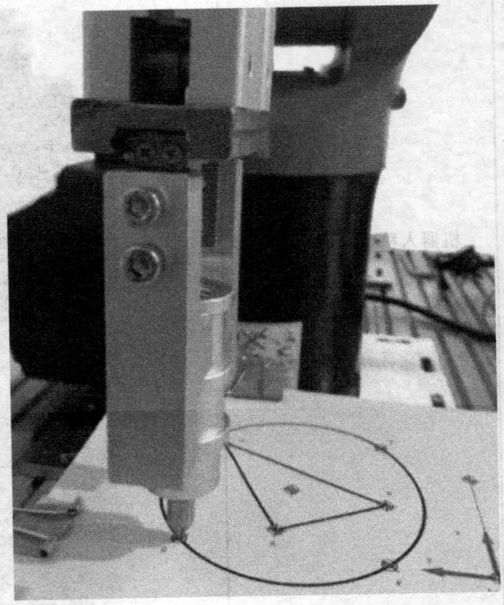
26	单击“辅助点坐标”按钮，在弹出的对话框中单击“是”按钮	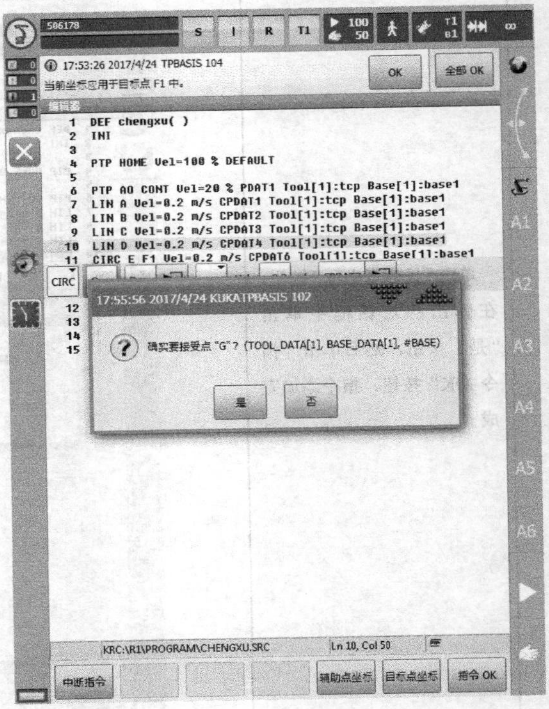

续表

<table>
<tr><th>序号</th><th>操作步骤</th><th>图片说明</th></tr>
<tr><td>27</td><td>单击“目标点坐标”按钮，在弹出的对话框中单击“否”按钮，然后单击“指令 OK”按钮，指令添加完成。
说明：在前面的示教中已经定义了 D 点的位置，在这里需要保留 D 点示教位置，所以单击“否”按钮</td><td>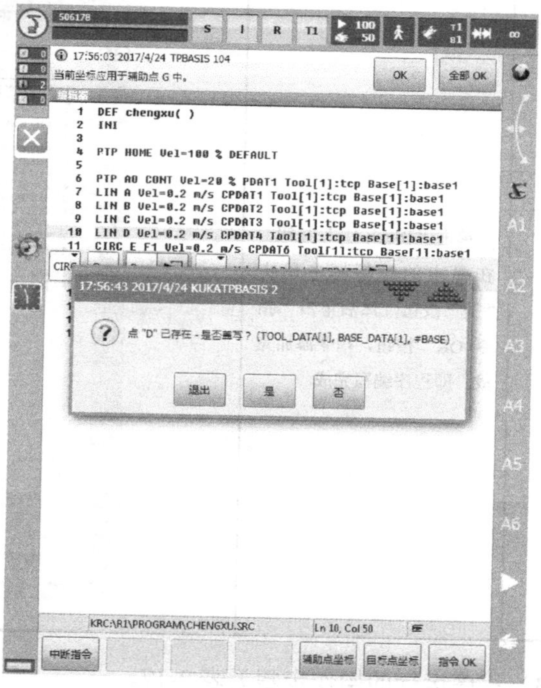
</td></tr>
<tr><td>28</td><td>添加直线“LIN”指令并修改相关参数</td><td>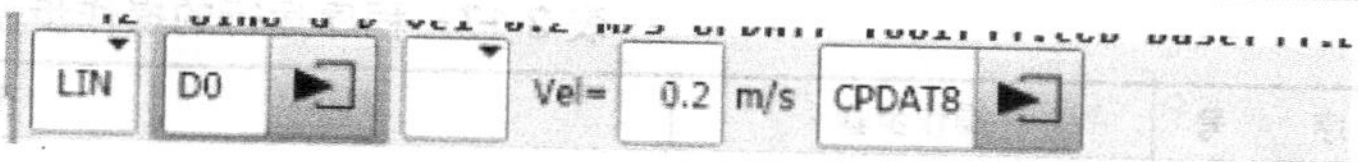
</td></tr>
<tr><td>29</td><td>机器人移动到图形上方安全位置</td><td>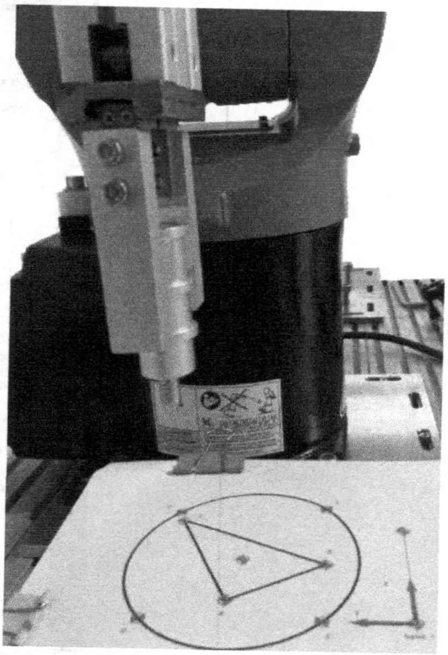</td></tr>
</table>

续表

序　　号	操作步骤	图片说明
30	单击“Touch-Up”按钮，在弹出的对话框中单击“是”按钮，然后单击“指令 OK”按钮，指令添加完成，即程序编写完成	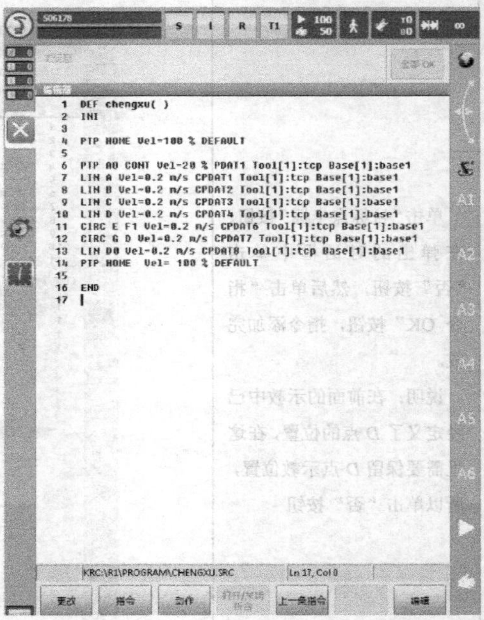

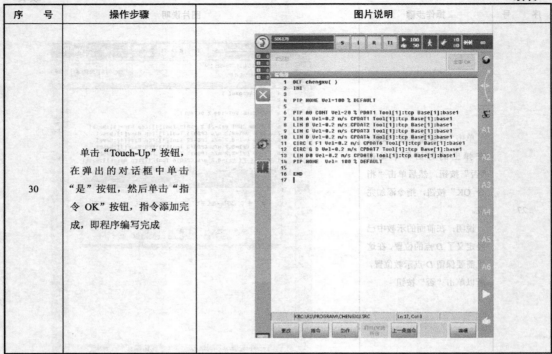

（3）程序运行的操作步骤见表 2-17。

表 2-17　程序运行的操作步骤

序　　号	操作步骤	图片说明
1	在示教器界面中选择程序“chengxu”，单击“选定”按钮	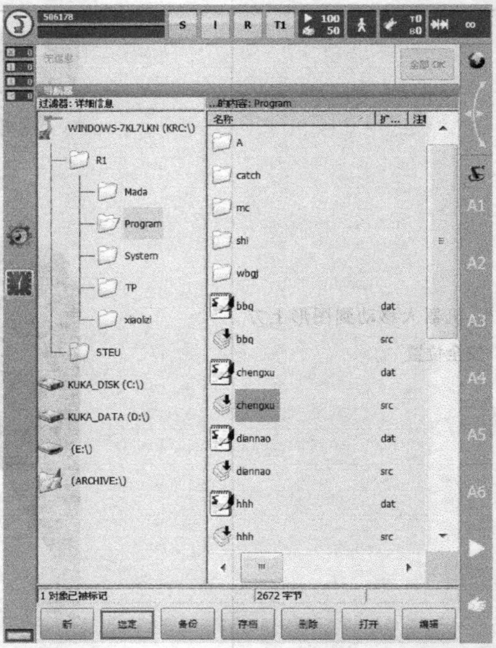

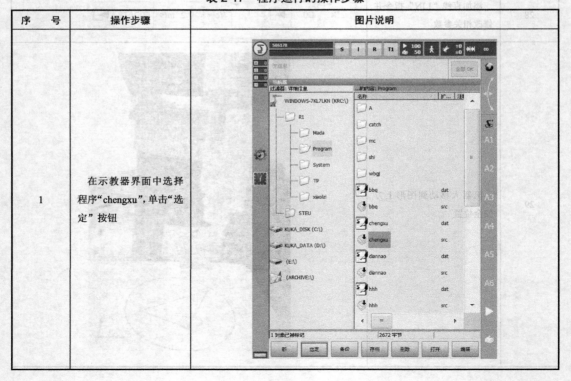

续表

序　号	操作步骤	图片说明
2	设定程序速度（程序倍率，pov）	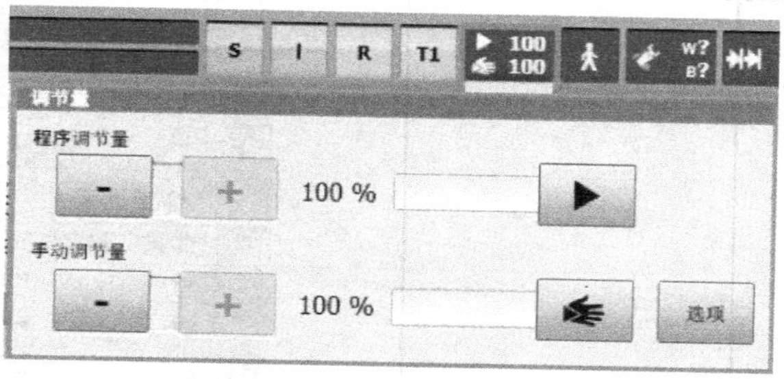
3	按“确认”键	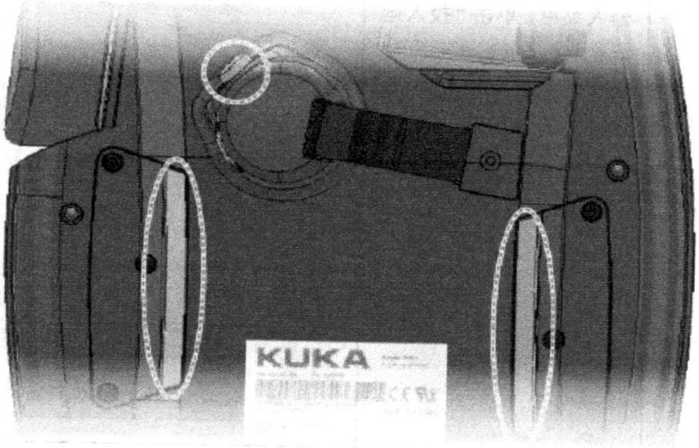
4	按下启动键（+）并按住，“INI”行得到处理，机器人执行 BCO 运行	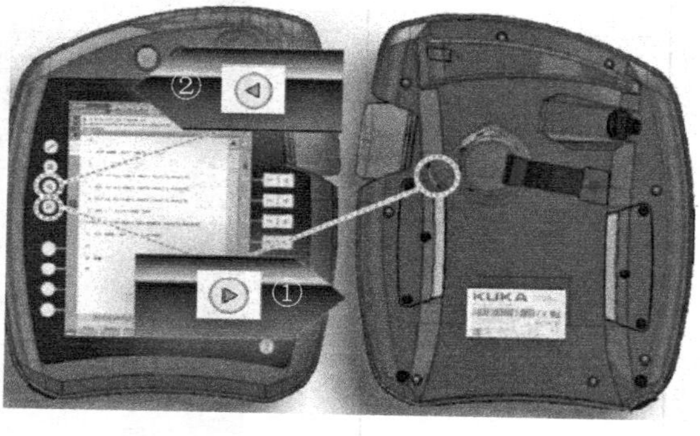
5	到达目标位置后运动停止，将显示提示信息“已达 BCO”	

（4）修改基坐标系运行新轨迹的操作步骤见表 2-18。

表 2-18　修改基坐标系运行新轨迹的操作步骤

序　号	操作步骤	图片说明
1	关闭运行程序，打开机器人菜单，单击“投入运行”，选择“测量”	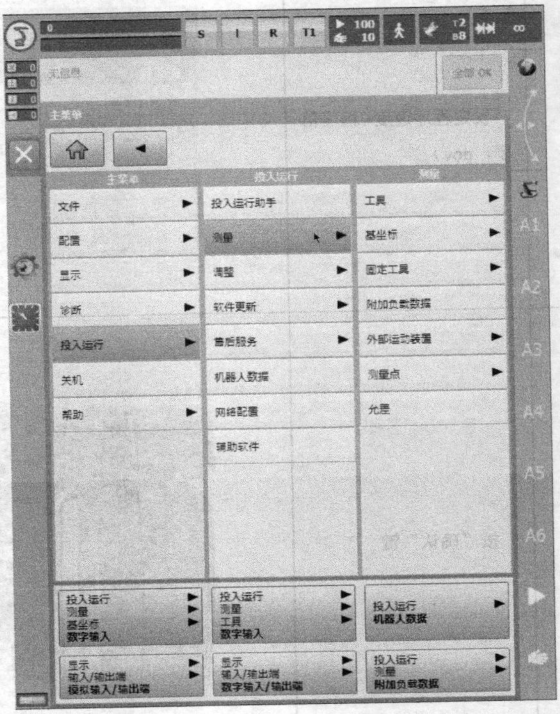
2	单击“基坐标”，选择“3 点”，开始进行测量	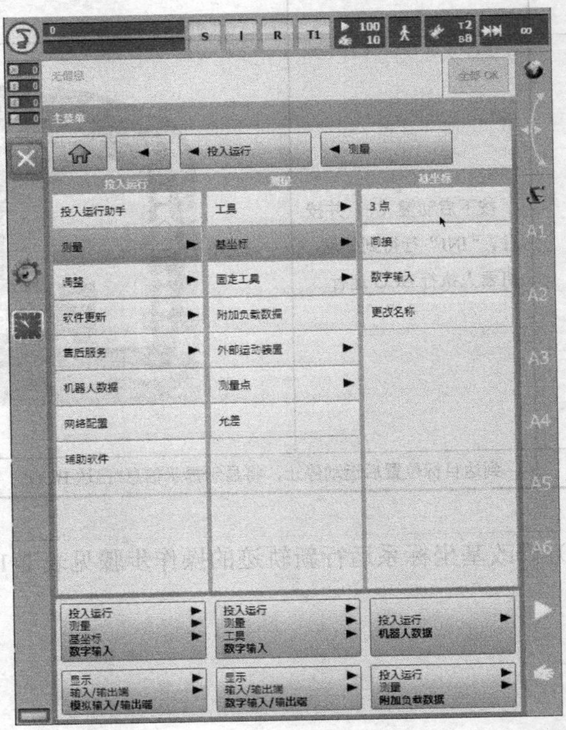

续表

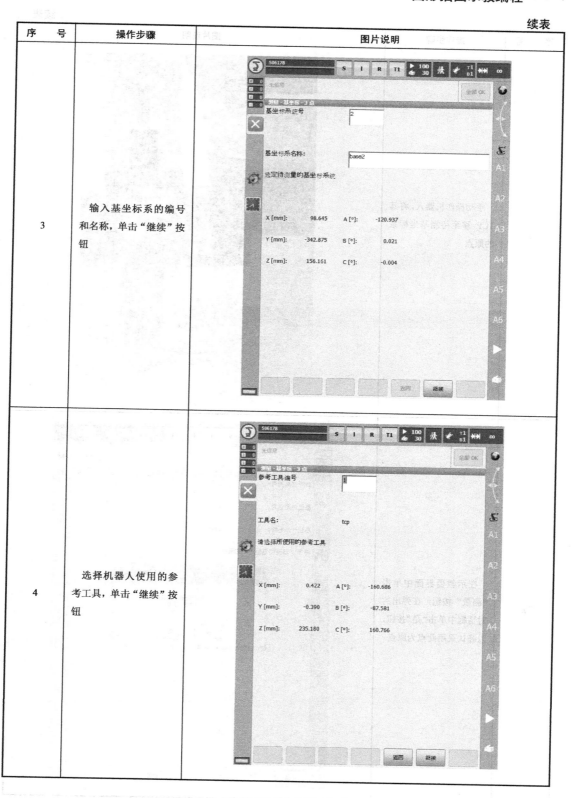

序　　号	操作步骤	图片说明
3	输入基坐标系的编号和名称，单击“继续”按钮	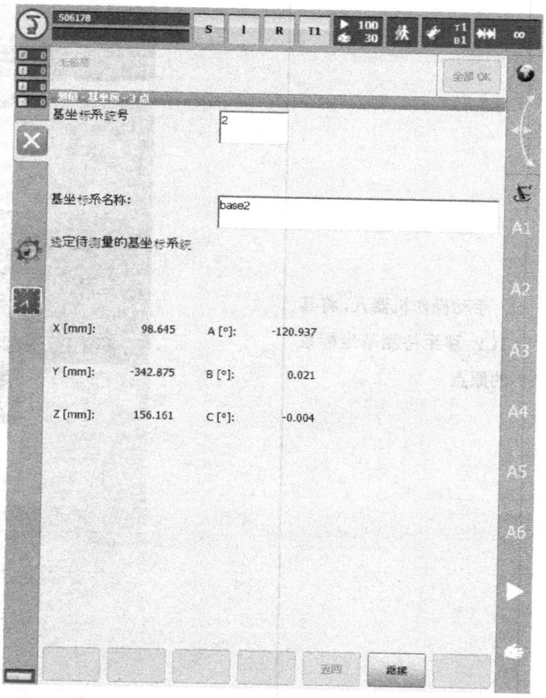
4	选择机器人使用的参考工具，单击“继续”按钮	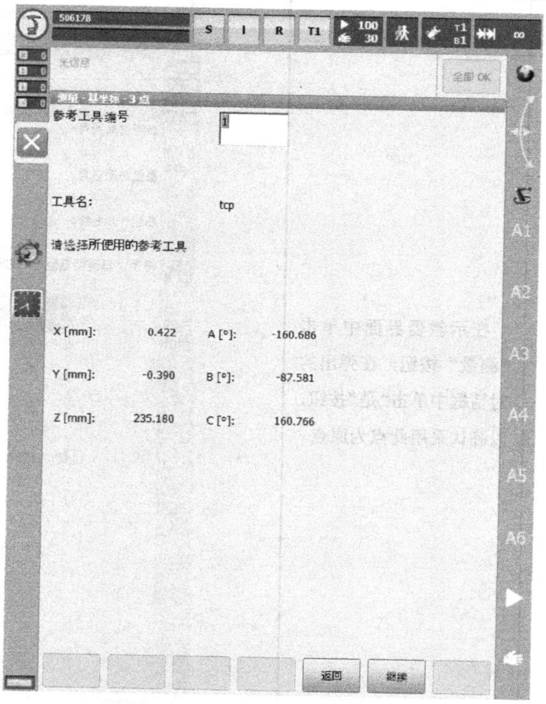

续表

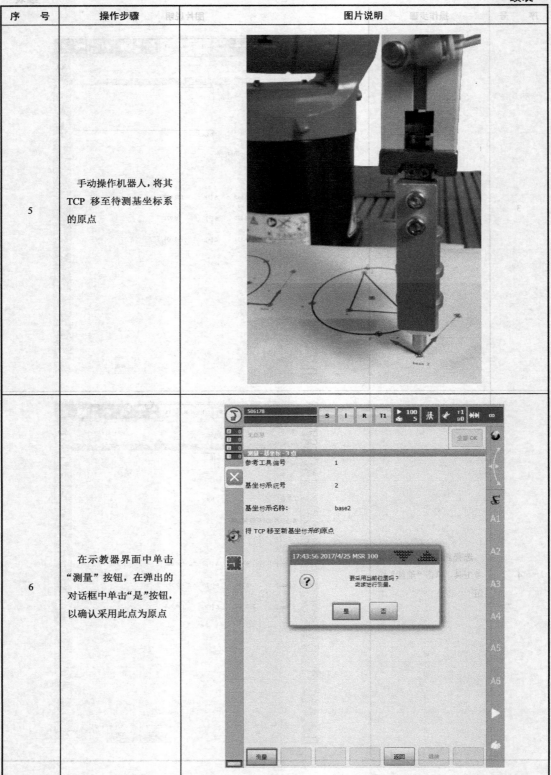

序　号	操作步骤	图片说明
5	手动操作机器人，将其 TCP 移至待测基坐标系的原点	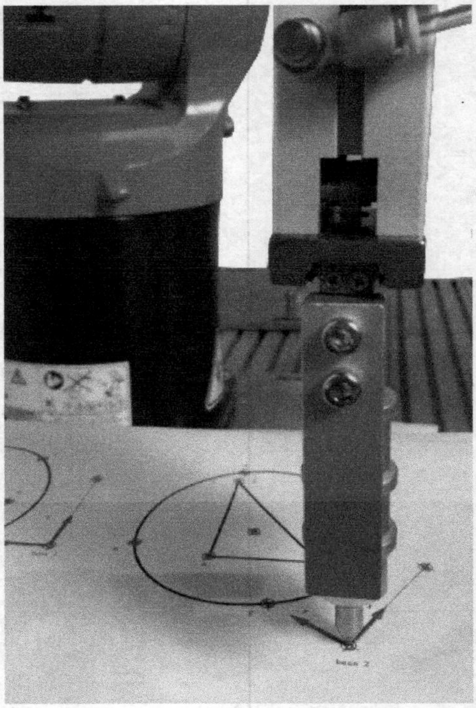
6	在示教器界面中单击“测量”按钮，在弹出的对话框中单击“是”按钮，以确认采用此点为原点	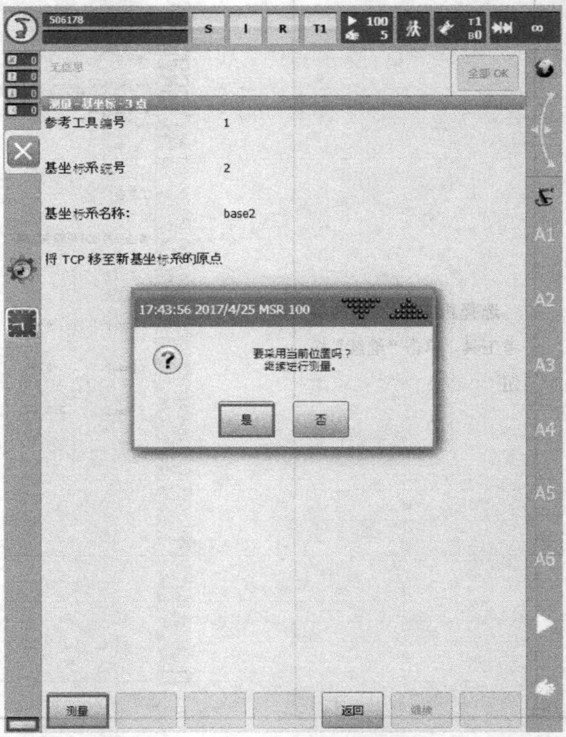

续表

序　　号	操作步骤	图片说明
7	手动操作机器人，将其TCP 移至待测坐标系+X 轴上一点，注意距离不小于 50mm	
8	在示教器界面中单击“测量”按钮，在弹出的对话框中单击“是”按钮，以确定 X 轴正方向	
9	再次移动机器人，将其TCP 移至待测基坐标系+Y 方向上一点，注意距离不小于 50mm	

续表

序　　号	操作步骤	图片说明
10	在示教器界面中单击“测量”按钮，在弹出的对话框中单击“是”按钮，以确定 *Y* 轴正方向	
11	示教器弹出坐标系测量数据，单击“保存”按钮，数据被保存并被采用，此时基坐标 base2 已完成创建	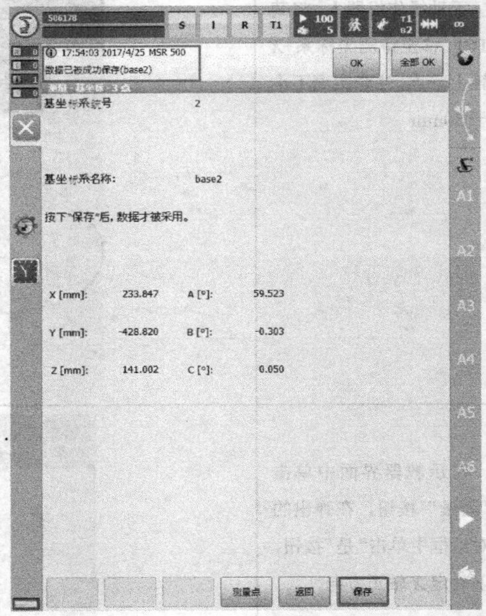
12	关闭基坐标系窗口，打开程序“chengxu”文件，光标移动到指令行 6，单击“更改”按钮	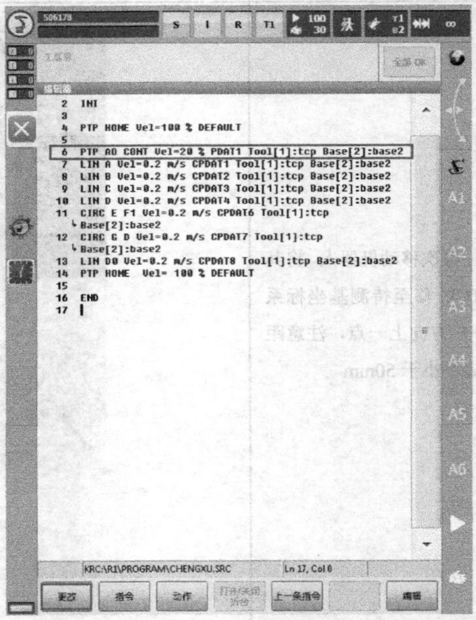

续表

序　　号	操作步骤	图片说明
13	在出现的更改指令行中，修改基坐标系，从 base1 修改为 base2，单击“指令 OK”按钮	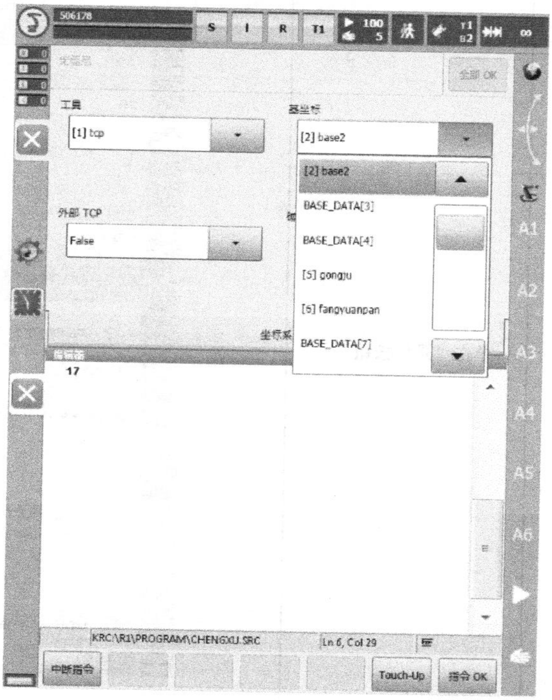
14	单击“OK”按钮	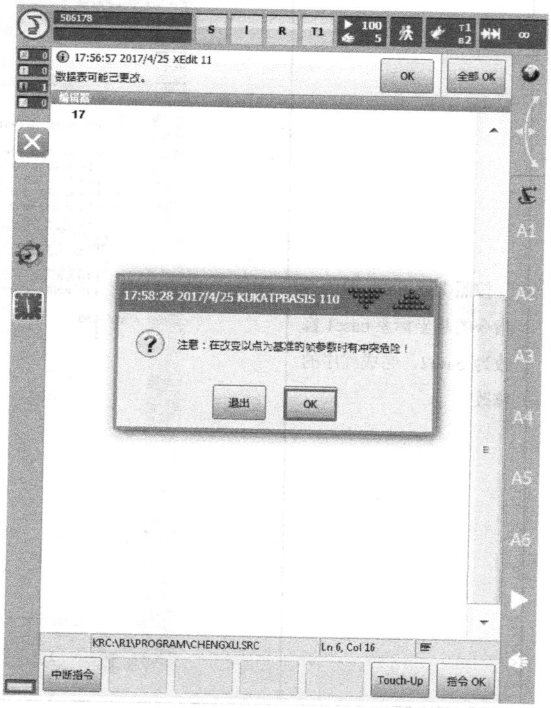

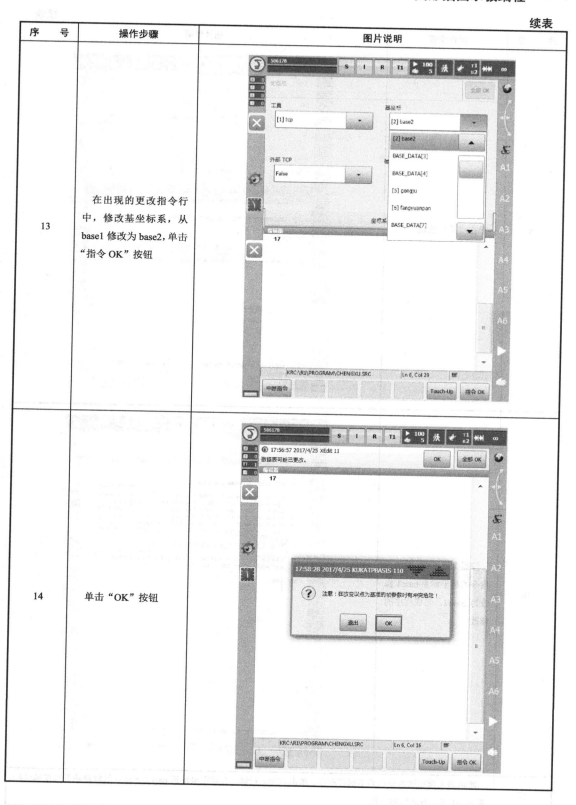

续表

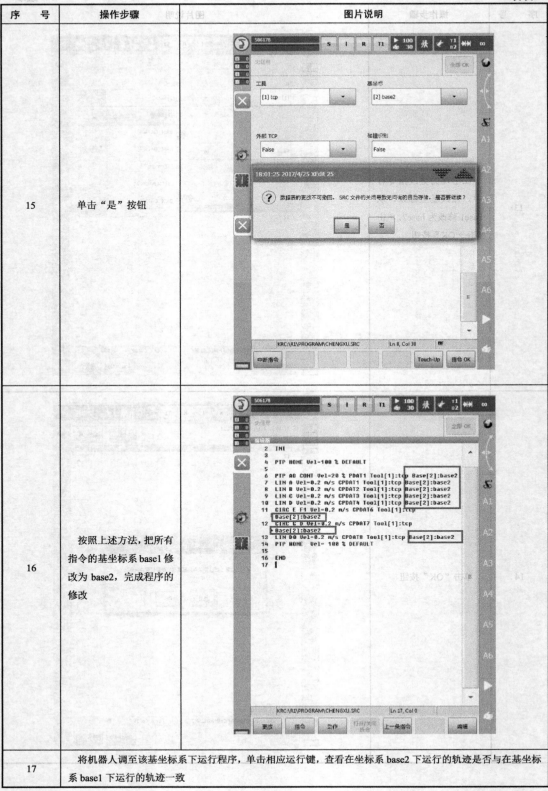

<table>
<tr><th>序　号</th><th>操作步骤</th><th>图片说明</th></tr>
<tr><td>15</td><td>单击“是”按钮</td><td>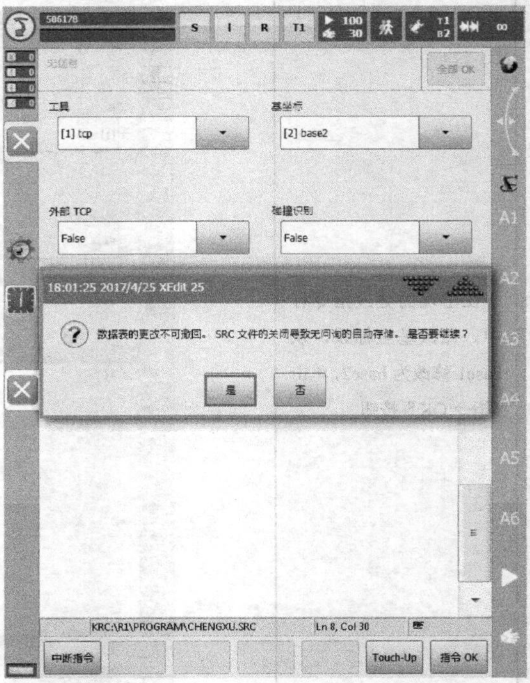
</td></tr>
<tr><td>16</td><td>按照上述方法，把所有指令的基坐标系 base1 修改为 base2，完成程序的修改</td><td>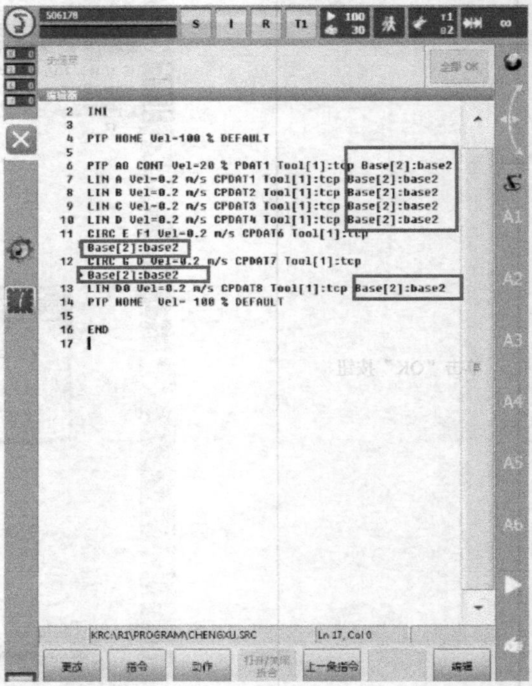
</td></tr>
<tr><td>17</td><td colspan="2">将机器人调至该基坐标系下运行程序，单击相应运行键，查看在坐标系 base2 下运行的轨迹是否与在基坐标系 base1 下运行的轨迹一致</td></tr>
</table>

（四）检查

（1）在指导教师的帮助下，完成机器人的轨迹运行。

（2）在机器人运行过程中，观察机器人的运行轨迹和运行速度，查看轨迹是否正确。

（3）将机器人调至该基坐标系下运行程序，单击相应运行键，查看在坐标系 base2 下运行的轨迹是否与在基坐标系 base1 下运行的轨迹一致。

（五）评估

通过上述方法可实现机器人平面图形的轨迹规划示教，方法可行。在机器人运行过程中，点位示教越精确，轨迹越精准。在复制 base1 中的轨迹时，可以直接把基坐标系 base1 修改为基坐标系 base2，同样可以得到相同的轨迹。

五、知识拓展

（一）奇点位置

有着 6 个自由度的 KUKA 机器人具有 3 个不同的奇点位置。即便在给定状态和步骤顺序的情况下，也无法通过逆向变换（将笛卡儿坐标值转换成极坐标值）得出唯一数值时，即可认为是一个奇点位置。这种情况下，或者当最小的笛卡儿坐标值变化也能导致非常大的轴角度变化时，即为奇点位置。

奇点针对的不是机械特性，而是数学特性，出于此原因，奇点只存在于轨迹运动范围内，而在轴运动时不存在。

1．过顶奇点 *a*1

对于过顶奇点来说，腕点（即轴 *A*5 的中点）垂直于机器人的轴 *A*1，如图 2-31 所示。轴 *A*1 的位置不能通过逆向变换明确确定，因此可以赋以任意值。

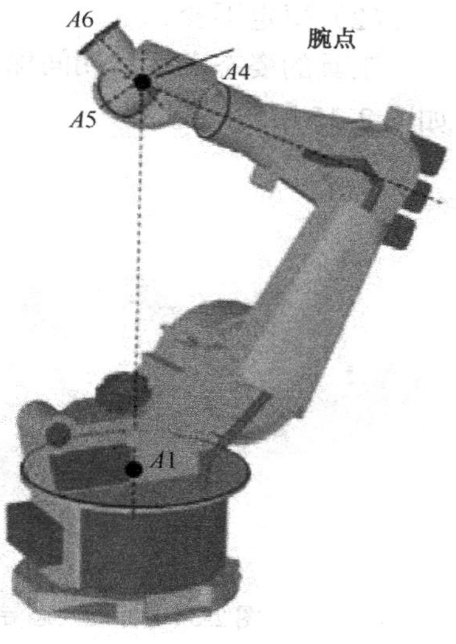

图 2-31　过顶奇点（*a*1 位置）

2．延展位置奇点 *a*2

对于延伸位置奇点来说，腕点（即轴 *A*5 的中点）垂直于机器人的轴 *A*2 和 *A*3。机器人处于其工作范围的边缘，如图 2-32 所示。通过逆向变换将得出唯一的轴角度，但较小的笛卡儿速度变化将导致轴 *A*2、*A*3 的轴速较大。

3．手轴奇点 *a*5

对于手轴奇点来说，轴 *A*4 和 *A*6 彼此平行，并且轴 *A*5 处于−0.01812°～＋0.01812°的范围内，如图 2-33 所示。通过逆向变换无法明确确定两轴的位置。轴 *A*4 和 *A*6 的位置可以有任意多的可能性，但其轴角度总和均相同。

（二）运动轨迹姿态导引

沿轨迹运动时可以准确定义姿态导引，但是工具在运动的起点和目标点处的方向可能不同。

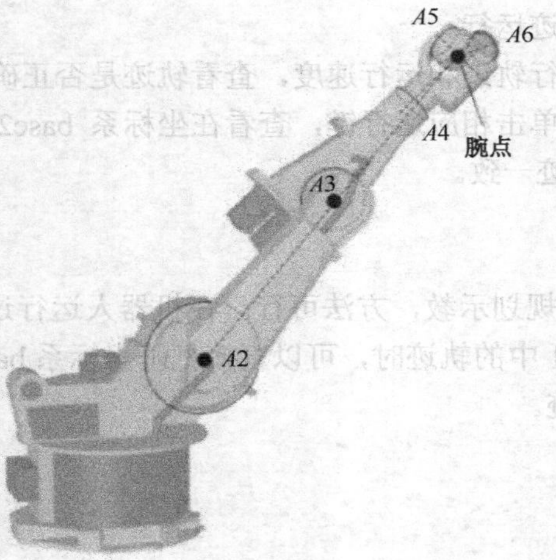

图 2-32　延伸位置（*a*2 位置）

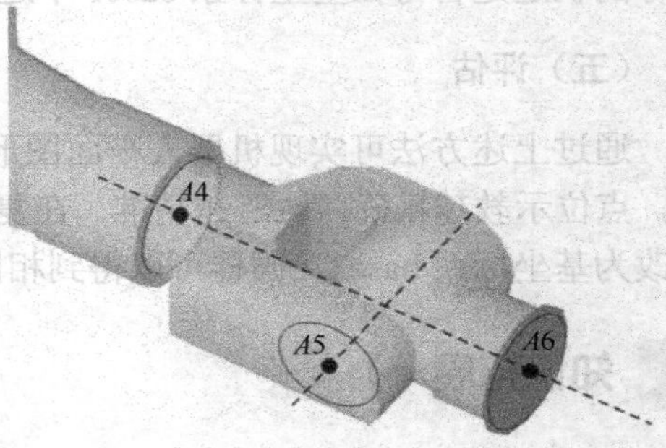

图 2-33　手轴奇点（*a*5 位置）

1. 在运动方式 SLIN 下的姿态导引

（1）标准或手动 PTP。

工具的方向在运动过程中不断变化，如图 2-34 所示。在机器人以标准方式到达手轴奇点时就可以使用手动 PTP，因为是通过手轴角度的线性轨迹逼近（按轴坐标的移动）进行姿态变化。

（2）恒定不变。

工具的姿态在运动期间保持不变，与在起点所示教的一样，在终点示教的姿态被忽略，如图 2-35 所示。

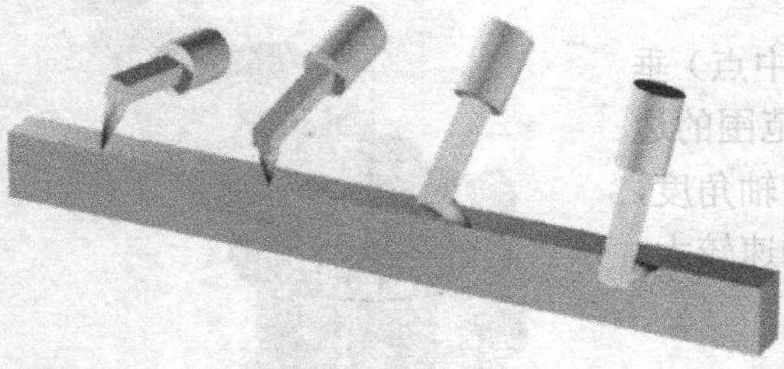

图 2-34　标准姿态导引

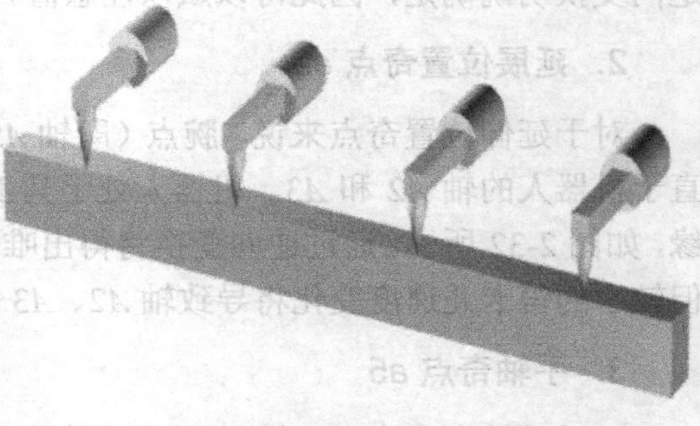

图 2-35　恒定的姿态导引

2. 在运动方式 SCIRC 下的姿态导引

（1）标准或手动 PTP。

工具的方向在运动过程中不断变化，如图 2-36 所示。在机器人以标准方式到达手轴奇点时就可以使用手动 PTP，因为是通过手轴角度的线性轨迹逼近（按轴坐标的移动）进行姿态变化。

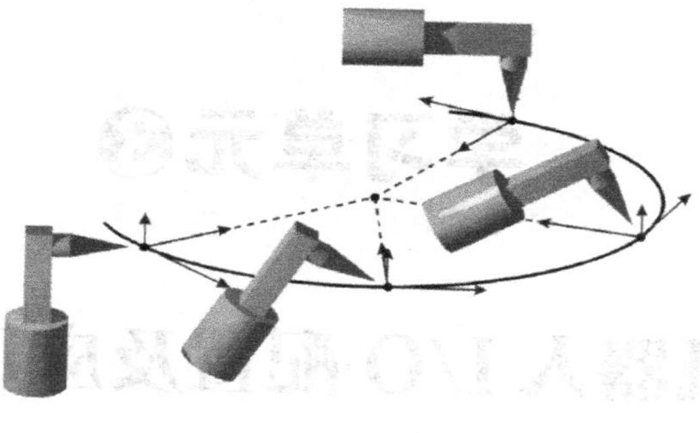

图 2-36　标准 + 以基准为参照

（2）恒定不变。

工具的姿态在运动期间保持不变，与在起点所示教的一样，在终点示教的姿态被忽略，如图 2-37 所示。

（3）恒定，以轨迹为参照，如图 2-38 所示。

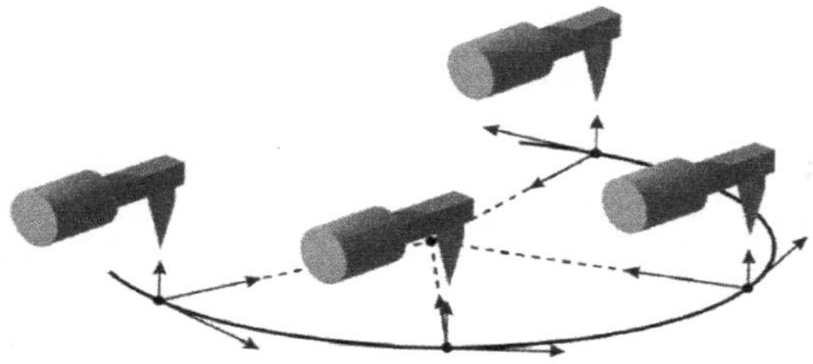

图 2-37　恒定的方向导引 + 以基准为参照

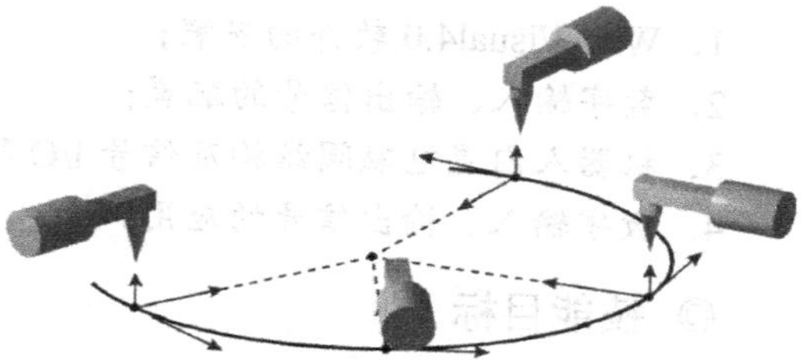

图 2-38　恒定 + 以轨迹为参照

六、讨论题

1．机器人运行轨迹与给定值有偏差，分析是为什么。

2．机器人在运行的过程中，速度不均衡，分析是为什么。

3．在 PTP、LIN 和 CIRC 运动中移动速度以何种形式给出？该速度以什么为基准？

4．在 PTP、LIN 和 CIRC 运动中轨迹逼近距离以何种形式给出？该距离以什么为基准？

5．将 CONT 指令插入现有的运动指令中时必须注意什么？

6．修改指令或坐标系时，需注意什么？

7．BCO 运行是什么？

学习单元❸

KUKA 机器人 I/O 配置及应用

学习目标

◎ 知识目标

1. WorkVisual4.0 软件的安装；
2. 数字输入、输出信号的配置；
3. 机器人内置电磁阀结构及信号 I/O 配置；
4. 数字输入、输出信号的应用。

◎ 技能目标

1. 掌握 I/O 配置的项目上传、I/O 配置、项目下载的步骤及方法；
2. 掌握数字输入、输出信号的连接；
3. 掌握项目信号传输给控制器的方法；
4. 掌握电磁阀信号的 I/O 配置方法及步骤；
5. 掌握配置信号的监测及信号应用。

工作任务

任务 1　KUKA 机器人外部电器的 I/O 配置

任务 2　KUKA 机器人内部电磁阀的 I/O 配置

任务1 KUKA 机器人外部电器的 I/O 配置

一、任务描述

使用 WorkVisual 软件对机器人进行 I/O 配置，为 KUKA 机器人配置 16 位数字输入信号和 16 位数字输出信号，使 KUKA 机器人能够与外部电器进行 I/O 通信。

二、任务分析

本任务旨在让学习者掌握数字输入/输出信号的配置，因此完成这个任务需要了解配置软件工具 WorkVisual 的使用、添加总线模块、信号的连接等相关内容。

三、相关知识

WorkVisual 软件受控于 KR C4 的机器人工作单元的工程环境，具有以下功能：

① 将项目从机器人控制系统传输到 WorkVisual。在每个具有网络连接的机器人控制系统中都可选出任意一个项目并传输到 WorkVisual，即使计算机里没有该项目也能实现。

② 将项目与其他项目进行比较，如果需要则应用差值。一个项目可以与另一个项目相比较，所指项目可以是机器人控制系统上的一个项目或一个本机保存的项目，用户可针对每一区别单个决定是否想沿用当前项目中的状态还是希望采用另一个项目中的状态。

③ 将项目传送给机器人控制系统。

④ 架构并连接现场总线。

⑤ 编辑安全配置。

⑥ 对机器人离线编程。

⑦ 管理长文本。

⑧ 诊断功能。

⑨ 在线显示机器人控制系统的系统信息。

⑩ 配置测量记录、启动测量记录、分析测量记录。

WorkVisual4.0 软件配置界面如图 3-1 所示，其界面模块说明见表 3-1，除了图 3-1 所示的窗口和编辑器之外，还有更多选择可供选用，可通过“窗口”和“编辑”菜单栏调出。

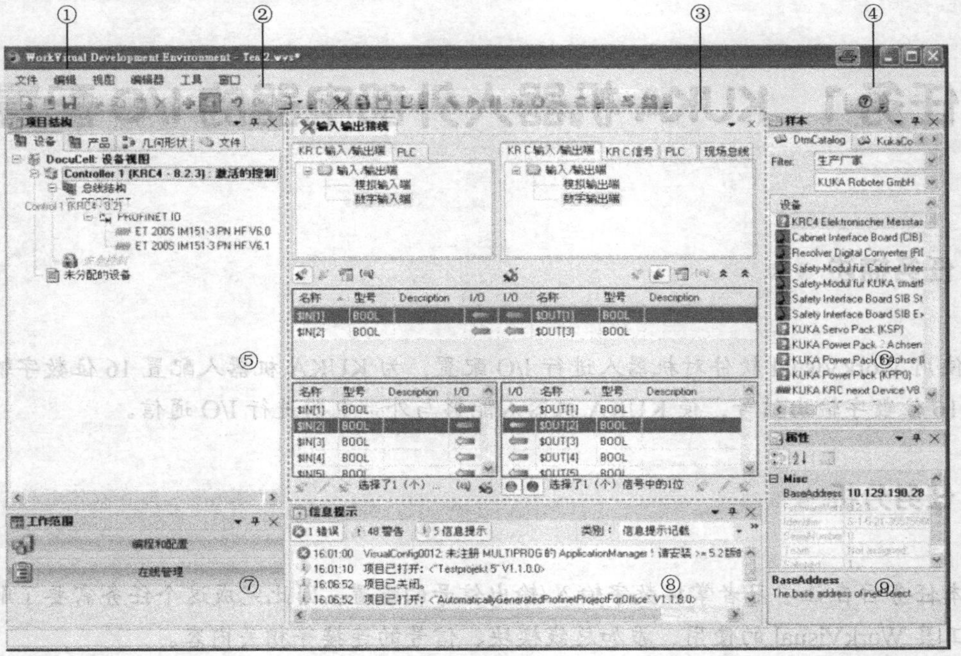

图 3-1　WorkVisuai 配置界面

表 3-1　WorkVisuai 配置界面模块说明

序　号	说　明
①	菜单栏
②	工具栏
③	编辑器区域。如果打开了一个编辑器，则将在此显示；可能同时有多个编辑器打开，这种情况下，这些编辑器将上下排列，可以通过选项卡选择
④	帮助按钮
⑤	项目结构窗口
⑥	样本窗口。该窗口中显示所有添加的样本，样本中的单元可通过窗口内拖放并添加到选项卡设备或几何形状中
⑦	窗口工作范围
⑧	窗口信息提示
⑨	窗口属性。若选择了一个对象，则在此窗口中显示其属性，属性可变，灰色栏目中的单个属性不可改变

四、任务实施

（一）资讯

认真阅读本任务“相关知识”的内容和 KUKA 机器人产品使用说明书的相关内容，了解机器人 I/O 通信相关信息。

（二）计划、决策

检查 KUKA 多功能工作站能够正常通电，准备一台 PC 机、一根网线，连接计算机和控制器，保证机器人与 PC 机能够正常通信。

（三）实施

1. WorkVisual4.0 软件安装

当前，KUKA 公司生产的机器人均属于 KR C4 系列，其 I/O 的配置需要通过 PC 来完成。PC 需要安装 KUKA 机器人 I/O 配置的 WorkVisual 软件。

WorkVisual4.0 安装步骤见表 3-2。

表 3-2 WorkVisual4.0 安装步骤

序号	操作步骤	图片说明
1	选中并双击软件解压后的“Setup.exe”文件，软件会自动配置运行软件的 PC 环境	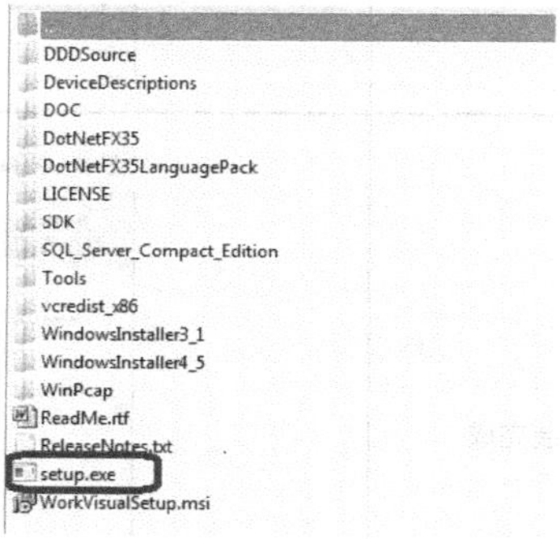
2	单击“Next（下一步）”按钮	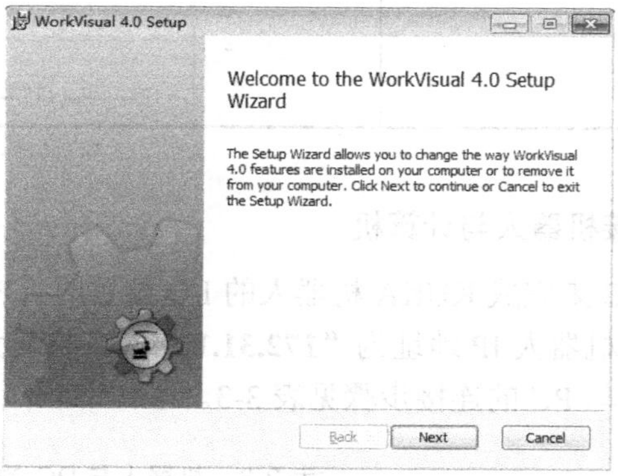
3	选中“I accept the terms in the License Agreement”复选框，单击“Next（下一步）”按钮	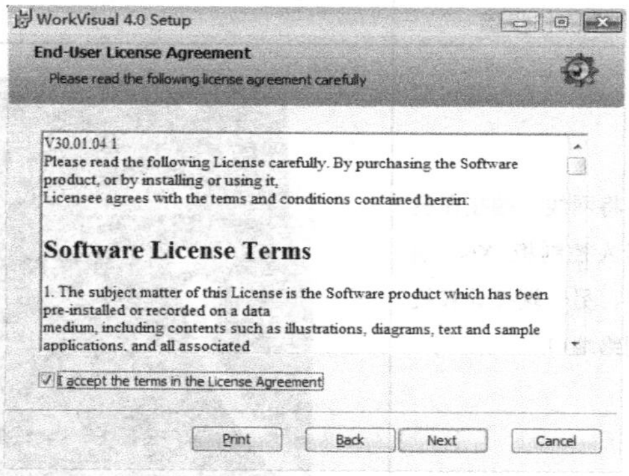

续表

序　号	操作步骤	图片说明
4	单击“Install（安装）”按钮	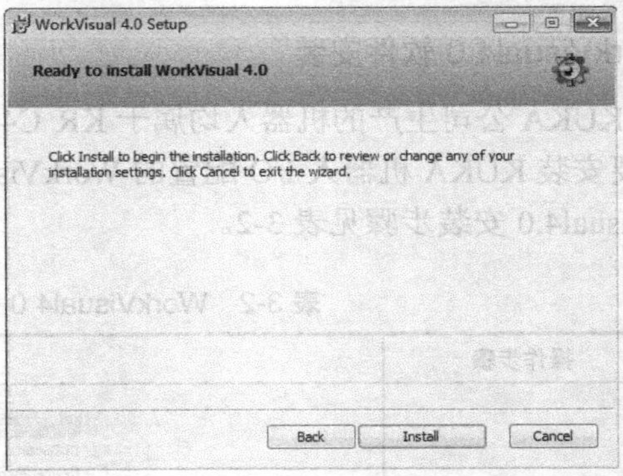
5	等待安装完成	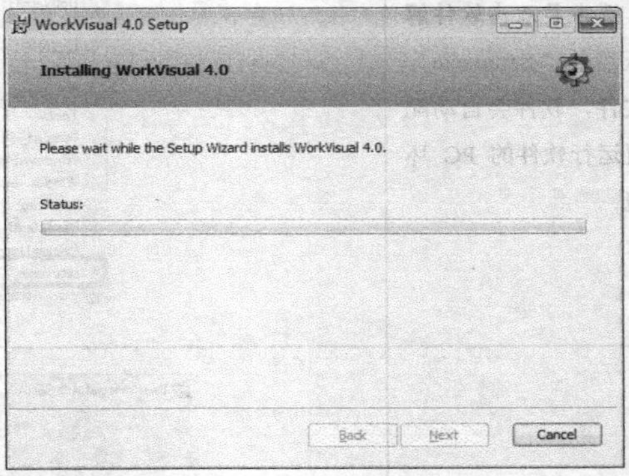

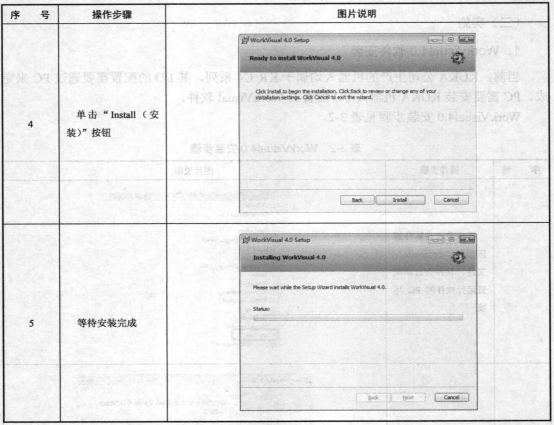

2. 连接机器人与计算机

通过 PC 来完成 KUKA 机器人的 I/O 配置时，PC 的网络 IP 地址必须与机器人在同一网段，一般机器人 IP 地址为“**172.31.1.147**”，掩码为“**255.255.0.0**”。

机器人与 PC 的连接步骤见表 3-3。

表 3-3　机器人与 PC 的连接步骤

序　号	操作步骤	图片说明
1	将网线一端接在机器人控制柜 X66 端口，另一端接计算机网络端口	 

续表

序　　号	操作步骤	图片说明
2	打开计算机控制面板，找到“网络和共享中心”	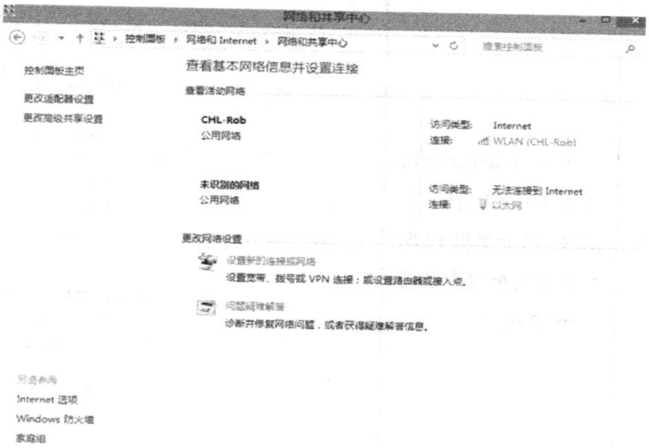
3	单击“以太网”，单击“属性”按钮	
4	选择“Internet 协议版本 4（TCP/Ipv4）”，单击“属性”按钮	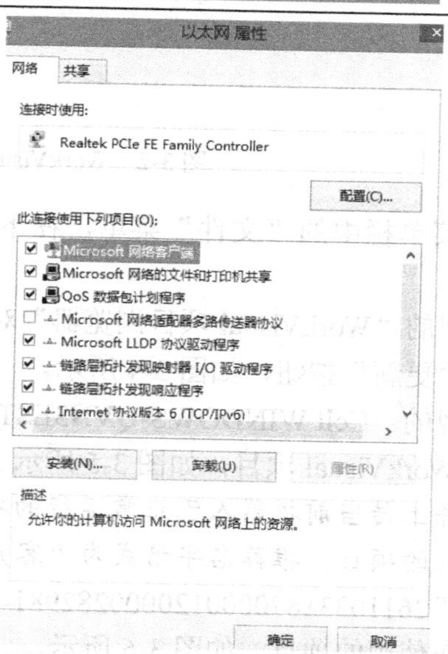

续表

序号	操作步骤	图片说明
5	更改“Internet 协议版本 4（TCP/Ipv4）”属性，将计算机 IP 地址改成与机器人在同一个 IP 段中	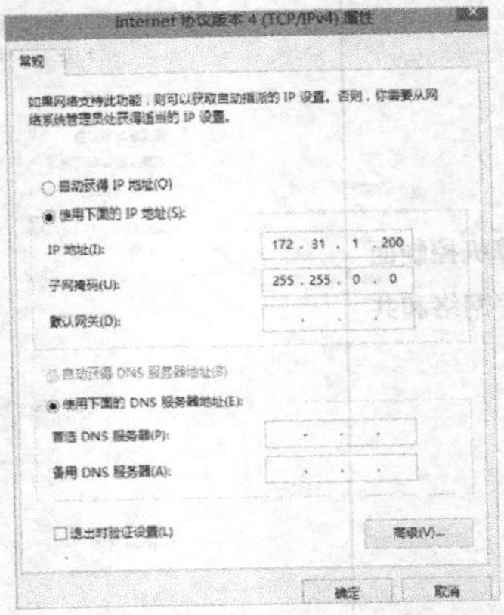
6	单击“确定”按钮，完成连接。此时，在控制面板中可能仍会出现黄色感叹号，实际已经连接	

3. 在 WorkVisual 软件中查找项目

（1）单击 WorkVisual 图标，打开软件界面，如图 3-2 所示。

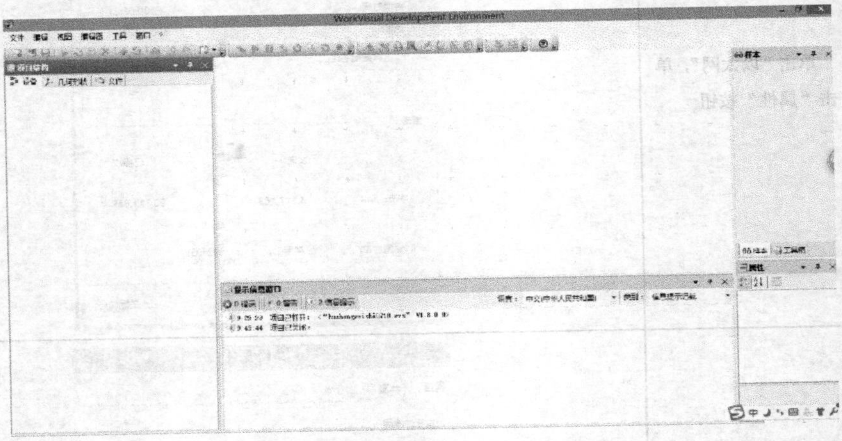

图 3-2　WorkVisual 软件界面

（2）单击菜单栏中的“文件”菜单，在下拉菜单选择“查找项目”命令，如图 3-3 所示。

（3）在出现的“WorkVisual 项目浏览器”对话框中单击“查找”，确定 PC 与机器人连接好后，单击“更新”按钮，如图 3-4 所示。

（4）在出现的“Cell WINDOWS-QVN3EST”目录下，单击“+”，可出现子目录，并显示机器人的 WorkVisual 项目，如图 3-5 所示。

注：查找并上传当前机器人已正常运行的项目，第一时间另存为另一个名字，以防止下载时覆盖原有的项目，推荐名字格式为“客户名_机器人序列号_日期”。

（5）选择“26110331870000120000282981-V1.5.0”项目，单击“打开”按钮，显示机器人激活并正在使用的项目，如图 3-6 所示。

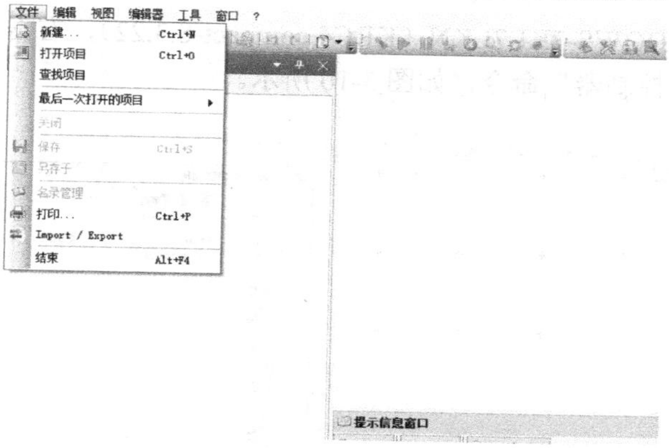

图 3-3　“查找项目”菜单命令

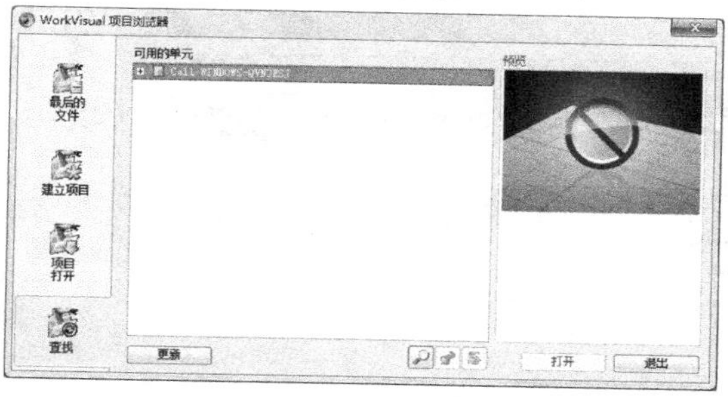

图 3-4　“WorkVisual 项目浏览器”对话框

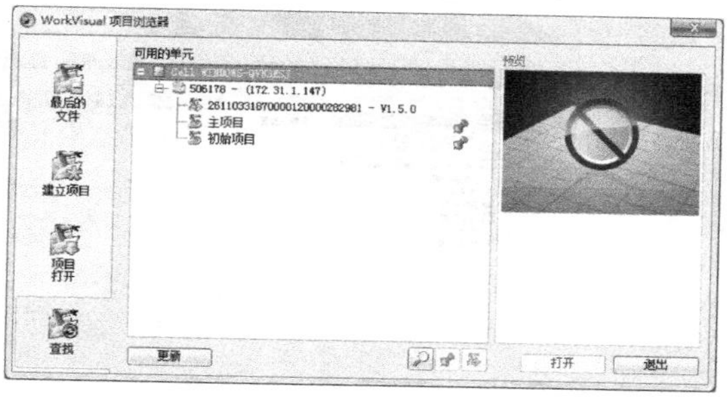

图 3-5　查找并上传项目

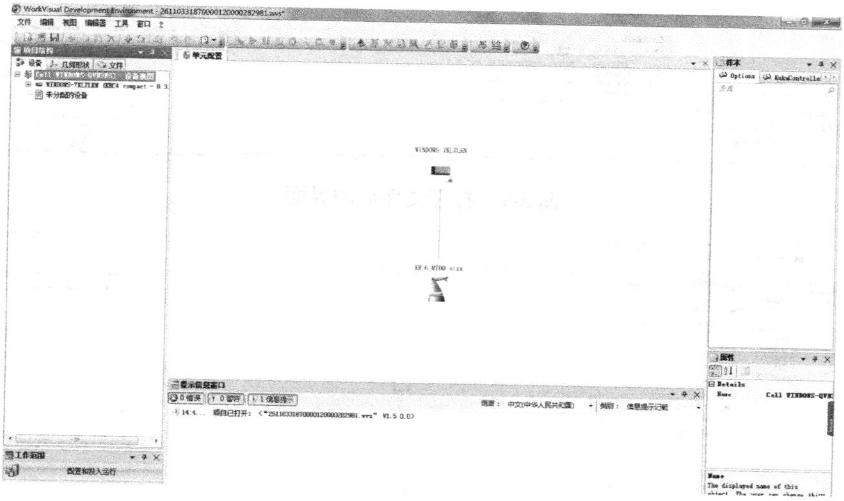

图 3-6　激活并在使用的项目

4. 在 WorkVisual 软件中打开项目

（1）单击菜单栏中的“文件”菜单，选择“打开项目”命令，如图 3-7 所示。

（2）在出现的“WorkVisual 项目浏览器”对话框中，选择“项目打开”，如图 3-8 所示。

（3）单击“打开”按钮，打开文件后的界面如图 3-9 所示。

（4）选中“WINDOWS-7KL7LKN（KRC4 compact-8.3.22），右击，在弹出的快捷菜单中选择“设为激活的控制器”命令，如图3-10所示。

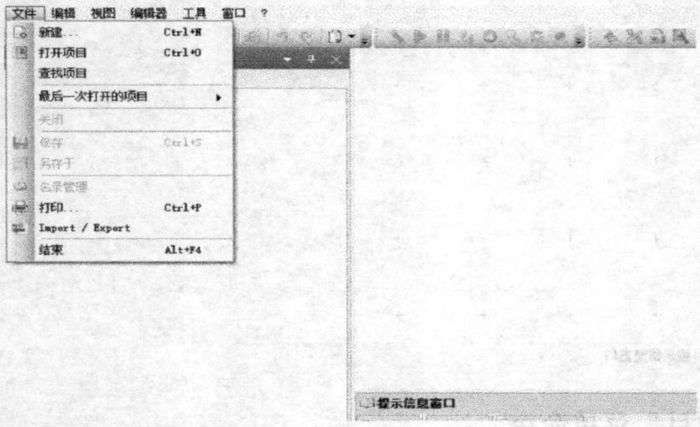

图3-7　选择“打开项目”命令

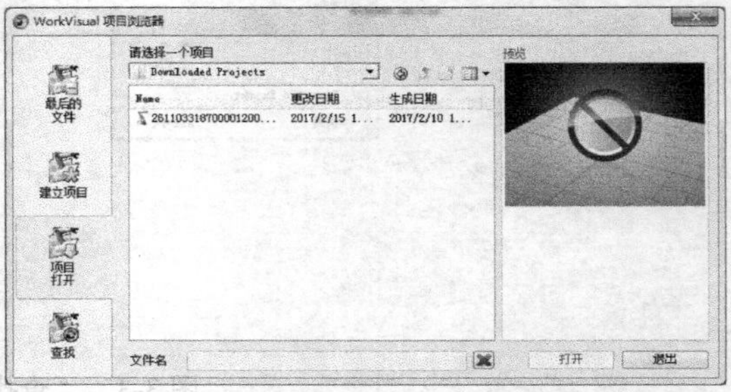

图3-8　选择要打开的项目文件

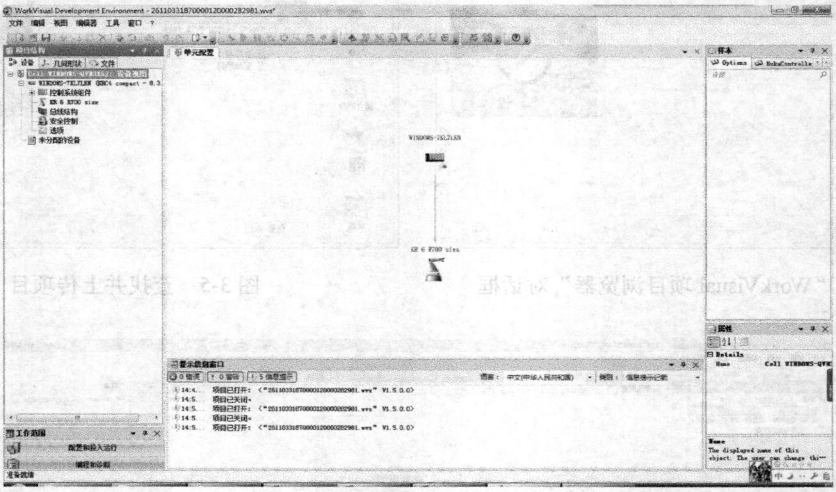

图3-9　打开文件后的界面

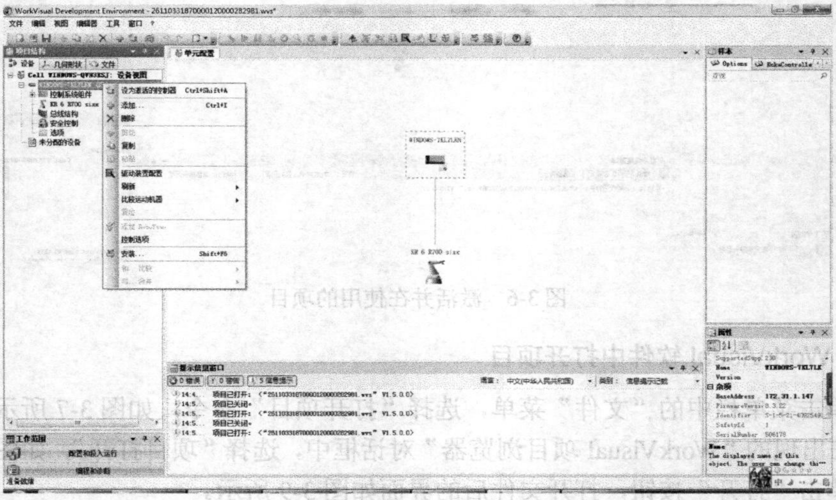

图3-10　控制器设为激活状态

（5）激活控制器后，出现“KRC 输入/输出”和“现场总线”等选项的显示界面，如图 3-11 所示。

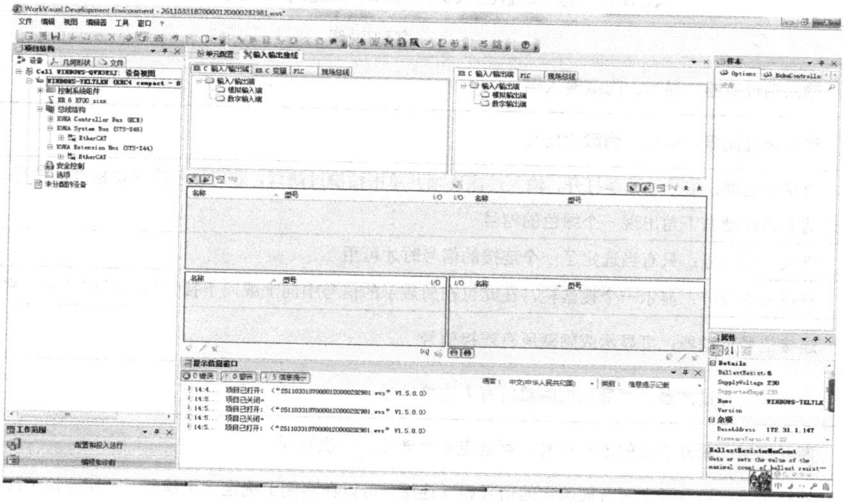

图 3-11　激活控制器后的界面

5．用 WorkVisual 进行 profibus I/O 现场总线配置

输入/输出接线窗口如图 3-12 所示，各项参数说明见表 3-4。

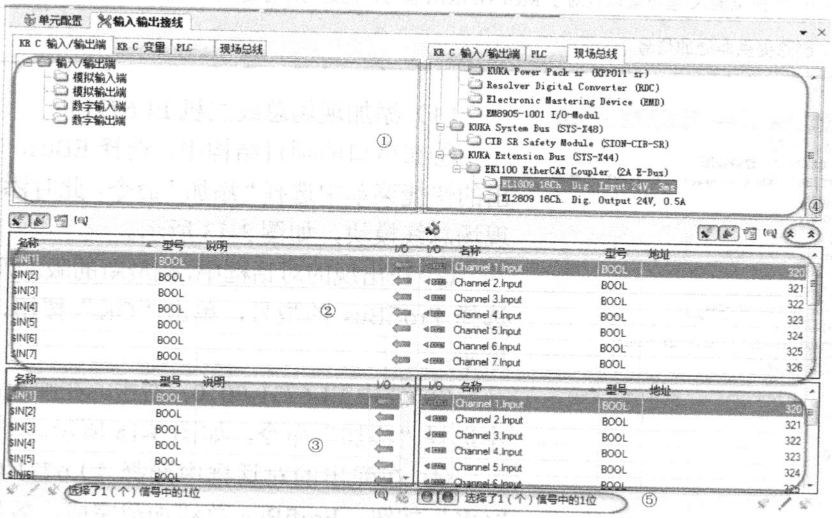

图 3-12　输入/输出接线窗口

表 3-4　输入/输出参数说明

序　号	说　明
①	显示输入/输出端类型和现场总线设备，通过选项卡从左右两栏选定要连接的区域
②	显示已连接的信号
③	显示所有信号，这里可以连接输入/输出端
④	在此可将两个信号显示窗口合并或展开
⑤	显示被选定信号包含多少位

输入/输出接线对应的按键的功能说明见表3-5。

表3-5 输入/输出接线对应的按键的功能说明

按键图标	名称/说明
	输入端过滤器：显示、隐藏输入端
	输出端过滤器：显示、隐藏输出端
	对话筛选器：信号过滤器打开，输入过滤选项并单击按键过滤器，即可显示满足该标准的信号，设置了一个过滤器则按键右下角出现一个绿色的勾号
	查找连接信号：只有当选定了一个连接的信号时才可用
	查找文字部分：显示一个搜索栏，在此可在所显示的信号中向上或向下搜索信号名称（或名称的一部分）
	连接信号过滤器：可显示或隐藏所有连接信号
	未连接信号过滤器：可显示或隐藏所有未连接信号
	断开按键：断开选定的连接信号，可选定多个连接，一次断开
	连接按键：将显示中所有被选定的信号相互连接，可以在两侧上选定多个信号，一次连接（只有当在两侧上选定同样数量的信号时才有可能）
	在提供器处生成信号按键：只有当使用Multiprog时才有效
	在编辑提供器处生成信号按键：对于现场总线信号，可打开一个可对信号位的排列进行编辑的编辑器，对于KRC的模拟输入/输出端以及对于MULTIPROG信号，此处同样有编辑方式可用
	删除提供器处的信号

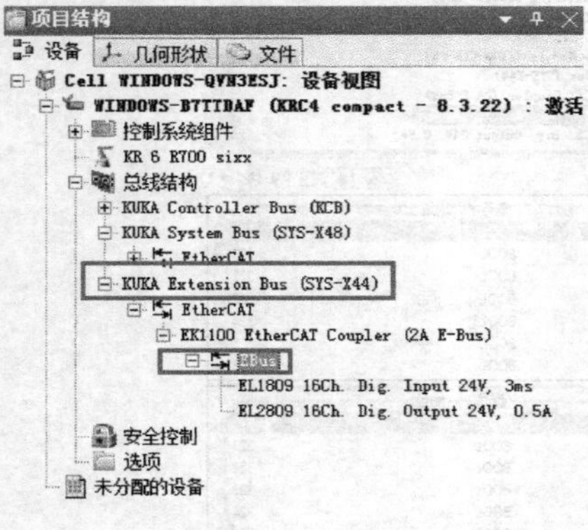

图3-13 添加ProfiBus现场总线模块

（1）添加现场总线主机EL6731

①在串口的项目结构中，选择EBus，右击，在弹出的快捷菜单中选择“添加”命令，此时添加ProfiBus现场总线模块，如图3-13所示。

② 在出现的对话框中，按最新的版本及使用设备，选择ProfiBus的型号，单击“OK”按钮，如图3-14所示。

③ 选中EL6731-0010，右击，在弹出的快捷菜单中选择“添加”命令，如图3-15所示。

④ 在弹出的对话框中选择EL6731-0010，单击“OK”按钮，ProfiBus总线加载完成，效果如图3-16所示。

EL6731 PROFIBUS DP Master (Free Run) | Beckhoff Automation GmbH | EtherCAT, Profibus DP/V1, Profibus DP/V0 | 网关 DTM | V100.17 | 2014-01-15
EL6731 PROFIBUS Master | Beckhoff Automation GmbH | EtherCAT, Profibus DP/V1, Profibus DP/V0 | 网关 DTM | V0.16 | 2014-01-15
EL6731 PROFIBUS Master (HW-Version 01) | Beckhoff Automation GmbH | EtherCAT, Profibus DP/V1, Profibus DP/V0 | 网关 DTM | V0.0 | 2014-01-15
EL6731 PROFIBUS Master (HW-Version 02) | Beckhoff Automation GmbH | EtherCAT, Profibus DP/V1, Profibus DP/V0 | 网关 DTM | V1.0 | 2014-01-15
EL6731-0010 PROFIBUS DP Slave | Beckhoff Automation GmbH | EtherCAT, Profibus DP/V1, Profibus DP/V0 | 网关 DTM | V10.19 | 2014-01-15
EL6731-0010 PROFIBUS DP Slave | Beckhoff Automation GmbH | EtherCAT, Profibus DP/V1, Profibus DP/V0 | 网关 DTM | V10.18 | 2014-01-15
EL6731-0010 PROFIBUS DP Slave | Beckhoff Automation GmbH | EtherCAT, Profibus DP/V1, Profibus DP/V0 | 网关 DTM | V10.17 | 2014-01-15
EL6731-0010 PROFIBUS Slave | Beckhoff Automation GmbH | EtherCAT, Profibus DP/V1, Profibus DP/V0 | 网关 DTM | V10.16 | 2014-01-15
EL6731-0010 PROFIBUS Slave | Beckhoff Automation GmbH | EtherCAT, Profibus DP/V1, Profibus DP/V0 | 网关 DTM | V10.0 | 2014-01-15
EL6731-1003 PROFIBUS Master | Beckhoff Automation GmbH | EtherCAT, Profibus DP/V1, Profibus DP/V0 | 网关 DTM | V1003.16 | 2014-01-15

图3-14 选择profibus的型号

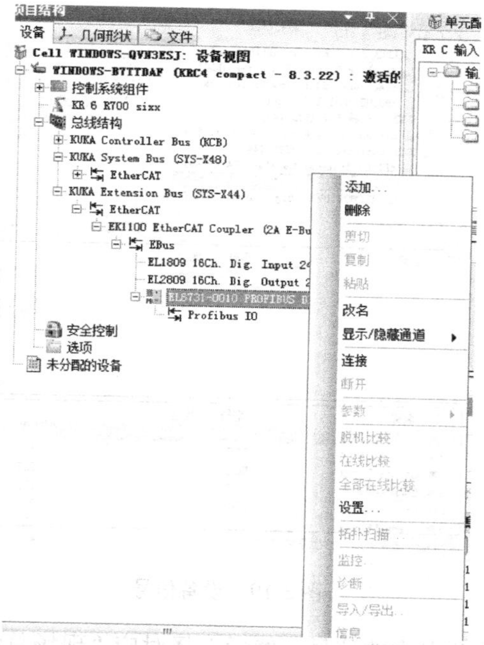

图 3-15　选择 EL6731-0010 的“添加”命令

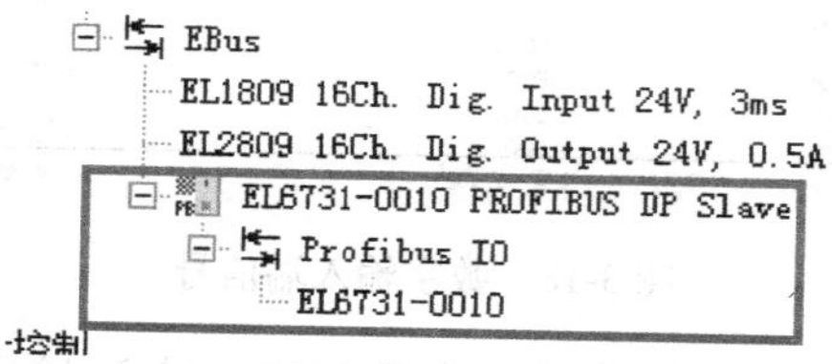

图 3-16　添加后的效果

（2）连接数字输入端信号

① 单击并打开“输入输出接线”对话框，如图 3-17 所示。

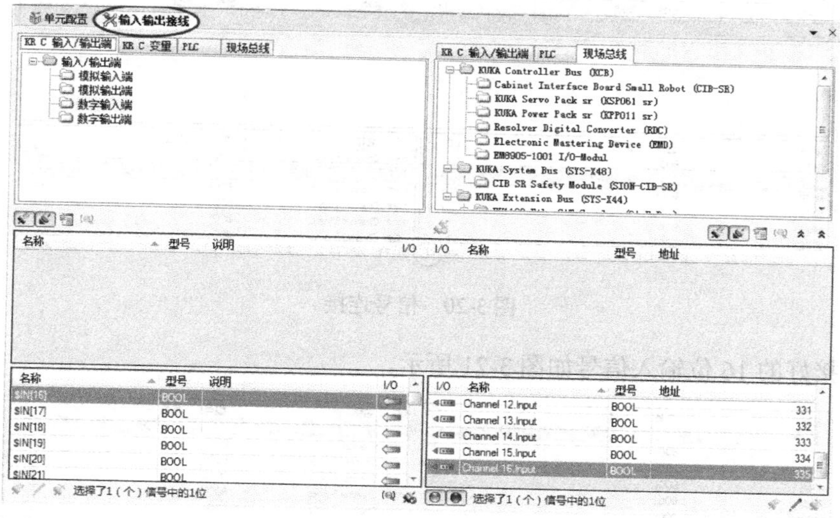

图 3-17　“输入输出接线”对话框

② 在对话框的“KRC 输入/输出端”选项卡中选定“数字输入端”，显示的信号信息如图 3-18 所示。

③ 在对话框的“现场总线”选项卡中选定设备“EL1809 16Ch”，设备信号如图 3-19 所示。

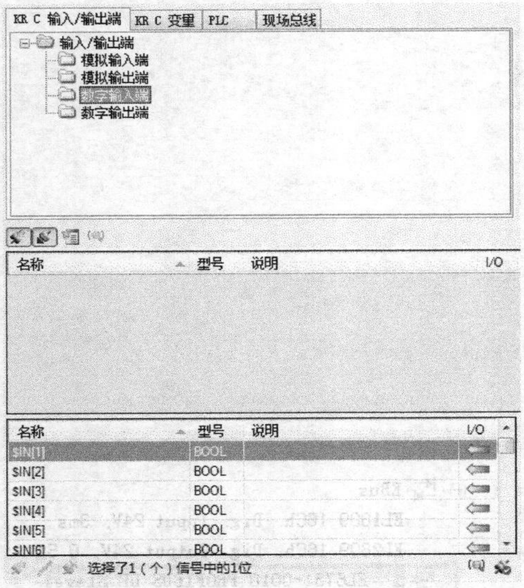

图 3-18　数字输入端信号

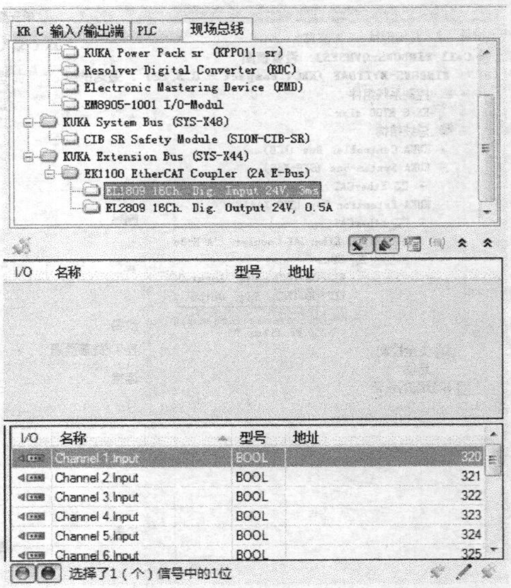

图 3-19　设备信号

④ 连接信号。选择“KRC 输入/输出端”选项卡中的信号，然后选择对应“现场总线”选项卡中的信号，单击“连接”按钮，即信号连接成功；也可按住 Shift 按键同时选定多个信号，一次连接，如图 3-20 所示。

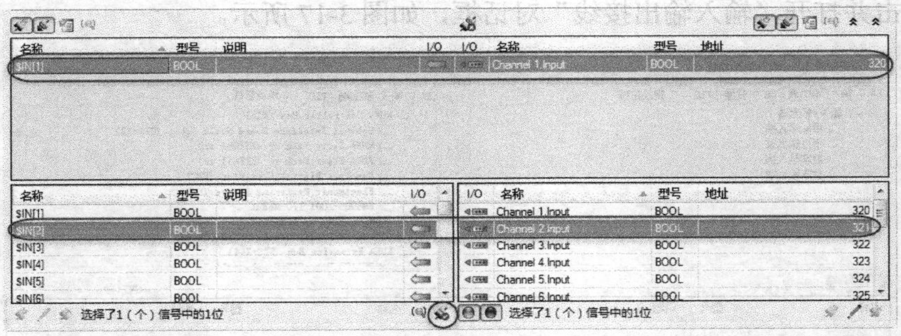

图 3-20　信号连接

⑤ 连接好的 16 位输入信号如图 3-21 所示。

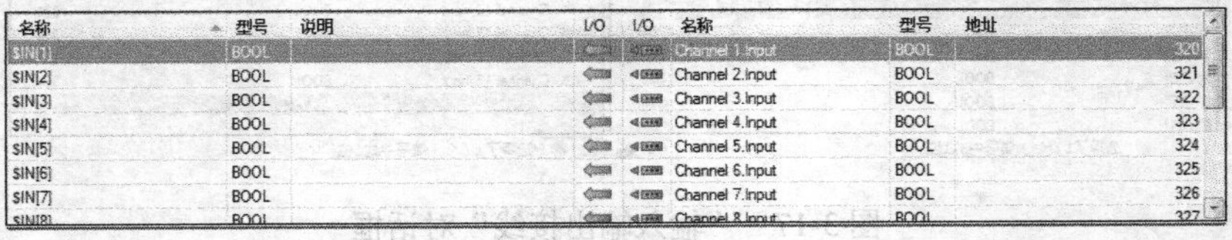

图 3-21　完成后的信号连接

（3）连接数字输出端信号

① 单击并打开“输入输出接线”对话框，如图 3-22 所示。

② 在“KRC 输入/输出端”选项卡中选定“数字输出端”，显示的信号如图 3-23 所示。

③ 在“现场总线”选项卡中选定设备“EL2809 16Ch”，设备信号如图 3-24 所示。

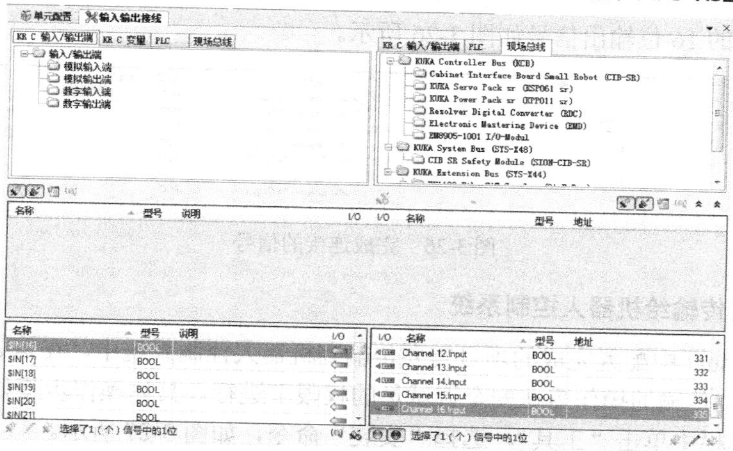

图 3-22　“输入输出接线”对话框

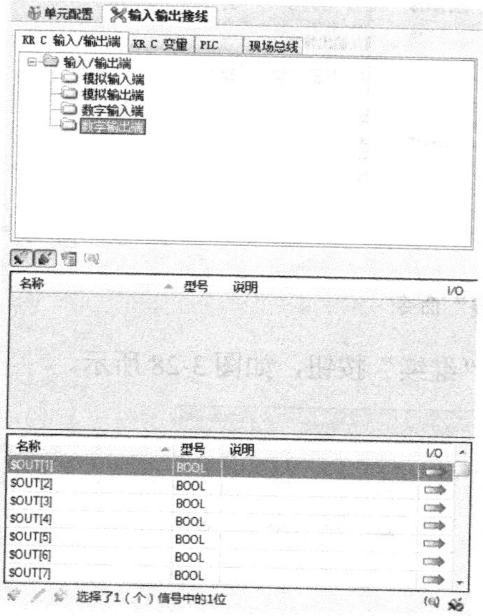

图 3-23　数字输出信号

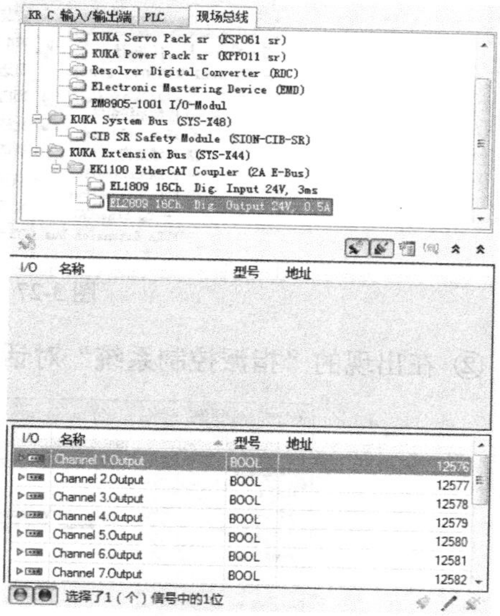

图 3-24　设备信号

④ 连接信号。选择“KRC 输入/输出端”选项卡中的信号，然后选择对应“现场总线”选项卡中的信号，单击“连接”按钮，即信号连接成功；也可按住 shift 按键同时选定多个信号，一次连接，如图 3-25 所示。

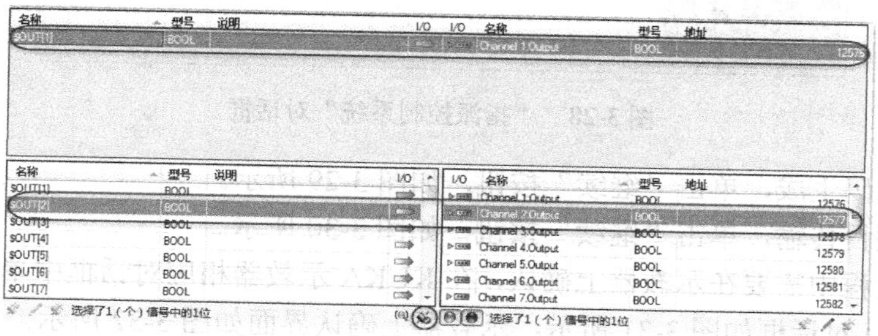

图 3-25　信号连接

⑤ 连接好的 16 位输出信号如图 3-26 所示。

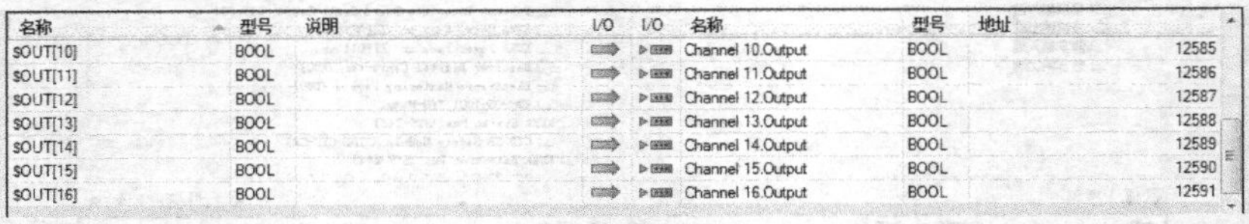

名称	型号	说明	I/O	I/O	名称	型号	地址
$OUT[10]	BOOL				Channel 10.Output	BOOL	12585
$OUT[11]	BOOL				Channel 11.Output	BOOL	12586
$OUT[12]	BOOL				Channel 12.Output	BOOL	12587
$OUT[13]	BOOL				Channel 13.Output	BOOL	12588
$OUT[14]	BOOL				Channel 14.Output	BOOL	12589
$OUT[15]	BOOL				Channel 15.Output	BOOL	12590
$OUT[16]	BOOL				Channel 16.Output	BOOL	12591

图 3-26　完成连接的信号

6. 将项目传输给机器人控制系统

在 WorkVisual 中配置完成的项目需要传输到机器人控制系统中，在这之前，需要将配置生成总代码，传输的操作需在安全调试员的权限下进行。具体操作步骤如下：

① 在菜单栏中单击“工具”，选择“安装”命令，如图 3-27 所示。

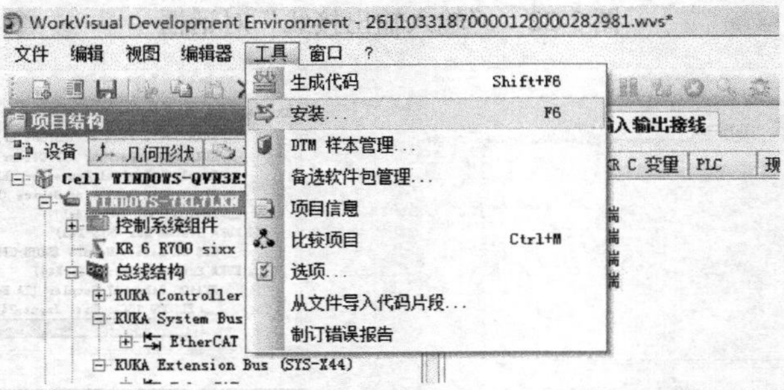

图 3-27　选择“安装”命令

② 在出现的“指派控制系统”对话框中单击“继续”按钮，如图 3-28 所示。

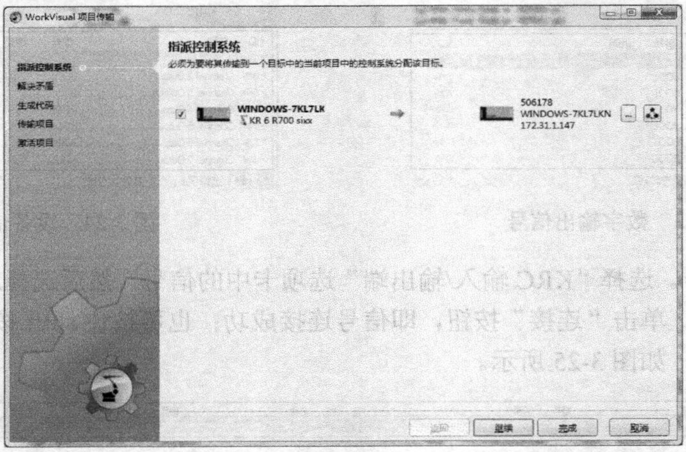

图 3-28　“指派控制系统”对话框

③ 完成代码生成，单击“继续”按钮，如图 3-29 所示。

④ 完成项目传输，单击“继续”按钮，如图 3-30 所示。

⑤ 激活过程中需要在示教器上确认，在 KUKA 示教器相应对话框中单击“是”按钮，等待示教器确认对话框如图 3-31 所示，示教器上确认界面如图 3-32 所示。

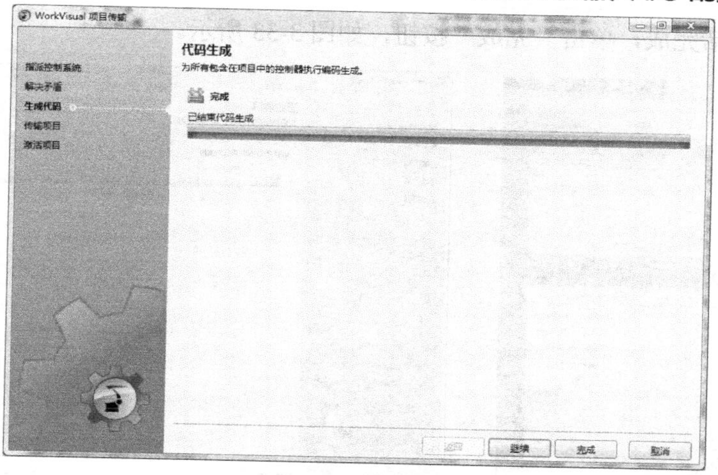

图 3-29 代码生成

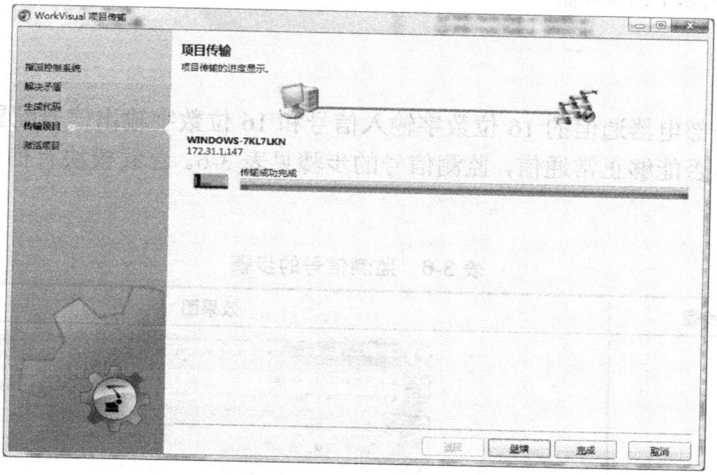

图 3-30 项目传输完成

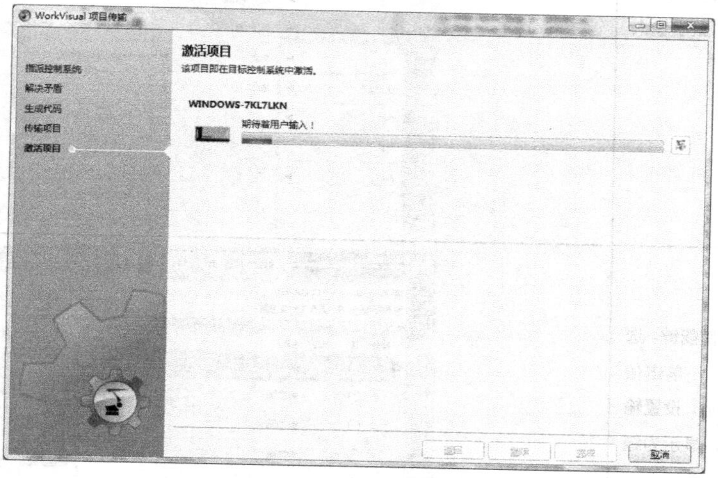

图 3-31 等待示教器确认对话框

⑥ 项目激活完成，单击“完成”按钮，如图 3-33 所示。

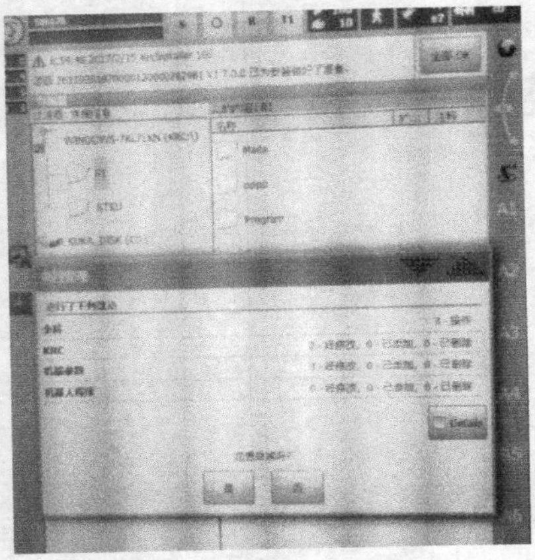

图 3-32　示教器上确认界面

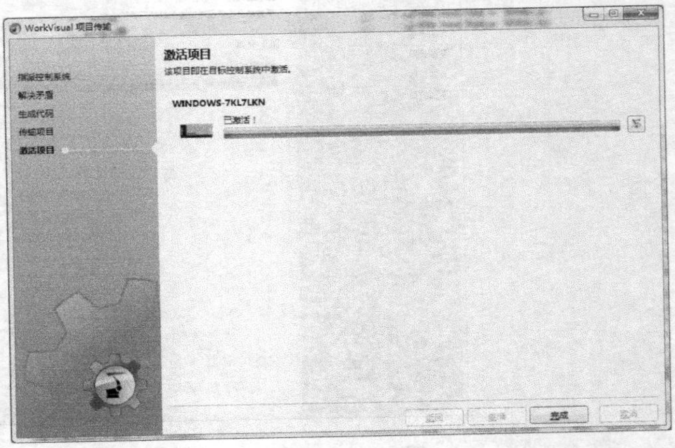

图 3-33　完成激活

（四）检查

机器人与外部电器通信的 16 位数字输入信号和 16 位数字输出信号配置完成后，需要监测配置信号是否能够正常通信，监测信号的步骤见表 3-6。总线模块有信号输入，说明通信正常。

表 3-6　监测信号的步骤

序　号	步骤	效果图
1	在示教器界面中选择“数字输入/输出端”	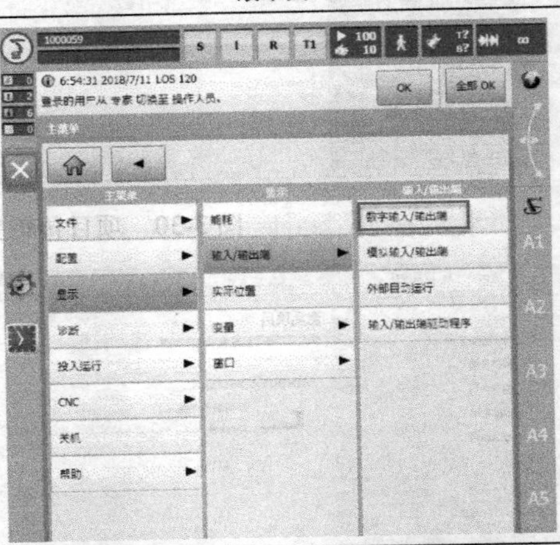
2	按下使能键，选择“值”，单击信号 1 的值，设置输出为 1，显示为绿色	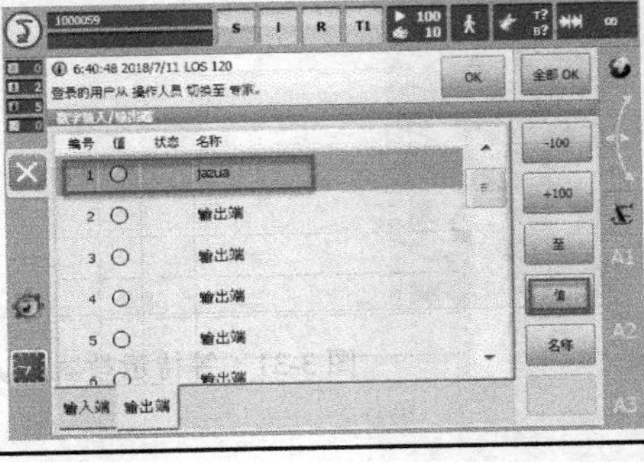

续表

序　号	步骤	效果图
3	控制柜中 EL2809 模块的通信口“1”变亮，即有信号输入	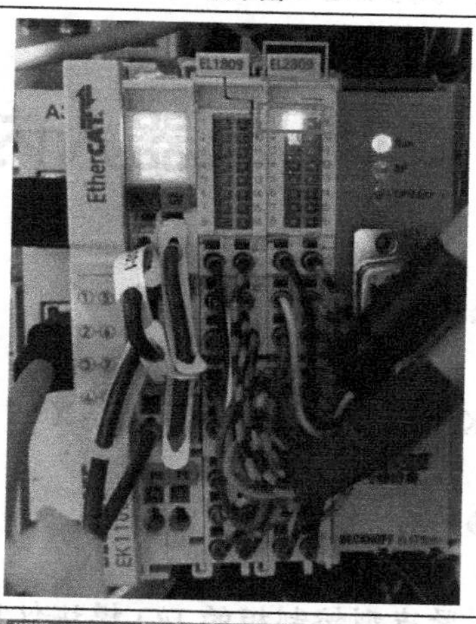
4	按下使能键，选择“值”，单击信号 1、3、5 的值，设置输出为 1，显示为绿色	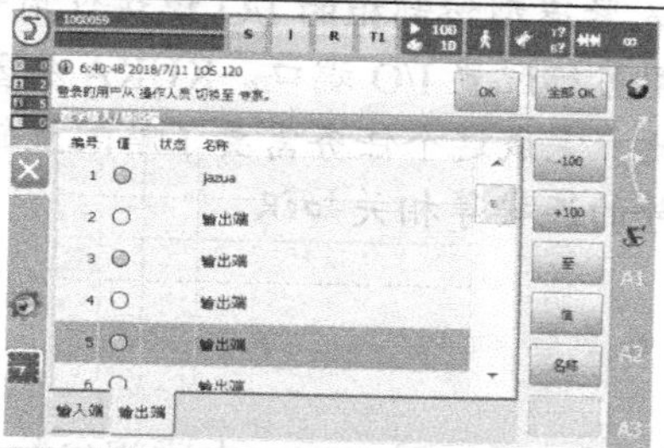
5	控制柜中，EL2809 模块的通信口 1、3、5 变亮，即有一组信号输入	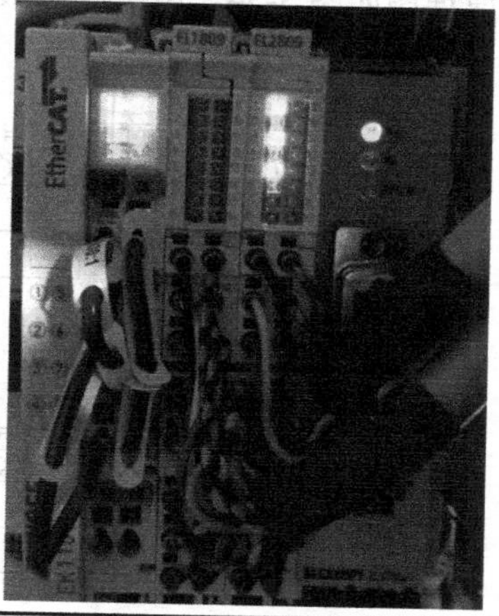

（五）评估

通过上述方法可实现机器人数字输入/输出信号的配置，方法可行。检查机器人输入/输出信号是否配置完好，可以外接外围设备，比如电磁阀、真空发生器等，控制外围设备的通断。

六、讨论题

1．怎么使用机器人信号？

2．KR C4 的机器人工作单元的工程环境是什么？具有什么样的功能？

3．机器人信号与现场总线是否可以任意连接？

任务 2　KUKA 机器人内部电磁阀的 I/O 配置

一、任务描述

本任务对 KUKA 机器人 KR6 R700SIXX 内置的三组电磁阀进行 I/O 配置。

二、任务分析

KUKA 机器人紧凑型控制柜的 I/O 模块仅用于对外部设备的信号控制或反馈，机器人自带的电磁阀需要另行配置 I/O 端口。KUKA 机器人 KR6 R700SIXX 内置 3 个带自保持功能的电磁阀。因此，完成这个任务需要了解配置软件工具 WorkVisual 的使用，了解电磁阀的工作原理、信号的连接等相关知识。

三、相关知识

机器人电磁阀原理图如图 3-34，电磁阀参数见表 3-7。

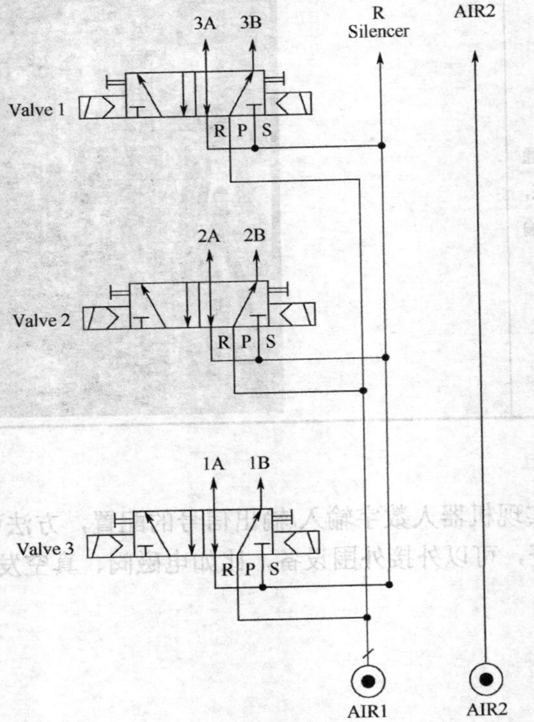

图 3-34　机器人电磁阀原理图

四、任务实施

表 3-7　电磁阀参数

名称	值
数字输出（电磁阀控制信号）	6（DO7～DO12） Valve1：DO7/DO10 Valve2：DO8/DO11 Valve3：DO9/DO12
额定电压	24V DC（－15%～＋20%）
输出电流	Max. 25mA

（一）资讯

认真阅读本任务“相关知识”的内容和 KUKA 机器人产品使用说明书的相关内容，了解电磁阀的基本原理，了解电磁阀的 I/O 通信原理。

（二）计划、决策

检查机器人、示教器、控制器等部件的完好性，检查 KUKA 多功能工作站的接线完好并能正常通电和通气，检查 PC 与 KUKA 机器人能正常通信，安装好夹爪工具，分别控制夹爪工具开、闭的信号。

（三）实施

1. 控制器与 PC 连接读取项目信息

（1）将 PC 通过网线与机器人控制器连接后打开软件，单击“查找”命令，找到项目“20170314-V1.49.0”（如果开始找不到，则单击“更新”按钮后查找），如图 3-35 所示。

（2）选中“WINDOWS-7KL7LKN（KRC4 compact-8.3.22）”，右击，在弹出的快捷菜单中选择“设为激活的控制器”命令，如图 3-36 所示。

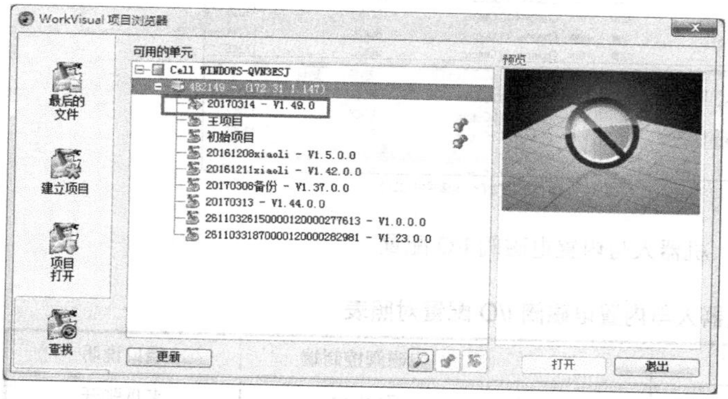

图 3-35　查找项目

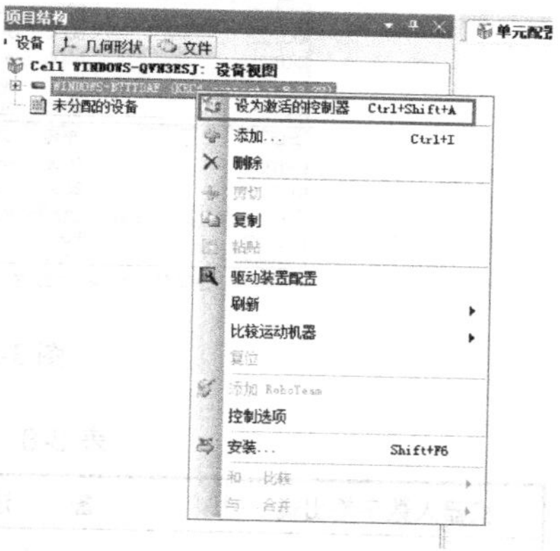

图 3-36　控制器设为激活状态

（3）激活控制器后，出现“KR C 输入/输出”和“现场总线”等选项的界面，如图 3-37 所示。

2. 分配输出信号到电磁阀的两端

选择总线面板，分别选择“KR C 输入/输出端”→“数字输出端”和“现场总线”→“KUKA controller Bus(KCB)”→“EM8905-1001 I/O-Modul（电磁阀型号）”，如图 3-38 所示。按照机器人与内置电磁阀 I/O 配置对照表进行信号的配置，见表 3-8 所示。

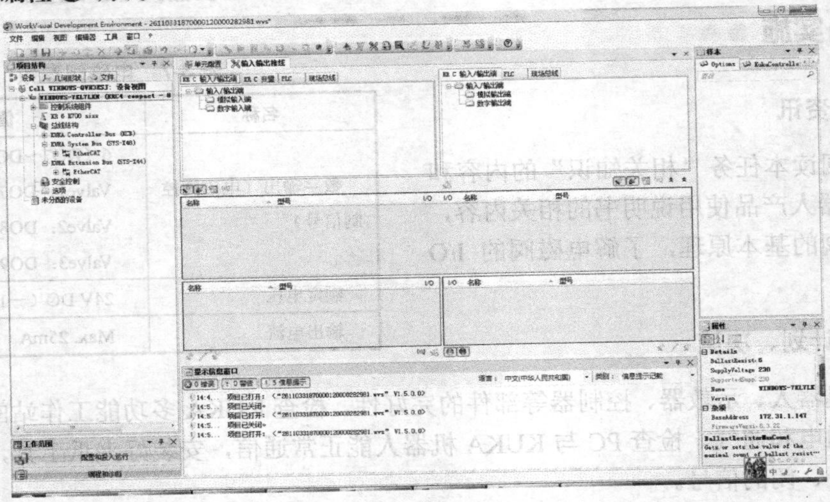

图 3-37 激活控制器后的界面

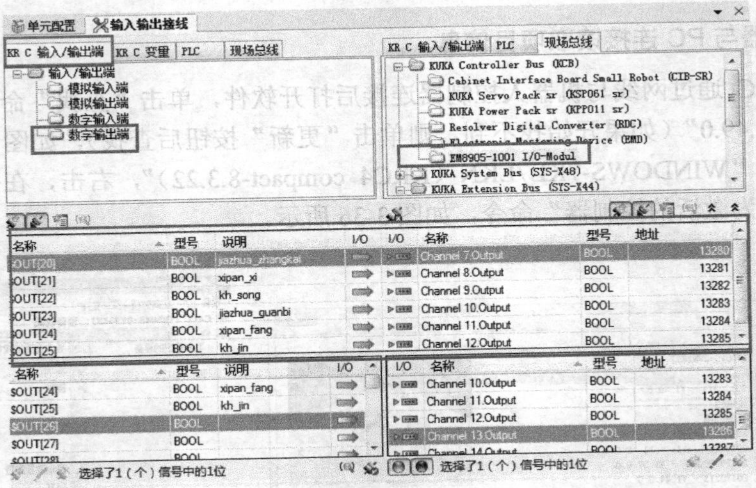

图 3-38 机器人与内置电磁阀 I/O 配置

表 3-8 机器人与内置电磁阀 I/O 配置对照表

机器人数字输出端	备 注		电磁阀控制端	端口说明
OUT20	Jiazhua_zhangkai	→→→→→	7output	夹爪张开
OUT21	Xipan_xi	→→→→→	8output	吸盘真空
OUT22	Kh_song	→→→→→	9output	快换松
OUT23	Jiazhua_guanbi	→→→→→	10output	夹爪关闭
OUT24	Xipan_fang	→→→→→	11output	吸盘释放
OUT25	Kh_jin	→→→→→	12output	快换紧

3. 将项目传输给机器人控制系统

在 WorkVisual 中配置完成的项目需要传输到机器人控制系统中，在这之前，需要将配置生成总代码，传输的操作需在安全调试员的权限下进行。

（四）检查

KUKA 机器人电磁阀控制信号配置完成后，需要检测配置信号是否能够正常通信。这里我们通过检测夹爪的张开与关闭来判断信号配置的是否正确，检测配置信号的步骤见表 3-9。

表 3-9 检测配置信号的步骤

序号	步骤	效果图
1	在示教器界面中选择“数字输入/输出端”选项	
2	按下使能键，选择“值”，单击信号 20 的值，设置输出为 1，显示为绿色	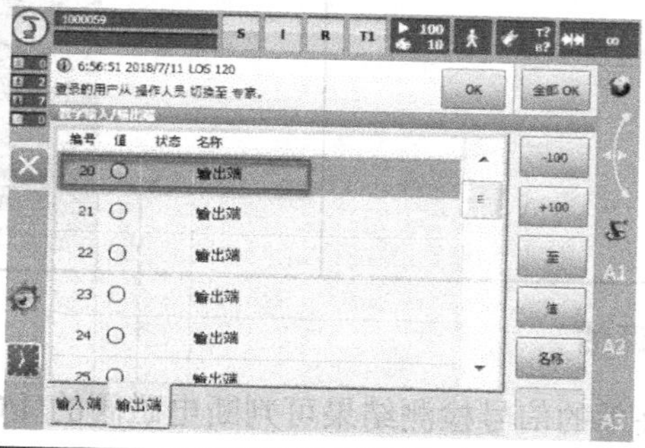
3	此时机器人夹爪张开	

续表

序　号	步　骤	效 果 图
4	信号 23 设置为 1，夹爪关闭。 注：电磁阀有自保持功能，则夹爪张开信号复位为“0”后，才执行夹爪关闭信号“1”	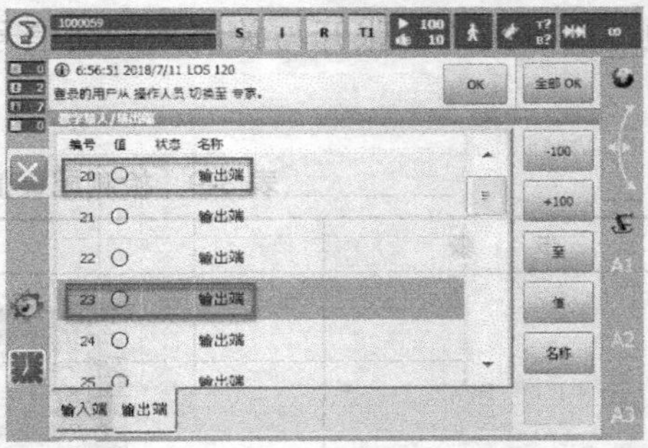
5	夹爪关闭	

（五）评估

通过夹爪的信号检测结果可判断电磁阀的 I/O 配置方法可行。在实际应用中可根据实际应用需求进行 I/O 的配置。

五、讨论题

1．通过机器人的数字输出信号 OUT30、OUT31 怎么控制吸盘工具的吸取和释放？
2．电磁阀的控制信号可以与机器人信号任意连接吗？
3．怎么确保机器人与 PC 正常通信？

学习单元4

轨迹规划示教编程

学习目标

◎ 知识目标

1. 熟知机器人数据的存档与还原，了解机器人程序和状态的变更；
2. 理解编程指令、逻辑功能指令、等待函数指令等的概念及格式；
3. 了解变量的含义、类型、创建方法、计算方法等；
4. 熟知机器人局部子程序、全局子程序的概念和创建方法等；
5. 了解样条曲线联机表单的格式、轨迹逼近的含义、样条组的编程等。

◎ 技能目标

1. 根据实际编程需求，能有效地更改程序指令，使编程优化；
2. 掌握通过I/O控制夹爪工具工作的方法；
3. 掌握变量在程序中的应用，简化程序并进行程序修改及优化；
4. 具备矩形图形的编程、调试及实际操作能力；
5. 具备给定图形的编程、调试及实际操作能力；
6. 具备样条曲线的编程、调试及实际操作能力。

工作任务

任务1　矩形图形现场编程
任务2　给定图形书写编程
任务3　样条曲线书写编程

任务1 矩形图形现场编程

一、任务描述

通过对 KUKA 机器人进行编程，完成机器人的夹爪工具抓取尖点模块，进行矩形轨迹的运行、放置尖点模块的示教编程。矩形图形如图 4-1 所示。

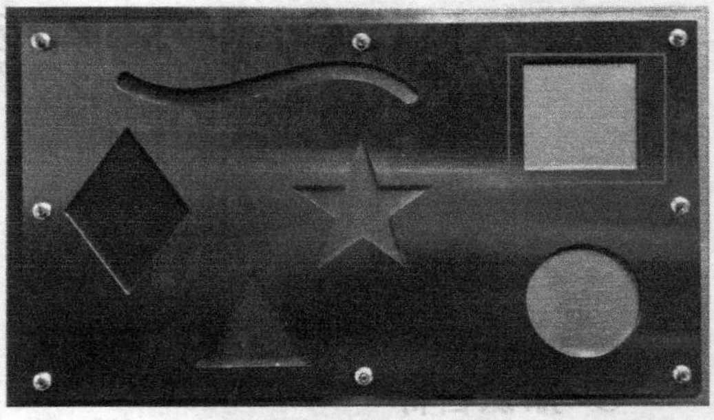

图 4-1 矩形图形

二、任务分析

本任务旨在让学习者掌握通过 I/O 信号控制夹爪的张开与关闭、矩形轨迹的运行。

完成这个任务，需要对逻辑功能函数、等待函数、切换函数等指令的使用，以及 I/O 信号的应用等知识点进行学习。

三、相关知识

（一）逻辑功能编程

为了实现与机器人控制系统的外围设备进行通信，可以使用数字式和模拟式输入端和输出端，相关概念的含义见表 4-1。

表 4-1 相关概念的含义

概 念	解 释	示 例
通信	通过接口交换信号	查询状态（夹爪打开/闭合）
外围设备	周围设备	工具（例如焊枪和夹爪）、传感器、传送带等
数字式	数字技术：离散的数值和时间信号	传感器信号（逻辑值 1 TRUE 代表感应到物料，逻辑值 0 FALSE 代表物料不在感应范围内）
模拟式	模拟一个物理量	温度测量
输入端	通过现场总线接口到达控制器的信号	传感器信号（夹爪已打开/闭合）
输出端	通过现场总线从控制器系统发送至外围设备的信号	用于闭合夹爪的阀门切换指令

对 KUKA 机器人进行编程时，使用的是表示逻辑指令的输入端和输出端信号。

（1）OUT：在程序中的某个位置上关闭输出端。

（2）WAIT FOR：与信号有关的等待函数，控制系统在此等待信号，如输入端 IN、输出端 OUT、时间信号 TIMER。

（3）WAIT：与时间相关的等待函数，控制系统根据输入的时间在程序中的该位置上等待。

（二）等待函数的编程

运动程序中的等待功能可以很简单地通过联机表单进行编程，在这种情况下，等待功能被区分为与时间有关的等待功能和与信号有关的等待功能。

1．等待函数 WAIT

用 WAIT 函数可以使机器人的运动按编程设定的时间暂停。WAIT 函数的联机表格如图 4-2 所示。WAIT 函数总是触发一次预进停止。

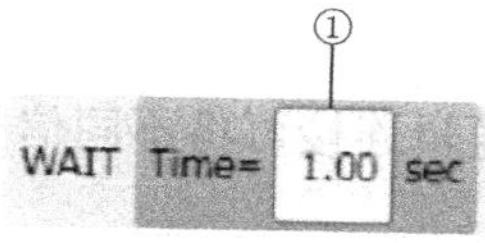

①-等待时间≥0 s

图 4-2　WAIT 函数的联机表格

WAIT 函数应用的程序举例如下，其逻辑运动如图 4-3 所示。

```
SPTP P1 Vel=100% PDAT1 Tool[1] Base[1]
SPTP P2 Vel=100% PDAT2 Tool[1] Base[1]
WAIT Time=2 sec
SPTP P3 Vel=100% PDAT3 Tool[1] Base[1]
```

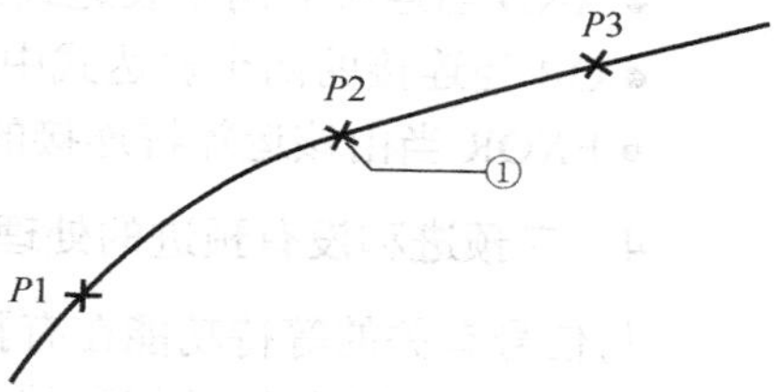

①-在点 P2 上中断运动 2s

图 4-3　WAIT 函数逻辑运动

2．等待函数 WAIT FOR

WAIT FOR 函数用于设定一个与信号有关的等待功能，需要时可将多个信号（最多 12 个）按逻辑连接。如果添加了一个逻辑连接，则联机表单中会出现用于附加信号和其他逻辑连接的栏。WAIT FOR 函数的联机表格及表格说明分别见图 4-4 和表 4-2。

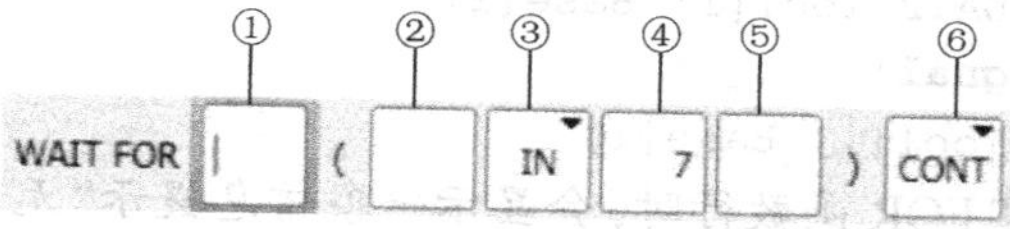

图 4-4　WAIT FOR 函数的联机表格

表 4-2　WAIT FOR 函数联机表格说明

序　号	备　注
①	添加外部连接，运算符位于加括号的表达式之间（AND，OR，EXOR） 添加 NOT（NOT、[空白]） 用相应的按键插入所需的运算符
②	添加内部连接，运算符位于一个加括号的表达式内（AND，OR，EXOR） 添加 NOT（NOT、[空白]） 用相应的按键插入所需的运算符

续表

序　号	备　注
③	等待的信号： IN、OUT （输出）、CYCFLAG、TIMER、FLAG
④	信号的编号：1～4096
⑤	如果信号已有名称则会显示出来 仅限于专家用户组使用，通过单击长文本可输入名称，名称可以自由选择
⑥	CONT：在预进过程中加工 [空白]：带预进停止的加工

注意：在使用条目 CONT 时必须注意，该信号是在预进中被查询的，预进时间过后不能识别信号的更改。

3. 逻辑连接

在应用与信号相关的等待功能时也会用到逻辑连接。用逻辑连接可将不同信号或状态的查询组合起来，例如可定义相关性或排除特定的状态。

一个具有逻辑运算符的功能始终以一个逻辑值为结果，即最后始终给出“真”（值 1）或“假”（值 0）。

逻辑连接的运算符如下：

- NOT 该运算符用于否定，即使值逆反（由“真”变为“假”）。
- AND 当连接的两个表达式为真时，该表达式的结果为真。
- OR 当连接的两个表达式中至少一个为真时，该表达式的结果为真。
- EXOR 当由该运算符连接的表达式有不同的逻辑值时，该表达式的结果为真。

4. 有预进和没有预进的处理（CONT）

与信号有关的等待功能在有预进或没有预进的处理下都可以进行编程设定。没有预进，在任何情况下都会将运动停在某点，并在该处检测信号。逻辑运动示例如图 4-5 所示，即该点不能轨迹逼近。

图 4-5 所示逻辑运动示例的程序如下：

```
SPTP P1 Vel=100% PDAT1 Tool[1] Base[1]
SPTP P2 CONT Vel=100% PDAT2 Tool[1] Base[1]
WAIT FOR IN 10 'door_signal'
SPTP P3 Vel=100% PDAT3 Tool[1] Base[1]
```

注意：在执行无 CONT 的 WAIT FOR 函数行时，会显示一条信息提示“无法轨迹逼近”。

有预进编程设定的与信号有关的等待功能允许在指令行前创建的点进行轨迹逼近，但预进指针的当前位置却不唯一，因此无法明确确定信号检测的准确时间。除此之外，信号检测后也不能识别信号的更改。带预进的逻辑运动示例如图 4-6 所示。

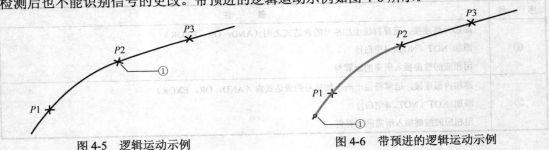

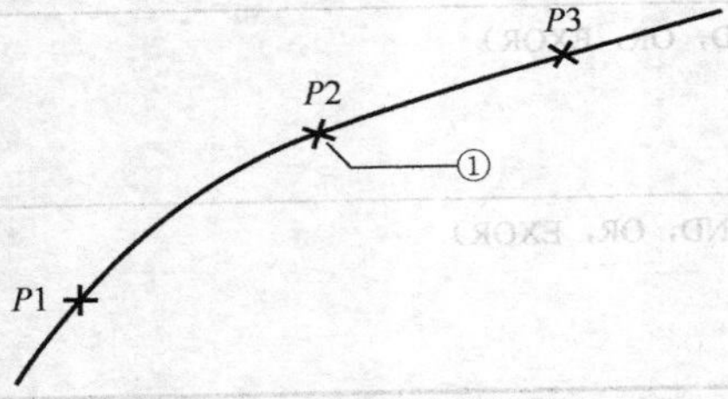

图 4-5　逻辑运动示例

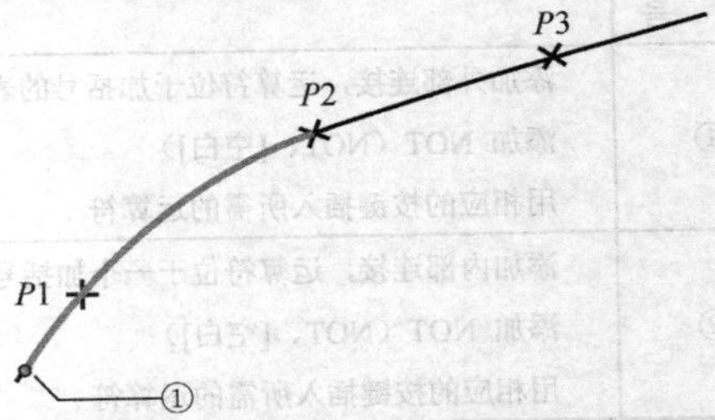

图 4-6　带预进的逻辑运动示例

图 4-6 所示示例的程序如下：

```
SPTP P1 Vel=100% PDAT1 Tool[1] Base[1]
SPTP P2 CONT Vel=100% PDAT2 Tool[1] Base[1]
WAIT FOR IN 10 'door_signal' CONT
SPTP P3 Vel=100% PDAT3 Tool[1] Base[1]
```

（三）简单切换函数的编程

1. 简单切换函数

通过简单切换函数可将数字信号传送给外围设备，为此要使用先前相应分配给接口的输出端编号。

信号设为静态，即它一直存在，直至赋予输出端另一个值，如图 4-7 所示。与简单切换函数一样，在此输出端的数值也变化。然而，当有脉冲时，定义的时间过去之后，信号又重新取消。脉冲电平如图 4-8 所示。切换函数在程序中通过联机表格实现，OUT 和 PULSE 联机表格及表格说明分别见图 4-9 和表 4-3。

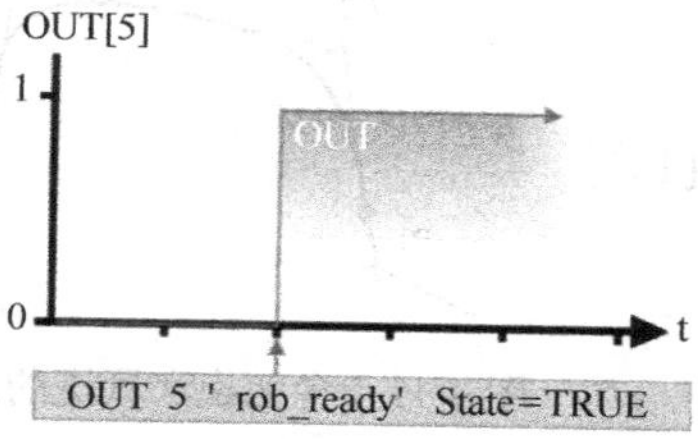

图 4-7 静态切换

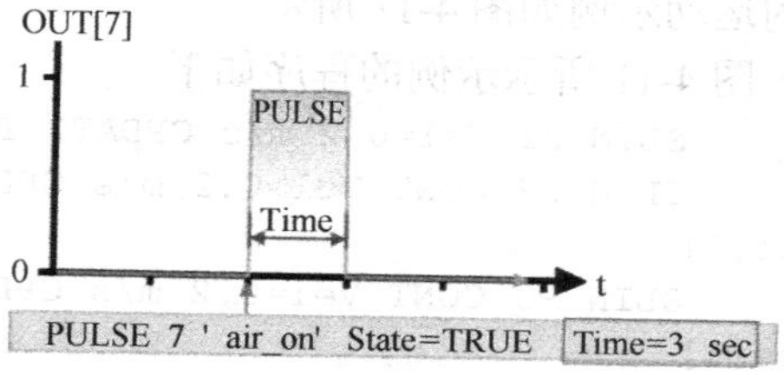

图 4-8 脉冲电平

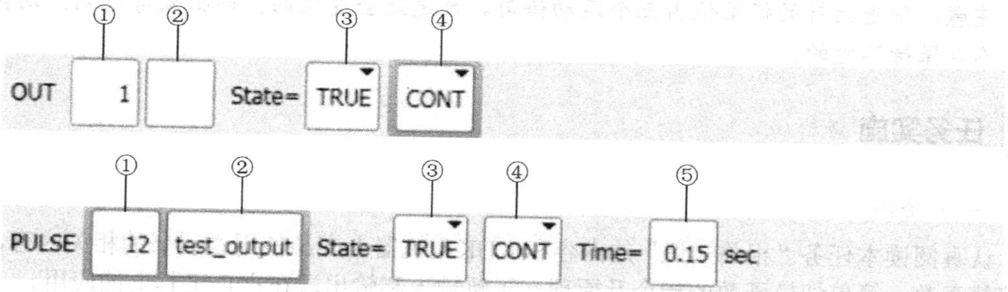

图 4-9 OUT 和 PULSE 联机表格

表 4-3 OUT 和 PULSE 联机表格说明

序 号	说 明
①	输出端编号：1～4096
②	如果输出端已有名称则会显示出来 仅限于专家用户组使用，通过单击长文本可输入名称，名称可以自由选择
③	输出端被切换成的状态：TRUE（“高”电平），FALSE（“低”电平）
④	CONT: 在预运行中进行的编辑 [空白]: 在预运行停止时的编辑
⑤	脉冲长度：0.10～3.00 s

注：在使用条目 CONT 时必须注意，该信号是在预进中被赋值的。

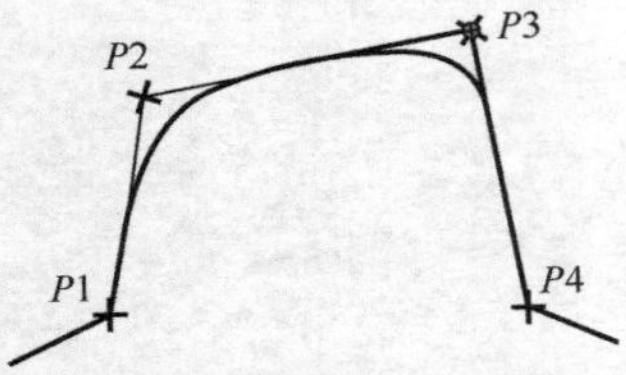

图 4-10　含切换和预进停止的运动示例

2. 在切换功能时 CONT 的影响

（1）无 CONT

如果在 OUT 联机表单中去掉条目 CONT，则在切换过程中必须执行预进停止，并接着在切换指令前于点上进行精确暂停，给输出端赋值后继续该运动。含切换和预进停止的运动示例如图 4-10 所示。

图 4-10 所示示例的程序如下：

```
SLIN P1 Vel=0.2 m/s CPDAT1 Tool[1] Base[1]
SLIN P2 CONT Vel=0.2 m/s CPDAT2 Tool[1] Base[1]
SLIN P3 CONT Vel=0.2 m/s CPDAT3 Tool[1] Base[1]
OUT 5 'rob_ready' State=TRUE
SLIN P4 Vel=0.2 m/s CPDAT4 Tool[1] Base[1]
```

（2）带 CONT

插入条目 CONT 的作用是，预进指针不被暂停（不触发预进停止）。因此，在切换指令前运动可以轨迹逼近。在预进时发出信号，含切换和预进的运动示例如图 4-11 所示。

图 4-11 所示示例的程序如下：

```
SLIN P1 Vel=0.2 m/s CPDAT1 Tool[1] Base[1]
SLIN P2 CONT Vel=0.2 m/s CPDAT2 Tool[1] Base[1]
SLIN P3 CONT Vel=0.2 m/s CPDAT3 Tool[1] Base[1]
OUT 5 'rob_ready' State=TRUE CONT
SLIN P4 Vel=0.2 m/s CPDAT4 Tool[1] Base[1]
```

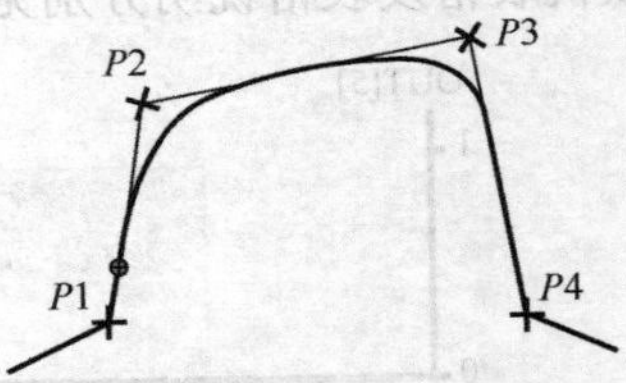

图 4-11　含切换和预进的运动示例

注意：预进指针的标准值占三个运动语句。预进是会变化的，即必须考虑到，切换时间点不是保持不变的。

四、任务实施

（一）资讯

认真阅读本任务“相关知识”的内容和 KUKA 机器人产品使用说明书的相关内容，了解等待函数、简单切换函数的指令及原理，了解输入和输出端在夹爪工具上的应用。

（二）计划、决策

（1）检查工作台完好，使用到的工具、工件等外围部件准备齐全；
（2）确定矩形的运动轨迹，找出示教的点，并做好记录；
（3）确定夹爪张开与关闭的 I/O 控制信号；
（4）建立好尖点工具的工具坐标系和轨迹规划模块的基坐标系；
（5）按轨迹编写矩形程序，动作包含尖点工具的抓取、走矩形轨迹、尖点工具的释放；
（6）程序的调试与运行。

（三）实施

1. 确定控制夹爪开闭 I/O 信号

由单元 3 任务 2 可知，夹爪工具关闭和开启的动作由机器人数字输出信号 OUT23 和

OUT20 控制，信号对照见表 4-4。

表 4-4　机器人与电磁阀信号对照表

机器人数字输出端	备　注		电磁阀控制端	端口说明
OUT20	Jiazhua_zhangkai	→→→→	7output	夹爪张开
OUT23	Jiazhua_guanbi	→→→→	10output	夹爪关闭

2. 建立工具坐标系和基坐标系

（1）工具坐标系的设定请参考单元 2 任务 1 的操作步骤，此处略。

（2）创建基坐标系的步骤见表 4-5。

表 4-5　创建基坐标系的步骤

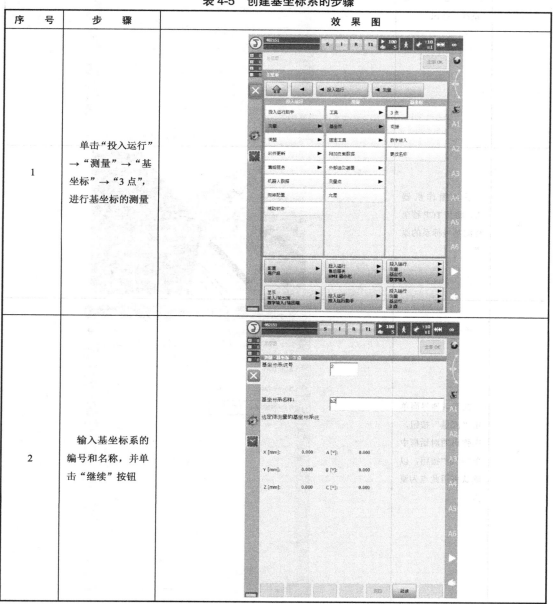

序　号	步　骤	效 果 图
1	单击“投入运行”→“测量”→“基坐标”→“3 点”，进行基坐标的测量	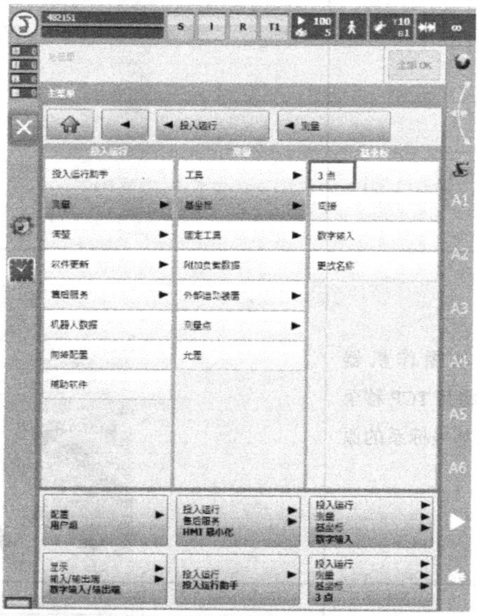
2	输入基坐标系的编号和名称，并单击“继续”按钮	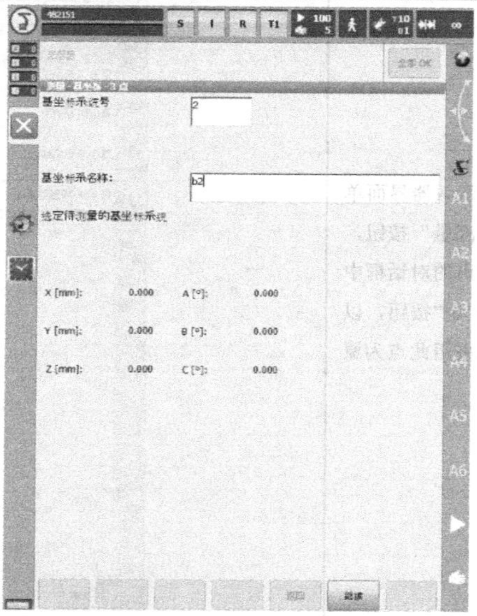

续表

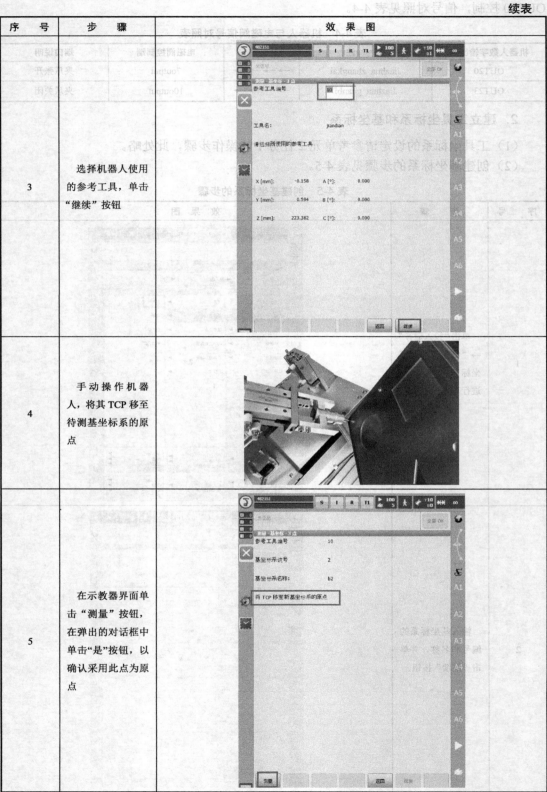

序　号	步　骤	效 果 图
3	选择机器人使用的参考工具，单击“继续”按钮	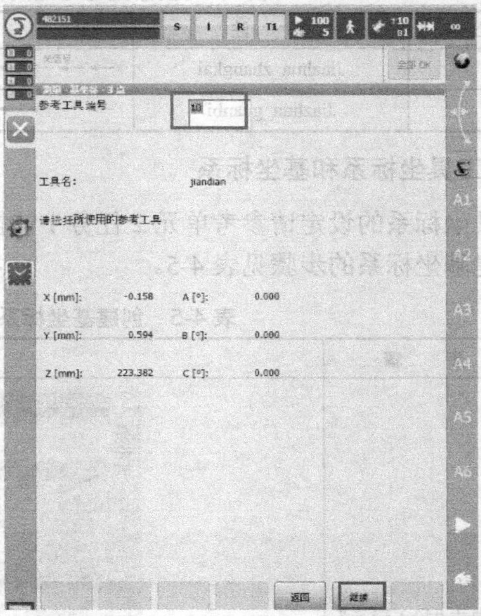
4	手动操作机器人，将其 TCP 移至待测基坐标系的原点	
5	在示教器界面单击“测量”按钮，在弹出的对话框中单击“是”按钮，以确认采用此点为原点	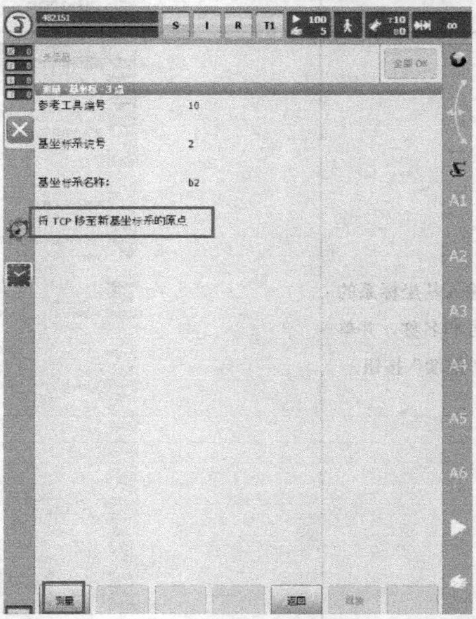

续表

序号	步骤	效果图
6	手动操作机器人，将其 TCP 移至待测坐标系+X 轴上一点，注意距离不小于 50mm	
7	在示教器界面单击“测量”按钮，在弹出的对话框中单击“是”按钮，以确定 X 轴正方向	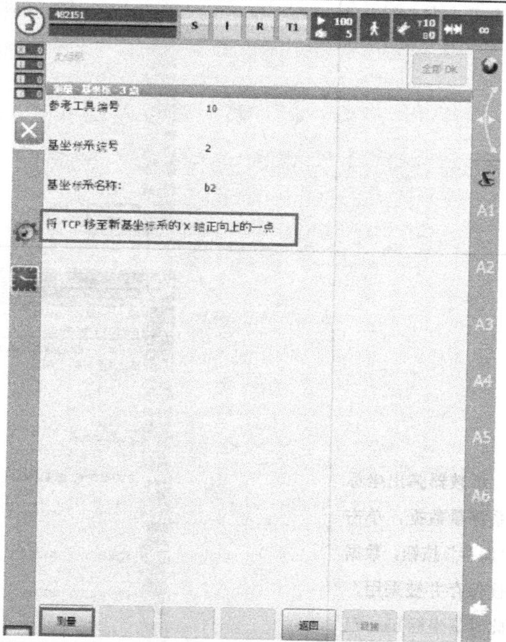
8	再次移动机器人，将其 TCP 移至待测基坐标系+Y 方向上一点，注意距离不小于 50mm	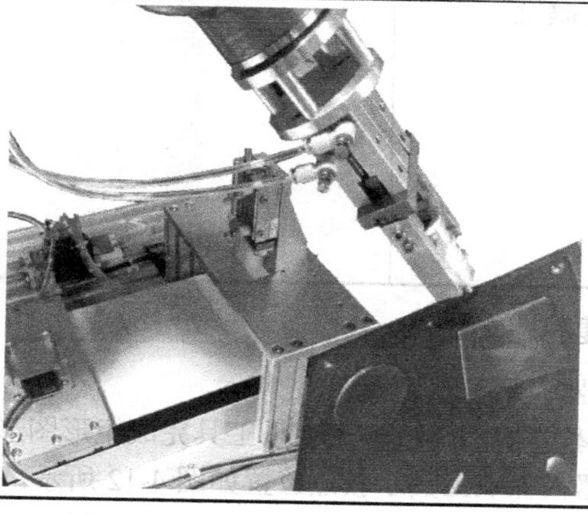

续表

序号	步骤	效果图
9	在示教器上单击“测量”按钮，在弹出的对话框中单击“是”按钮，以确定 *Y* 轴正方向	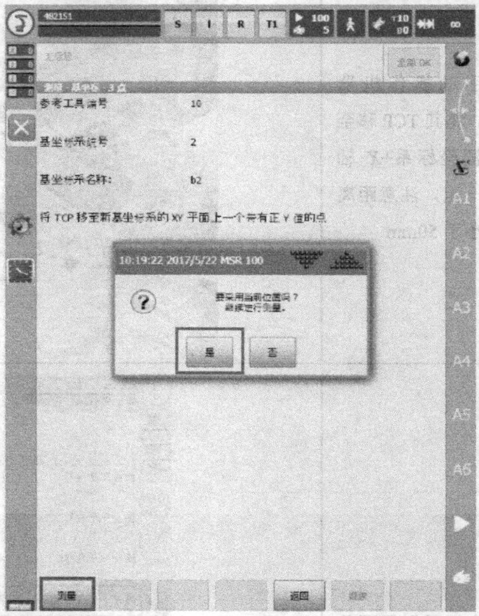
10	示教器弹出坐标系测量数据，单击“保存”按钮，数据被保存并被采用，此时基坐标 base 已完成创建	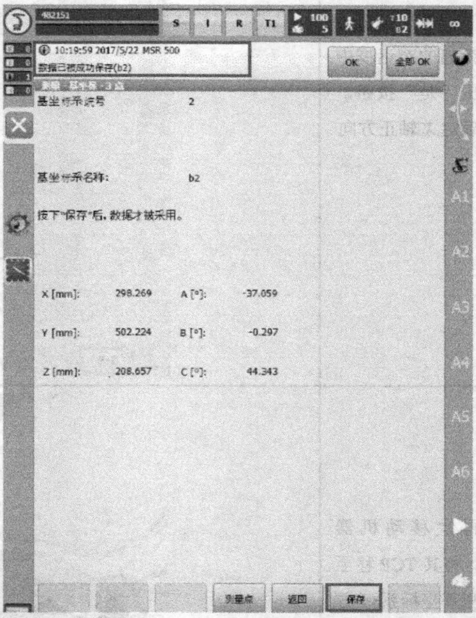

3. 创建程序文件

(1) 机器人示教点位置

通过示教点编程，机器人夹爪工具完成矩形图形的绘制。

① 机器人抓取工具示教点位置如图 4-12 所示。

② 机器人释放工具示教点位置如图 4-13 所示。

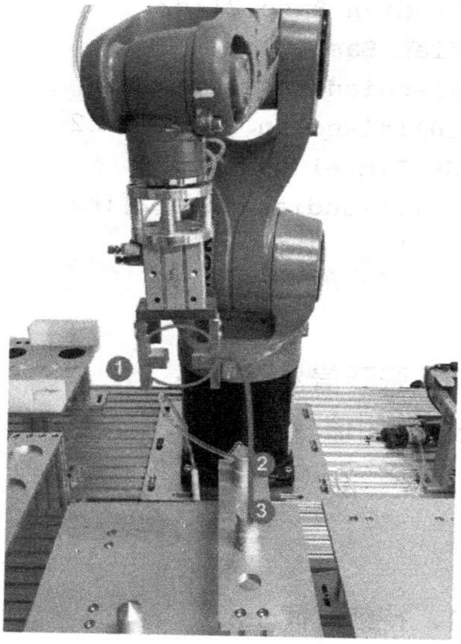

图 4-12　抓取工具示教点位置

图 4-13　释放工具示教点位置

③ 机器人走矩形轨迹示教点，顺序为 *P*11→*P*3→*P*4→*P*5→*P*6→*P*3，如图 4-14 所示。

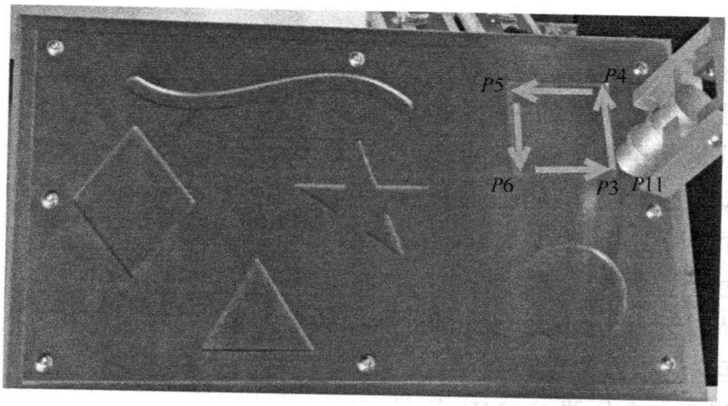

图 4-14　矩形轨迹示教点

（2）参考程序

```
    DEF juxing( )
    INI①OUT 22 'jiazhua_zhangkai' State=FALSE CONT
    ②OUT 25 'jiazhua_guanbi' State=FALSE CONT
    ③PTP HOME Vel= 100 % DEFAULT④PTP P1 CONT Vel=20 % PDAT1 Tool[10]:jiandian
Base[2]:b2
    ⑤LIN P2 Vel=0.2 m/s CPDAT1 Tool[10]:jiandian Base[2]:b2
    ⑥PULSE 25 'jiazhua_guanbi' State=TRUE Time=1 sec
    ⑦LIN p1 Vel=0.2 m/s CPDAT2 Tool[10]:jiandian Base[2]:b2
    ⑧PTP p11 CONT Vel=20 % PDAT7 Tool[10]:jiandian Base[2]:b2
    ⑨PTP p3 Vel=20 % PDAT2 Tool[10]:jiandian Base[2]:b2
    ⑩LIN p4 Vel=0.2 m/s CPDAT3 Tool[10]:jiandian Base[1]:b1
    ⑪LIN p5 Vel=0.2 m/s CPDAT4 Tool[10]:jiandian Base[2]:b2
    ⑫LIN p6 Vel=0.2 m/s CPDAT5 Tool[10]:jiandian Base[2]:b2
```

```
⑬LIN p3 Vel=0.2 m/s CPDAT8 Tool[10]:jiandian Base[2]:b2
⑭PTP p11 Vel=20 % PDAT5 Tool[10]:jiandian Base[2]:b2
⑮PTP p1 CONT Vel=20 % PDAT6 Tool[10]:jiandian Base[2]:b2
⑯LIN p2 CONT Vel=0.2 m/s CPDAT6 Tool[10]:jiandian Base[2]:b2
⑰PULSE 22 'jiazhua_zhangkai' State=TRUE Time=1 sec
⑱LIN p1 CONT Vel=0.2 m/s CPDAT7 Tool[10]:jiandian Base[2]:b2
⑲PTP HOME  Vel= 100 % DEFAULT
END
```

参考程序注释：

①关闭机器人输出端信号'jiazhua_zhangkai'，使夹爪张开信号置为 0；

②关闭机器人输出端信号' jiazhua_guanbi '，使夹爪关闭信号置为 0；

③机器人移动至安全位置 HOME 点；

④机器人移动至工具正上方 *P*1 点；

⑤机器人移动至抓取工具位置的 *P*2 点；

⑥给定机器人输出端'jiazhua_guanbi'脉冲信号为 1，持续时间 1s；

⑦机器人直线运动至 *P*1 点；

⑧机器人移动多过渡点 *P*11 点，增加过渡点，为了防止机器人与周围设备发生碰撞；

⑨机器人直线运动至矩形的 *P*3 点；

⑩机器人直线运动至矩形的 *P*4 点；

⑪机器人直线运动至矩形的 *P*5 点；

⑫机器人直线运动至矩形的 *P*6 点；

⑬机器人直线运动至矩形的 *P*3 点；

⑭机器人运动至过渡点 *P*11 的位置；

⑮机器人返回至 *P*1 点位置；

⑯机器人返回至工具位置 *P*2 点；

⑰给定机器人输出端'jiazhua_zhangkai'脉冲信号为 1，持续时间 1s；

⑱机器人返回至 *P*1 点位置；

⑲机器人返回至安全位置 HOME 点。

4．机器人数据的存档和还原

机器人数据的存档和还原操作步骤见表 4-6。

（四）检查

手动运行“juxing”程序，观察机器人的运动轨迹是否准确，如果是按照矩形轨迹运行，并且夹爪工具正确抓取尖点工具和释放尖点工具，则程序编写正确。

（五）评估

通过上述参考程序，能够运行机器人矩形轨迹，方法可行。在示教点的过程中，可以更精确地示教各个点，保证运动轨迹更精确。矩形的运动轨迹可根据需要进行更改，为了使路径更平滑，可以加入多个过渡点。

表 4-6　机器人数据的存档和还原操作步骤

序　号	步　骤	效 果 图
1	在 KUKA 菜单界面，单击“存档”→“USB（控制柜）” 注：根据实际情况选择存储路径	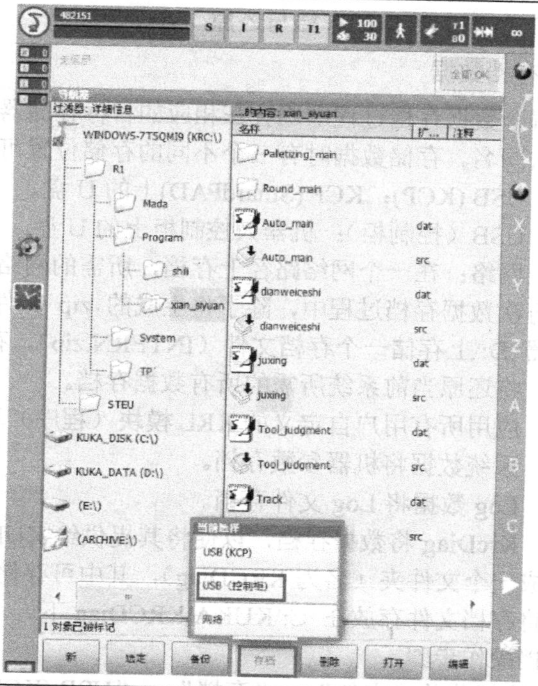
2	单击“是”按钮	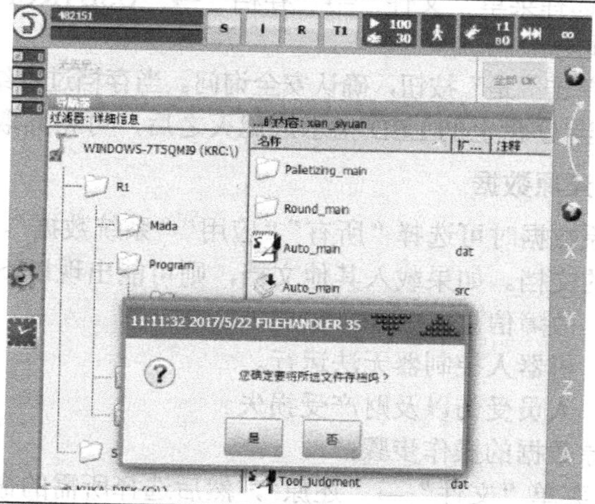
3	程序成功保存为名为 482151.zip 的压缩文件	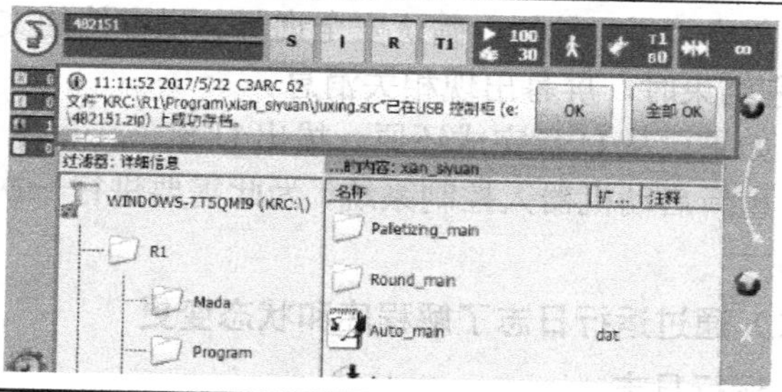

五、知识拓展

（一）机器人数据的存档与还原

1．存档数据

在每个数据存档过程中均会在相应的目标存储器上生成一个 zip 文件，该文件名默认与机器人同名。存储数据时有三个不同的存储位置可供选择。

- USB (KCP)：KCP (SmardPAD)上的 U 盘。
- USB（控制柜）：机器人控制柜上的 U 盘。
- 网络：在一个网络路径上存档，所需的网络路径必须在机器人控制系统下配置。

在每次数据存档过程中，除了将生成的 zip 文件保存在所选的存储器上之外，同时还在驱动器 D:\上存储一个存档文件（INTERN.zip）。存档数据包括：

- 将还原当前系统所需的所有数据存档。
- 应用所有用户自定义的 KRL 模块（程序）和相应的系统文件均被存档。
- 系统数据将机器参数存档。
- Log 数据将 Log 文件存档。
- KrcDiag 将数据存档，以便将其提供给 KUKA 机器人有限公司进行故障分析。在此将生成一个文件夹（名为 KRCDiag），其中可存储 10 个 zip 文件。除此之外还另外在控制器中将存档文件存放在 C:\KUKA\KRCDiag 下。

存档操作步骤：

① 选择菜单“文件”→“存档”→“USB (KCP)”或者“USB（控制柜）”，以及所需的命令项。

② 单击“是”按钮，确认安全询问。当存档过程结束时，将在信息窗口中显示相关信息。

③ 当 U 盘上的 LED 指示灯熄灭之后，可将其取下。

2．还原数据

还原数据时可选择“所有”“应用”“系统数据”。通常情况下，只允许载入具有相应软件版本的文档。如果载入其他文档，则可能出现以下后果：

- 故障信息。
- 机器人控制器无法运行。
- 人员受伤以及财产受损失。

还原数据的操作步骤：

① 菜单“文件”→“还原”，然后选择所需的命令项。

② 单击“是”按钮，确认安全询问。已存档的文件在机器人控制系统里重新恢复，当恢复过程结束时，屏幕出现相关消息。

③ 如果已从 U 盘完成还原，拔出 U 盘。

④ 重新启动机器人控制系统，为此需要进行一次冷启动，在专家用户状态下进行冷启动操作。

（二）通过运行日志了解程序和状态变更

1．运行日志

用户在 SmartPAD 上的操作过程会被自动记录下来。运行日志用于显示指令记录，运行日志 Log 选项卡如图 4-15 所示，Log 选项卡说明见表 4-7。

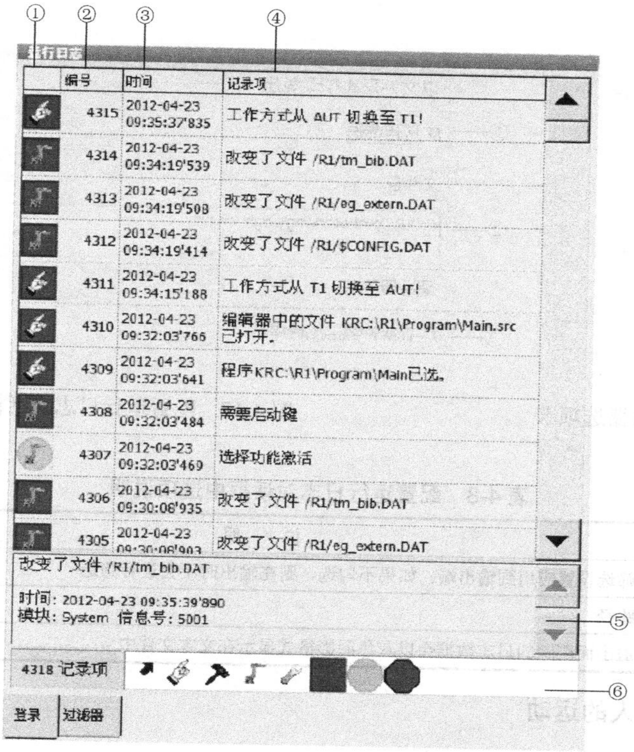

图 4-15　运行日志 Log 选项卡

表 4-7　Log 选项卡说明

序　号	说　明
①	日志事件的类型 各个筛选类型和筛选等级均列在选项卡筛选器中
②	日志事件的编号
③	日志事件的日期和时间
④	日志事件的简要说明
⑤	所选日志事件的详细说明
⑥	显示有效的筛选器

运行日志筛选器选项卡，如图 4-16 所示。

2. 运行日志功能

在每个用户组中都可以查看和配置运行日志。

① 查看运行日志。在主菜单中选择“诊断”→“运行日志”→“显示”，便可查看运行日志。

② 配置运行日志。配置运行日志对话框如图 4-17 所示，对话框中选项说明见表 4-8。

- 在主菜单中选择“诊断”→“运行日志”→“配置”。
- 设置：添加/删除筛选类型，添加/删除筛选级别。
- 单击“OK”按钮以保存配置，然后关闭该对话框。

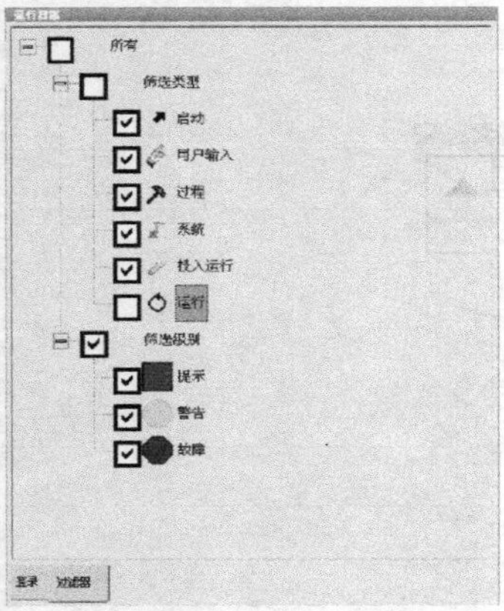

图 4-16　运行日志筛选器选项卡

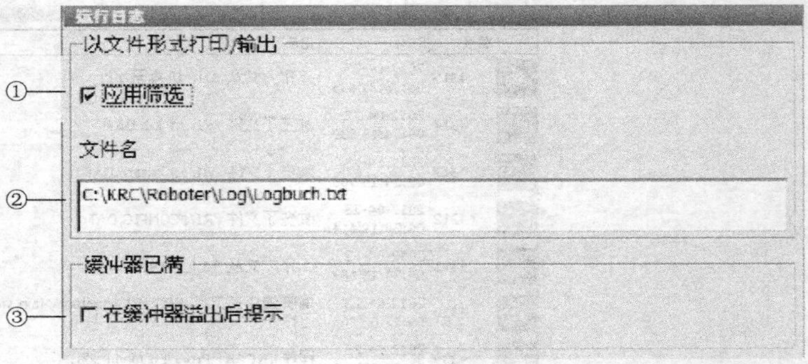

图 4-17　配置运行日志对话框

表 4-8　配置运行日志对话框中选项说明

序　号	说　明
①	勾选，将筛选设置应用到输出端；如果不勾选，则在输出时不会进行筛选
②	文本文件路径
③	已因缓冲溢出而删除的日志数据会以灰色阴影格式显示在文本文件中

三、更改机器人的运动

1. 更改数据位置

只更改点的数据组：点获得新的坐标，用“Touchup”更新数值，如图 4-18 所示。旧的点坐标被覆盖，并且不再提供。

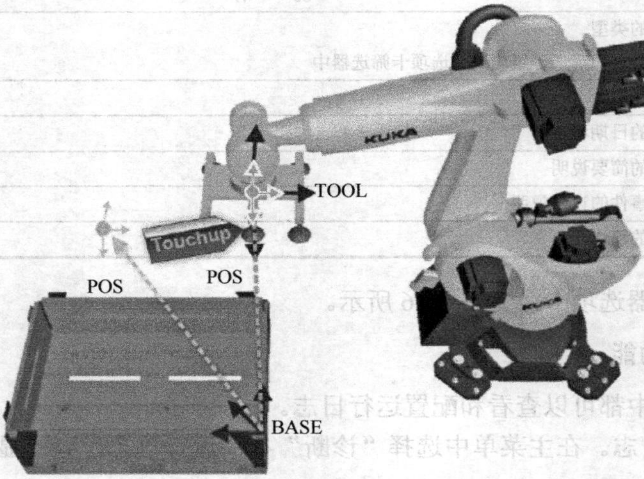

图 4-18　用“Touchup”更改机器人位置

2. 更改运动速度

更改速度或者加速度时会改变移动属性，这可能会影响加工工艺，特别是运行轨迹应用程序时，如胶条厚度、焊缝质量等。

3. 更改运动方式

更改运动方式时总是会导致更改轨迹规划，如图 4-19 所示。在这种情况下可能会导致碰撞，因为轨迹可能会发生意外变化。

更改运动方式后需注意：

① 每次更改完运动指令后都必须在低速（运行方式 T1）下测试机器人程序。

② 立即以高速方式启动机器人程序可能会导致机器人系统和整套设备损坏，因为可能会出现不可预料的运动。如果有人员位于危险区域，则可能会造成人员受伤。

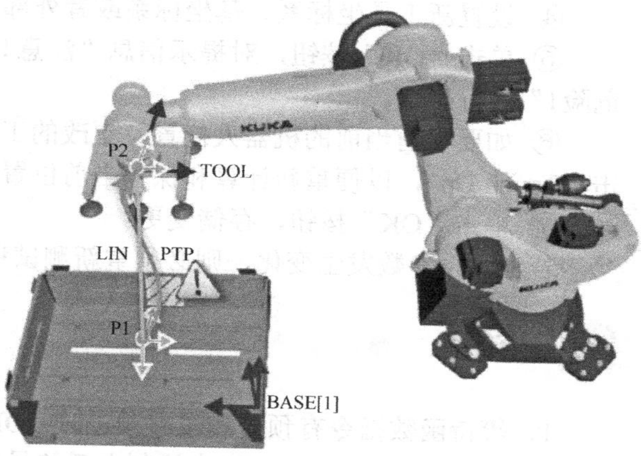

图 4-19 更改运动方式

4. 更改指令操作步骤

① 设置运行方式 T1，将光标置于要改变的指令行中。

② 将机器人移到所需的位置。

③ 单击“更改”按钮，指令相关的联机表格自动打开，更改联机表格中的信息。

④ 对于 PTP 和 LIN 运动，单击“Touchup”（修整），以便确认 TCP 的当前位置为新的目标点。对于 CIRC 运动，单击“Touchup HP”（修整辅助点），以便确认 TCP 的当前位置为新的辅助点；或者单击“Touchup ZP”（修整目标点），以便确认 TCP 的当前位置为新的目标点。

⑤ 单击“是”按钮，确认安全询问。

⑥ 单击“OK”按钮，存储变更。

5. 更改坐标系位置

（1）更改坐标系位置产生的变化

更改坐标系位置如图 4-20 所示，并会出现以下情况：

① 更改坐标系数据（例如工具、基坐标）时，会导致位置发生位移（例如矢量位移）。

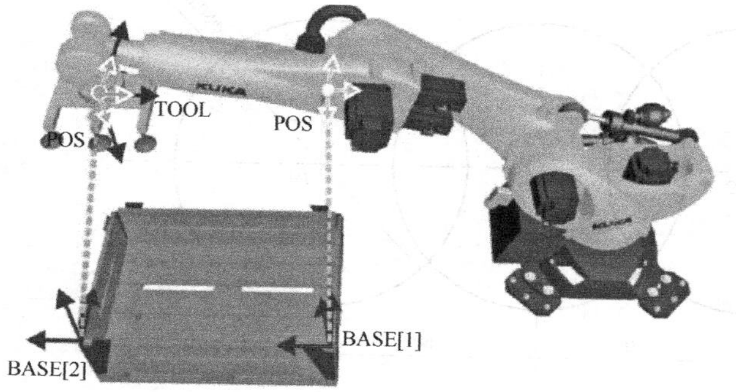

图 4-20 更改坐标系位置（以基坐标为例）

② 机器人位置会发生变化（与机器人的轴角度位置相符）。旧的点坐标依然会被保存并有效，发生变化的仅是参照系（例如基坐标）。

③ 可能会出现超出工作区的情况，导致不能到达某些机器人位置。

④ 如果机器人位置保持不变，但坐标系参数改变，则必须在更改参数（例如基坐标）后在所需的位置上用 Touchup 更新坐标。

(2) 更改坐标系操作步骤

① 将光标置于要更改的指令行中。

② 单击"更改"按钮，指令相关的联机表格自动打开。

③ 打开"坐标系"对话框。

④ 设置新工具坐标系、基坐标系或者外部TCP。

⑤ 单击"OK"按钮，对提示信息"注意！改变以点为基准的坐标系参数时会有碰撞危险！"进行确认。

⑥ 如要保留当前的机器人位置及更改的工具坐标系和（或）基坐标系设置，则必须单击"Touch Up"，以便重新计算和保存当前位置。

⑦ 单击"OK"按钮，存储变更。

若坐标系参数发生变化，则必须重新测试程序是否会发生碰撞。

六、讨论题

1. 等待函数指令有预进和没有预进时CONT分别有什么区别？
2. 逻辑OUT、PULSE指令控制夹爪信号时，添加预进和不添加预进有什么区别？
3. "juxiang"程序开头为什么要将夹爪张开信号和夹爪关闭信号设置为假？
4. "juxiang"程序可以在哪些方面优化？
5. 在程序语句中，能否调用相同的点？
6. 选择和打开程序之间的区别是什么？
7. 程序运行方式有哪些？各有什么用途？

任务2　给定图形书写编程

一、任务描述

通过学习KUKA机器人程序的调用、变量的使用、偏移等知识点，利用书写工具，完成图4-21所示图形的轨迹程序。

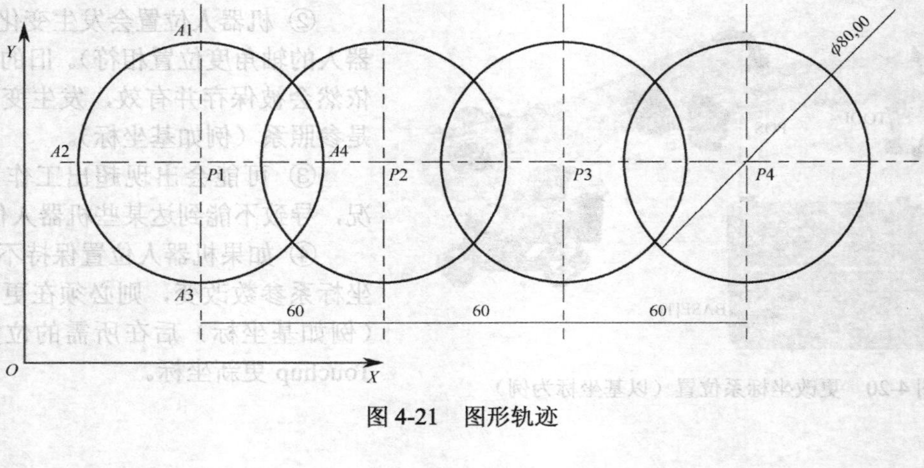

图4-21　图形轨迹

二、任务分析

通过给定图形的形状可知，机器人需要沿着4个大小相同的圆的轨迹运行，并且相连两个圆之间的圆心距都为60mm。为了按要求使机器人按图形轨迹运行，机器人可以先走圆$P1$的轨迹，然后通过偏移完成剩下圆弧的轨迹。为实现通过偏移的方式完成图形轨迹的运行，需要先学习和掌握变量的定义与使用、程序的调用、循环指令、偏移指令等相关知识。

三、相关知识

（一）变量的使用

1. 显示和更改变量值

表4-9 变量的特征

存储位置	全局/局部
型号	整数/小数、真/假、字符
名称	名称
数值	内容/数值

变量是运算过程中出现的计算值的通配符。变量由存储位置、类型、名称和内容标识，见表4-9。

一个变量的存储位置对其有效性至关重要。一个全局变量建立在系统文件中，适用于所有程序。一个局部变量建立于应用程序中，因此仅适用于正在运行的程序（也只有这时可读）。

如果变量为全局变量，则随时都可以显示。在这种情况下，变量必须保存在系统文件（例如 config.dat、machine.dat）或者在局部数据列表中作为全局变量。

局部变量可以分为程序文件（.src）中的局部变量和局部数据列表（*.dat）中的局部变量。如果变量是在.src 文件中定义的，则该变量仅在程序运行时存在。我们将该变量称为“运行时间变量”。如果变量是在.dat 文件中被定义为局部变量，并且仅在相关程序文件中已知，则其值在关闭程序后保持不变。变量应用举例见表4-10。

表4-10 变量应用举例

变　量	存储位置	类　型	名　称	值
当前工具	全局，KUKA 系统变量	整数	$ACT_TOOL	5
当前基坐标	全局，KUKA 系统变量	整数	$ACT_BASE	12
计数器	局部，应用程序	整数	zaehler	3
轴2软件限位开关的负角度值	全局，machine.dat	小数	$SoftN_End[2]	−104.5
故障状态	全局，例如存储在 config.dat 中	真/假值	stoerung	true

显示并更改一个变量值的步骤如下：

① 在主菜单中选择“显示”→“变量”→“单项”，即打开单项变量对话框。

② 在名称栏输入变量名称。

③ 如果选择了一个程序，则在模块栏中将自动填写该程序。

如果要显示一个其他程序中的变量，则如下输入程序：

```
/R1/程序名称
```

在/R1/和程序名称之间不要输入文件夹名，且程序名称不需带后缀。

④ 按回车键，在当前值栏中将显示该变量的当前数值。如果无任何显示，则说明还未给该变量赋值。

⑤ 在新值栏中输入所需数值。

⑥ 按回车键，在当前值栏中将显示此新值。

2. 访问机器人状态

有关机器人状态的众多信息可通过查询系统内部值获得。系统内部值称为"系统变量"。变量是一个预留的存储位置。该存储位置（也称为"值的通配符"）在计算机的存储器中始终有一个固定的名称和位址。主要的系统变量用于机器人状态查询的有定时器（Timer）、标记（旗标 Flag）、计数器、输入和输出信号（IN/OUT），其用途举例见表 4-11。

表 4-11 机器人系统变量查询用途举例

系统变量	查询用途举例
$TIMER[1…64]	检查机器人的等待时间
$FLAG[1…1024]	对可设置在程序某一位置的标记也可在程序以外查询（全局）
$CYCFLAG[1…256]	周期性旗标另外还被持续分析
I[1…20]	对加工步骤进行计数的计数器
$IN[1…4096]	检查一个夹爪是否打开或闭合（夹爪的传感器通过一个输入信号报告状态）
$OUT[1…4096]	检查一条夹爪指令（一个输出信号将指令传给夹爪的执行元件）

3. 使用 KRL 变量

（1）命名规范

- KRL 中的名称长度最多允许为 24 个字符。
- KRL 中的名称允许包含字母（A～Z）、数字（0～9）以及特殊字符"_"和"$"。
- KRL 中的名称不允许以数字开头。
- KRL 中的名称不允许为关键词。
- 不区分大小写。

（2）KRL 的数据类型

KRL 的数据类型见表 4-12。

表 4-12 KRL 的数据类型

简单的数据类型	整　数	实　数	布 尔 数	单个字符
关键词	INT	REAL	BOOL	CHAR
数值范围	-2^{31}～$(2^{31}-1)$	$\pm1.1\times10^{-38}$～$\pm3.4\times10^{+38}$	TRUE/FALSE	ASCII 字符集
示例	−199 或 56	−0.0000123 或 3.1415	TRUE 或 FALSE	A、q 或 7

（3）建立变量

① 变量声明。

- 变量在使用前必须先进行声明。
- 每一个变量均划归为一种数据类型。
- 命名时要遵守命名规范。
- 变量声明的关键词为 DECL。
- 对四种简单数据类型，关键词 DECL 可省略。
- 用预进指针赋值。

- 变量声明可以采用不同形式，从中得出相应变量的生存期和有效性。
- ➢ 在 SRC 文件中声明。
- ➢ 在局部 DAT 文件中声明。
- ➢ 在 $CONFIG.DAT 中声明。
- ➢ 在局部 DAT 文件中配上关键词“全局”声明。

② 创建常量。

- 常量用关键词 CONST 建立。
- 常量只允许在数据列表中建立。

（4）变量声明的原理

① SRC 文件中的程序结构及特点。

程序结构：

```
DEF main()
；声明部分
…
；初始化部分
INI
…
PTP HOME Vel=100% DEFAULF
…
END
```

程序特点：

- 在声明部分必须声明变量。
- 初始化部分从第一个赋值开始，但通常都是从“INI”行开始。
- 在指令部分会赋值或更改值。

② 更改标准界面。

- 只有作为专家用户才能使 DEF 行显示。
- 在模块“INI”行前进入声明部分，这是必要的。
- 在将变量传递到子程序中时才能够看到 DEF 和 END 行。

（5）规定生存期

SCR 文件：程序运行结束时，运行时间变量“死亡”。

DAT 文件：在程序运行结束后变量还保持着。

（6）规定有效性 / 可用性

- 在局部 SRC 文件中，变量仅在程序中被声明的地方可用。因此，变量仅在局部 DEF 和 END 行之间可用（主程序或局部子程序）。
- 在局部 DAT 文件中，在整个程序中有效，即在所有的局部子程序中也有效。
- $CONFIG.DAT：全局可用，即在所有程序中都可以读写。
- 在局部DAT文件中作为全局变量：全局可用，只要为DAT文件指定关键词PUBLIC并在声明时再另外指定关键词 GOLBAL，就在所有程序中都可以读写。

（7）规定数据类型

- BOOL：经典式“是” / “否”结果。
- REAL：为了避免“四舍五入”出错的运算结果。

- INT：用于计数循环或件数计数器的变量计数。
- CHAR：仅一个字符，字符串或文本只能作为 CHAR 数组来实现。

（8）命名和声明

- 使用 DECL，以使程序便于阅读。
- 使用可让人一目了然的合理变量名称。
- 请勿使用晦涩难懂的名称或缩写。
- 名称长度应合理，即不要每次都使用 24 个字符。

4. 声明具有简单数据类型变量时的操作

（1）在 SCR 文件中创建变量的操作步骤

① 切换到专家用户组。

② 在编辑器中打开 SRC 文件。

③ 在打开的 SRC 文件中声明变量。声明变量 price 和 counter 的程序段如下所示：

```
DEF MY_PROG()
DECL REAL price
DECL INT counter
INI
…
END
```

④ 关闭并保存程序。

（2）在 DAT 文件中创建变量的操作步骤

① 切换到专家用户组。

② 在编辑器中打开 DAT 文件。

③ 在打开的 DAT 文件中声明变量。声明变量 error 和 symbol 的程序段如下所示：

```
DEFDAT MY_PRPG
EXTERNAL DECLARATIONS
DECL BOOL error
DECL CHAR symbol
…
ENDDAT
```

④ 关闭并保存数据列表。

（3）在$CONFIG.DAT 文件中创建变量的操作步骤

① 切换到专家用户组。

② 在编辑器中打开 SYSTEM（系统）文件夹中的 $CONFIG.DAT 文件。

③ 选择“USER GLOBALS”。

④ 声明变量 price 和 counter 的程序段如下所示：

```
DEFDAT $CONFIG()
BASISTECH GLOBALS      //用户自定义类型
AUTOEXT GLOBALS        //外部用户自定义
USER GLOBALS           //用户自定义变量
DECL INT counter
DECL REAL price
…
ENDDAT
```

⑤ 关闭并保存数据列表。

（4）在 DAT 文件中创建全局变量的操作步骤

① 切换到专家用户组。

② 在编辑器中打开 DAT 文件。

③ 通过关键词 PUBLIC 扩展程序头中的数据列表，如下列程序段所示。

```
DEFDAT MY_PROG PUBLIC
```

④ 声明全局变量 counter 和 price，如下列程序段所示。

```
DEFDAT MY_PROG PUBLIC
EXTERNAL DECLARATIONS
DECL GLOBAL INT counter
DECL GLOBAL REAL price
…
ENDDAT
```

⑤ 关闭并保存数据列表。

5. 简单数据类型变量的初始化

（1）KRL 初始化说明

- 每次声明后变量都只预留一个存储位置，值总是无效值。
- 在 SRC 文件中的声明和初始化始终在两个独立的行中进行。
- 在 DAT 文件中的声明和初始化始终在一行中进行，常量必须在声明时立即初始化。
- 初始化部分从第一次赋值开始。

（2）整数的初始化

①初始化为十进制数，例如：

Value = 58

②初始化为二进制数，举例如下，其二进制与十进制对照表见表 4-13。

```
Value = 'B111010'
```

表 4-13　B111010 二进制与十进制对照表

二进制	2^5	2^4	2^3	2^2	2^1	2^0
十进制	32	16	8	4	2	1

注：1×32+1×16+1×8+0×4+1×2+0×1＝58

③ 初始化为十六进制数，举例如下，其十六进制与十进制对照表见表 4-14。

```
Value = 'H3A'
```

表 4-14　H3A 十六进制与十进制对照表

十六进制	1	2	3	4	5	6	7	8	9	A	B	C	D	E	F
十进制	1	2	3	4	5	6	7	8	9	10	11	12	13	14	15

注：3×16+10＝58

6. 用 KRL 对简单数据类型的变量值进行运算

（1）用 KRL 修改变量值的方法

根据具体任务，可以采用不同方式在程序进程（SRC 文件）中改变变量值。可以借助于位运算和标准函数修改变量值，常见运算类型与标准函数介绍如下。

① 基本运算类型。

+（加法）、—（减法）、*（乘法）、/（除法）。

② 比较运算。

==（相同 / 等于）、< >（不同/不等）、>（大于）、<（小于）、≥（大于等于）、≤（小于等于）。

③ 逻辑运算。

NOT（反向）、AND（逻辑“与”）、OR（逻辑“或”）、EXOR（“异或”）。

④ 位运算。

B_NOT（按位取反运算）、B_AND（按位与）、B_OR（按位或）、B EXOR（按位异或）。

⑤ 标准函数。

绝对函数、根图数、正弦和余弦函数、正切函数、反余弦函数、反正切函数、多种字符串处理函数。

（2）数据运算

① 四舍五入，其程序段如下：

```
；变量声明
DECL INT A,B,C
DECL REAL R,S,T
```

四舍五入运算的举例如下：

变量的初始值为 A=3，B=5.5，C=2.25，R=4，S=6.5，T=C

变量声明后的实际值为 A=3，B=6，C=2，R=4.0，S=6.5，T=2.0

② 数学运算，见表 4-15。

表 4-15 数学运算结果

运算对象	INT	REAL
INT	INT	REAL
REAL	REAL	REAL

数学运算程序举例如下：

```
;变量声明
DECL INT D,E
DECL REAL U,V
;初始化
D=2
E=5
U=0.5
V=10.6
;指令部分
D=D*E ; D=2*5=10
E=E+V ; E=5+10.6=15.6，四舍五入为 E=16
U=U*V ; U=0.5*10.6=5.3
V=E+V ; V=16+10.6=26.6
```

③ 比较运算。通过比较运算可以构成逻辑表达式，比较结果始终是 BOOL 数据类型。比较运算类型及说明见表 4-16。

表 4-16　比较运算类型及说明

运算符/KRL	说　明	允许的数据类型
==	等于/相等	INT、REAL、CHAR、BOOL
<>	不等	INT、REAL、CHAR、BOOL
>	大于	INT、REAL、CHAR
<	小于	INT、REAL、CHAR
>=	大于或等于	INT、REAL、CHAR
<=	小于或等于	INT、REAL、CHAR

比较运算程序举例如下：

```
;声明
DECL BOOL G,H
;初始化/指令部分
G=10>10.1 ;G=FALSE
H=10/3==3;H=TRUE
G=G<>H;G=TRUE
```

④ 逻辑运算。通过逻辑运算可以构成逻辑表达式，这种运算的结果始终是 BOOL 数据类型。逻辑运算类型见表 4-17。

表 4-17　逻辑运算类型

运　算		NOT A	A AND B	A OR B	A EXOR B
A=TRUE	B=TRUE	FALSE	TRUE	TRUE	FALSE
A=TRUE	B=FALSE	FALSE	FALSE	TRUE	TRUE
A=FALSE	B=TRUE	TRUE	FALSE	TRUE	TRUE
A=FALSE	B=FALSE	TRUE	FALSE	FALSE	FALSE

逻辑运算程序举例如下：

```
;声明
DECL BOOL K,L,M
;初始化/指令部分
K=TRUE
L=NOT K ; L=FALSE
M=(K AND L) OR (K EXOR L) ; M=TRUE
L=NOT (NOT K) ; L=TRUE
```

⑤ 运算将根据其优先级顺序进行，数据运算的优先级见表 4-18。

表 4-18　数据运算的优先级

优　先　级	运　算　符
1	NOT（B_NOT）
2	乘（*），除（/）
3	加（+），减（-）
4	AND（B_AND）
5	EXOR（B_EXOR）
6	OR（B_OR）
7	各种比较（==，<>，…）

数据运算程序举例如下：

```
;声明
DECL BOOL X,Y
DECL INT Z
;初始化/指令部分
X=TRUE
Z=4
Y=(4*Z+16<>32) AND X ; Y=FALSE
```

（二）链接机器人程序

1. 子程序技术

利用子程序技术可将机器人程序模块化，因而可以有效地按结构设计程序。目的是不将所有指令写入一个程序，而是将特定的流程、计算或过程转移到单独的程序中。

使用子程序的优点：

- 由于程序长度减短，主程序结构更清晰并更易读。
- 可独立开发子程序，编程耗时可分摊，最小化错误源。
- 子程序可多次反复应用。

子程序有全局子程序和局部子程序两种类型。

（1）全局子程序

一个全局子程序是一个独立的机器人程序，可由另一个机器人程序调用。可根据具体要求对程序建立分支，即某一程序可在某次应用中用作主程序，而在另一次应用中作子程序，如图 4-22 所示。

（2）局部子程序

局部子程序是集成在一个主程序中的程序，即指令包含在同一个 SRC 文件中。子程序的点坐标相应存放在同一个 DAT 文件中，如图 4-23 所示。

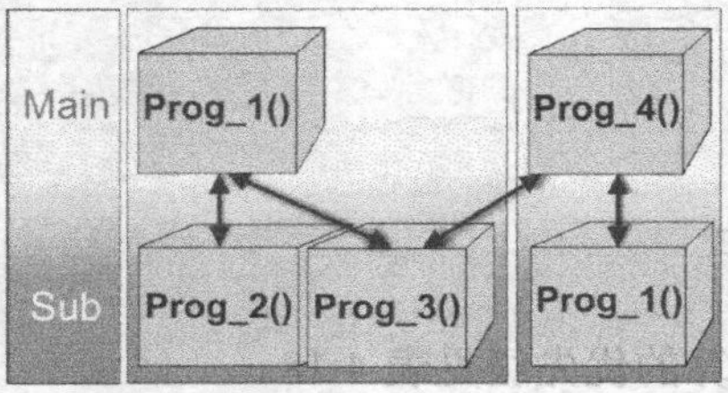

图 4-22　全局子程序示意图

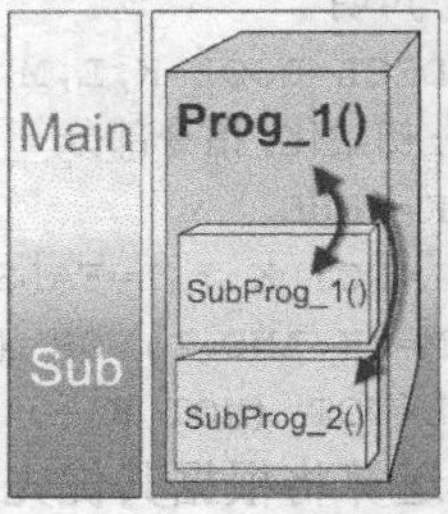

图 4-23　局部子程序示意图

2. 局部子程序应用

（1）局部子程序的定义

局部子程序位于主程序之后并以 DEF Name_ Un terprogr amm( )和 END 分别作为开始和结束标记。

```
DEF MY_PROG()
;此为主程序
...
```

```
END
________________________________
DEF LOCAL_PROG1()
;此为局部子程序1
…
END
________________________________
DEF LOCAL_PROG2()
;此为局部子程序2
…
END
________________________________
DEF LOCAL_PROG3()
;此为局部子程序3
…
END
```

局部子程序的特点：

- SRC 文件最多可由 255 个局部子程序组成。
- 局部子程序允许多次调用。
- 局部子程序名称需要使用括号括起来。
- 运行局部子程序后跳回至调出子程序后面的第一个指令。

（2）局部子程序工作时的关联

① 最多可相互嵌入 20 个子程序。

② 点坐标保存在所属的 DAT 列表中，可用于整个文件。

```
DEFDAT MY_PROG()
…
DECL E6POS XP1={X 100, Z 200, Z 300…E6 0.0}
…
ENDDAT

DEF MY_PROG()
;此为主程序
…
PTP P1 Vel=100% PDAT1
…
END
________________________________
DEF LOCAL_PROG1()
…
;与主程序中相同的位置
PTP P1 Vel=100% PDAT1
…
END
```

③ 用 RETURN 可结束子程序，并由此跳回至先前调用该子程序的程序模块中。

```
DEF MY_PROG()
;此为主程序
```

```
…
LOCAL_PROG1()
…
END
_______________________________
DEF LOCAL_PROG1()
…
IF $IN[12]==FALSE THEN
RETURN ;跳回主程序
ENDIF
…
END
```

（3）创建局部子程序的操作步骤

① 专家用户组登录。

② 使 DEF 行显示出来。

③ 在编辑器中打开 SCR 文件。

```
DEF MY_PROG()
…
END
```

④ 用光标跳至 END 行下方。

⑤ 使用 DEF、程序名称和括号指定新的局部程序头部。

```
DEF MY_PROG()
…
END
DEF PICK_PART()
```

⑥ 通过 END 命令结束新的子程序。

```
DEF MY_PROG()
…
END
DEF PICK_PART()
END
```

⑦ 用回车键确认后会在主程序和子程序之间插入一个横条。

```
DEF MY_PROG()
…
END
_______________________________
DEF PICK_PART()
END
```

⑧ 继续编辑主程序和子程序。

⑨ 关闭并保存程序。

3. 全局子程序应用

（1）全局子程序的定义

全局子程序有单独的 SRC 和 DAT 文件。

- 全局子程序允许多次调用。

- 运行完毕全局子程序后，跳回至程序后面的第一个指令。

```
DEF GLOBAL1()
...
END

DEF GLOBAL2()
...
END
```

（2）全局子程序工作时的关联

① 最多可相互嵌套 20 个子程序。

```
DEF GLOBAL1()
...
GLOBAL2()
...
END

DEF GLOBAL2()
...
GLOBAL3()
...
END
```

② 点坐标保存在各个所属的 DAT 列表中，并仅供相关程序使用。

```
DEF GLOBAL1()
...
PTP P1 Vel=100% PDAT1
END

DEFDAT GLOBAL1()
DECL E6POS XP1={X 100, Y 200, Z 300…E6 0.0}
ENDDAT

Global2()中P1的不同坐标:
DEF GLOBAL2()
...
PTP P1 Vel=100% PDAT1
END

DEFDAT GLOBAL2()
DECL E6POS XP1={X 800, Y 277, Z 999…E6 0.0}
ENDDAT
```

③ 用 RETURN 可结束子程序，并由此跳回至先前调用该子程序的程序模块中。

```
DEF GLOBAL1()
...
GLOBAL2()
...
END
```

```
DEFDAT GLOBAL2()
…
IF $IN[12]==FALSE THEN
RETURN ; 返回GLOBAL1()
ENDIF
…
END
```

(3) 使用全局子程序编程时的操作步骤

① 专家用户组登录。

② 新建程序。

```
DEF MY_PROG()
…
END
```

③ 新建第二个程序。

```
DEF PICK_PART()
…
END
```

④ 在编辑器中打开程序 MY_PROG 的 SCR 文件。

⑤ 借助程序名和括号编程，设定子程序的调用。

```
DEF MY_PROG()
…
PICK_PART()
…
END
```

⑥ 关闭并保存程序。

(三) 无限循环 LOOP 指令

除了运动指令和通信指令（切换和等待功能）之外，在机器人程序中还有大量用于控制程序流程的指令。该指令包括：

循环：控制结构。它不断重复执行指令块指令，直至出现终止条件。循环分为无限循环、计数循环、当型和直到型循环。

分支：使用分支后，便可以只在特定的条件下执行程序段。分支分为条件分支和多分支结构。

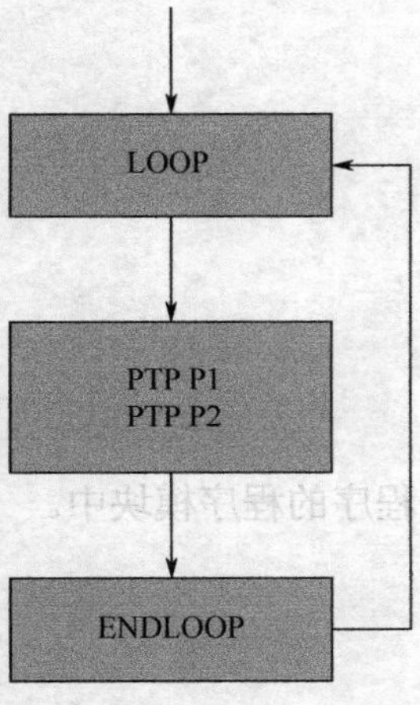

图 4-24　程序流程图—无限循环

1. 无限循环指令格式

在无限循环中无止境地重复指令段，可通过一个提前出现的中断（含 EXIT 功能）退出循环语句，程序流程图如图 4-24 所示。

2. LOOP 循环举例

(1) 无 EXIT，永久执行对 P1 和 P2 的运动指令。

```
LOOP
```

```
    PTP P1 Vel=100% PDAT1
    PTP P2 Vel=100% PDAT2
ENDLOOP
```

（2）带 EXIT，一直执行对 P1 和 P2 的运动指令，直到输入端 30 切换为 TRUE，跳出 LOOP 循环。

```
LOOP
   PTP P1 Vel=100% PDAT1
   PTP P2 Vel=100% PDAT2
   IF $IN[30]==TRUE THEN
EXIT
  ENDIF
ENDLOOP
```

四、任务实施

（一）资讯

认真阅读本任务“相关知识”的相关内容和 KUKA 机器人产品使用说明书的相关内容，了解变量、子程序、无限循环指令的应用。

（二）计划、决策

（1）检查工作台完好，将使用到的工具、工件等外围部件准备齐全。
（2）确定变量的个数，并进行定义。
（3）确定圆 *P*1 的运动轨迹，找出示教的点，并做好记录。
（4）确定夹爪张开与关闭的 I/O 控制信号。
（5）确认多个子程序。
（6）编写各个子程序。
（7）程序的调试与运行。

（三）实施

1. 确定控制夹爪开闭的 I/O 信号

由单元 3 任务 2 的内容可知，夹爪工具关闭和张开的动作由机器人数字输出信号 OUT23 和 OUT20 控制。机器人与电磁阀信号对照表见表 4-19。

表 4-19　机器人与电磁阀信号对照表

机器人数字输出端	备　注		电磁阀控制端	端口说明
OUT20	Jiazhua_zhangkai	→→→→	7output	夹爪张开
OUT23	Jiazhua_guanbi	→→→→	10output	夹爪关闭

2. 建立工具坐标和基坐标

（1）工具坐标的设定请参考单元 2 任务 1 的操作步骤，此处略。
（2）基坐标的设定请参考单元 2 任务 2 的操作步骤，此处略。

3．创建程序文件

（1）机器人轨迹路径

利用机器人书写工具完成给定图形的绘制，通过编程来完成。

① 机器人抓取工具到达示教点位置，如图 4-25 所示。

② 机器人运行给定图形轨迹到达点示教位置：圆 *P*1（*A*0→*A*1→*A*2→*A*3→*A*4）→圆 *P*2→圆 *P*3→圆 *P*4。

③ 机器人释放工具到达示教点位置，如图 4-26 所示。

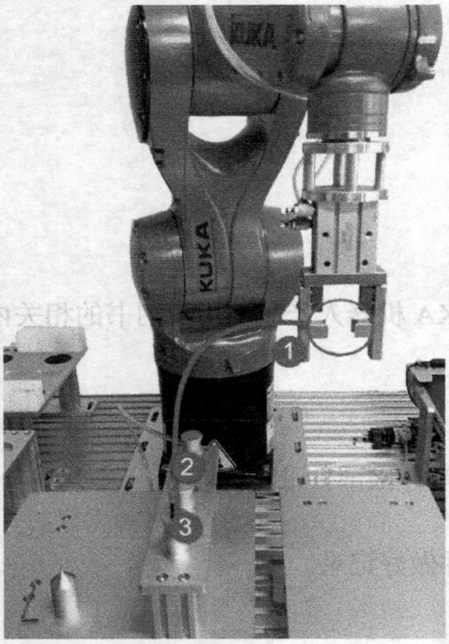

图 4-25　抓取书写工具示教点

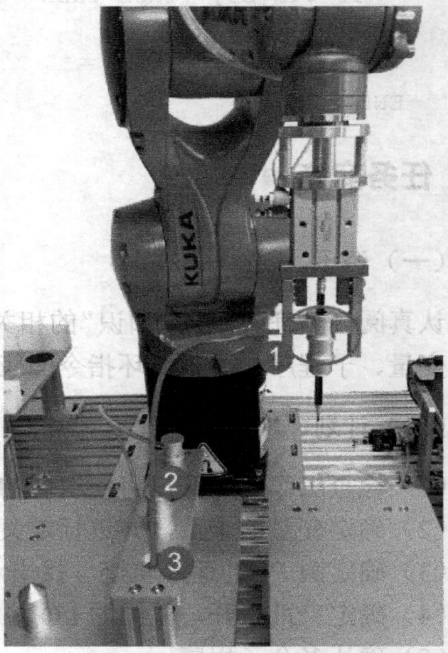

图 4-26　放置书写工具示教点

（2）编写参考程序

① main 程序见表 4-20。

表 4-20　main 程序

序　号	程　序	注　释
1	DEF main( )	程序名称
2	INI	
3	distance=60	给圆心距离 distance 赋值 60
4	p_up=XA0	位置变量 p_up 的值赋值为 A0 点的值
5	c1=XA1	位置变量 c1 的值赋值为圆上 A1 点的值
6	c2=XA2	位置变量 c2 的值赋值为圆上 A2 点的值
7	c3=XA3	位置变量 c3 的值赋值为圆上 A3 点的值
8	c4=XA4	位置变量 c4 的值赋值为圆上 A4 点的值
9	tool=1	全局变量 tool 的值赋值为 1
10	zhuajiandian()	调用程序 zhuajiandian()
11	FOR n=0 TO 3 STEP 1	启用 for 循环，当 n 为 0～3 时，执行 for 循环语句
12	p_up.X=XA0.x+n*distance	p_up 的值等于 A0 的值在 X 轴正方向上的值加 n 倍 distance 的距离值之和，其他不变

续表

序　号	程　序	注　释
13	c1.X=XA1.X+n*distance	c1 的值等于 A1 的值在 X 轴正方向上的值加 n 倍 distance 的距离值之和，其他不变
14	c2.X=XA2.X+n*distance	c2 的值等于 A2 的值在 X 轴正方向上的值加 n 倍 distance 的距离值之和，其他不变
15	c3.X=XA3.X+n*distance	c3 的值等于 A3 的值在 X 轴正方向上的值加 n 倍 distance 的距离值之和，其他不变
16	c4.X=XA4.X+n*distance	c4 的值等于 A4 的值在 X 轴正方向上的值加 n 倍 distance 的距离值之和，其他不变
17	lin p_up C_DIS	机器人直线运动到 p_up 点的位置
18	LIN c1	机器人直线运动到 c1 点的位置
19	CIRC c2,c3	机器人走圆弧段 c1 c2 c3
20	CIRC c4,c1	机器人走圆弧段 c3 c4 c1
21	LIN p_up C_DIS	机器人直线运动到 p_up 点的位置
22	ENDFOR	结束 for 循环语句
23	tool=2	全局变量 tool 的值赋值为 2
24	zhuajiandian()	调用程序 zhuajiandian()
25	END	程序结束

② 抓放工具程序 zhuajiandian 见表 4-21。

表 4-21　抓放工具程序 zhuajiandian

序　号	程　序	注　释
1	DEF zhuajiandian( )	程序名称
2	INI	
3	PTP{A1 0,A2 -90,A3 90,A4 0,A5 90,A6 180}	机器人复位
4	IF tool == 1 THEN	如果全局变量 tool 的值等于 1，则执行下列操作
5	PTP xipan_up CONT Vel=50 % PDAT2 Tool[0] Base[0]	机器人到达抓取工具位置的正上方安全位置
6	LIN xipan Vel=0.2 m/s CPDAT1 Tool[0] Base[0]	机器人直线运动到抓取工具的位置
7	PULSE 23 'jiazhua_guanbi' State=TRUE Time=0.5 sec	给定机器人数字输出信号 23 一个脉冲信号，持续 0.5s，夹爪关闭，抓取工具
8	LIN xipan_up Vel=0.2 m/s CPDAT1 Tool[0] Base[0]	机器人直线运动到抓取工具位置的正上方安全位置
9	ELSE	如果 tool 的值不等于 1，则执行下列操作
10	PTP xipan_up CONT Vel=50 % PDAT2 Tool[0] Base[0]	机器人到达放置工具位置的正上方安全位置
11	LIN xipan Vel=0.2 m/s CPDAT1 Tool[0] Base[0]	机器人直线运动到放置工具的位置
12	PULSE 20 'jiazhua_zhangkai' State=TRUE Time=0.5 sec	给定机器人数字输出信号 20 一个脉冲信号，持续 0.5s，夹爪打开，释放工具
13	LIN xipan_up Vel=0.2 m/s CPDAT1 Tool[0] Base[0]	机器人直线运动到放置工具位置的正上方安全位置
14	ENDIF	IF 语句结束
15	PTP{A1 0,A2 -90,A3 90,A4 0,A5 90,A6 180}	机器人复位
16	END	程序结束

③ 示教点程序 ceshi 见表 4-22。

表 4-22　示教点程序 ceshi

序　号	程　序	注　释
1	DEF ceshi( )	程序名称
2	INI	
3	PTP A0 Vel=100 % PDAT1 Tool[0] Base[0]	机器人运动到 A0 点
4	PTP A1 Vel=100 % PDAT2 Tool[0] Base[0]	机器人运动到 A1 点
5	PTP A2 Vel=100 % PDAT3 Tool[0] Base[0]	机器人运动到 A2 点
6	PTP A3 Vel=100 % PDAT4 Tool[0] Base[0]	机器人运动到 A3 点
7	PTP A4 Vel=100 % PDAT5 Tool[0] Base[0]	机器人运动到 A4 点
8	END	程序结束

（四）检查

手动运行 main 程序，机器人沿着给定图形的轨迹运行，达到要求，则程序编写正确，可投入运行。

（五）评估

通过上述参考程序，按指定轨迹运行机器人，方法可行。在示教圆 *P*1 上的点 A1～A4 的过程中，各点要精确并受力均匀，保证书写工具能够均匀描绘出圆的轨迹，书写工具台要平整。

五、知识拓展

（一）机器人程序结构化设计的方法

机器人程序的结构是体现其使用价值的一个十分重要的因素。程序结构化越规范，程序就越易于理解，执行效果越好，越便于读取，越经济。为了使程序得到结构化设计，可以使用以下技巧：

- 注释/注解和印章。
- 缩进/空格。
- 隐藏/Folds（折叠）。
- 模块化/子程序。

（二）注释和印章

添加注释为在机器人程序中存储针对读者的文本提供了可能性，即机器人解读器不读入该文本。该文本只是为了提高程序的可读性。

1. 可以在机器人程序的许多地方使用注释

（1）有关程序文本的信息：作者、版本、创建日期，如图 4-27 所示。

（2）有关程序文本的分段：主要使用画图符号（特殊符号 #、*、~），如图 4-28 所示。

（3）添加注释（专家层面）：通过在程序行的起始位置添加分号来使该程序行“变成注释”，即该文本作为注释来识别，而不作为程序执行。其示例如图 4-29 所示。

注意：联机表单无法添加一个分号“;”。

（4）对行的解释以及对需执行的工作的说明：标识未完成的程序段，如图 4-30 所示。

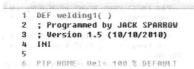

```
DEF welding1( )
; Programmed by JACK SPARROW
; Version 1.5 (10/10/2010)
INI

PTP HOME Vel= 100 % DEFAULT
```

图 4-27　注释示例——信息

```
;*************Initialisation************
INIT
BASISTECH INI
CHECK HOME
```

图 4-28　注释示例——分段目录

```
CHECK HOME
PTP HOME Vel= 100 % DEFAULT
;$OUT[33]=TRUE
AUTOEXT INI
LOOP
```

图 4-29　注释示例——添加注释

```
CASE 1
   P00 (#EXT_PGNO,#PGNO_ACKN,DMY[],0 ) ; Reset
 Progr.No.-Request
   Main_Prog ( ) ; Call User-Program
```

图 4-30　注释示例——说明

注意：只有不断更新，注释才有意义。如果更改过指令，则必须更新注释。

2. 三种不同的注释方式

（1）添加分号（专家层面）：通过插入分号（“;”）使一行中的后面部分变成注释。

（2）插入联机表格“注释”，如图 4-31 所示。

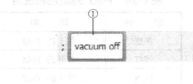

①-任意文本

图 4-31　插入注释的联机表单

（3）插入联机表格“印章”：在此还另外插入一个时间戳记，还可以插入编辑者的姓名，如图 4-32 所示。印章的联机表格说明见表 4-23。

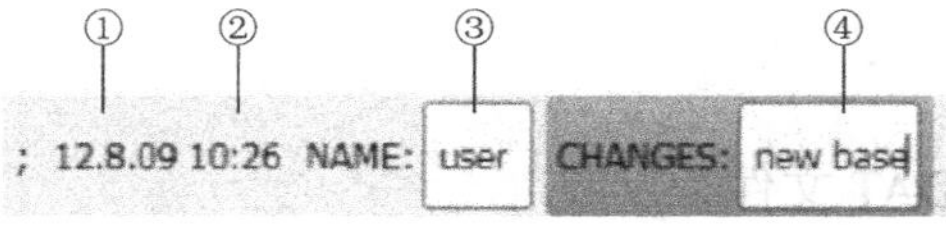

图 4-32　印章的联机表格

3. 插入注释或印章的步骤

（1）选中其后应插入注释或印章的那一行。

（2）选择菜单“序列”→“注释”→“正常”或“印章”命令。

（3）输入所希望的数据。如果事先已经插入了注释或印章，则联机表格中还保留着相同数据。

- 插入注释时，可用新文本来清空注释栏，以便输入新的文字。

表 4-23　印章的联机表格说明

项号	说明
①	系统日期（不可编辑）
②	系统时间（不可编辑）
③	用户的名称或标识
④	任意文本

- 插入印章时，还可用新时间来更新系统时间，并用新名称替换名称栏。

（4）保存。

4. 机器人程序行

程序行的缩进是提高机器人程序可读性的一个有效手段，由此可提高程序单元之间关联的清晰度，如图 4-33 所示。

```
INI
LOOP
   P00 (#EXT_PGNO,#PGNO_GET,DMY[],0 )
   SWITCH  PGNO ; Select with Programnumber
     CASE 1
       P00 (#EXT_PGNO,#PGNO_ACKN,DMY[],0 )
       Main_Prog ( ) ; Call User-Program
     CASE 2
       P00 (#EXT_PGNO,#PGNO_ACKN,DMY[],0 )
       Sub_Prog1 ( ) ; Call User-Program
     DEFAULT
       P00 (#EXT_PGNO,#PGNO_FAULT,DMY[],0 )
   ENDSWITCH
ENDLOOP
```

图 4-33　程序行缩进

注意：缩进效果只是视觉上的。缩进的程序行在程序运行时与未缩进的程序行一样得到处理。

- KUKA 机器人编程语言可将程序行折叠和隐藏到 Fold 中，如图 4-34 所示。
- 程序行折叠或隐藏后，用户将看不到这些程序行，这使程序的阅读变得更加简捷方便。
- 可在专家用户组中打开和编辑 Fold，如图 4-35 所示。Fold 的颜色及说明见表 4-24。

```

CHECK HOME

```

图 4-34　关闭的 Fold

```
CHECK HOME
  $H_POS=XHOME
  IF CHECK_HOME==TRUE THEN
    P00 (#CHK_HOME,#PGNO_GET,DMY[],0 ) ;Test HPos
  ENDIF
```

图 4-35　打开的 Fold

表 4-24　Fold 的颜色和说明

颜　色	说　明
深红	关上的 Fold
浅红	打开的 Fold
深蓝	关上的 Fold
浅蓝	打开的 Fold
绿色	Fold 的内容

六、讨论题

1. 通过哪些方式可以定义变量？
2. 一个局部子程序可以访问哪个 DAT 文件？
3. 通过本任务中所介绍内容之外的其他方法编写程序，实现本任务给定图形的运行轨迹。

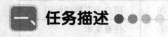

任务 3　样条曲线书写编程

一、任务描述

按图 4-36 所示，通过编程调试，机器人完成样条轨迹运动。

二、任务分析

样条曲线是由高阶曲线拟合而成的。这种运动轨迹原则上也可以通过 LIN 运动和 CIRC 运动生成，但是相比较下样条运动更具有优势。样条运动是适用于复杂曲线轨迹的运动方式，机器人运行轨迹更接近实际曲线轨迹要求。完成本任务需掌握样条曲线的指令、运动原理、运动速度等相关知识。

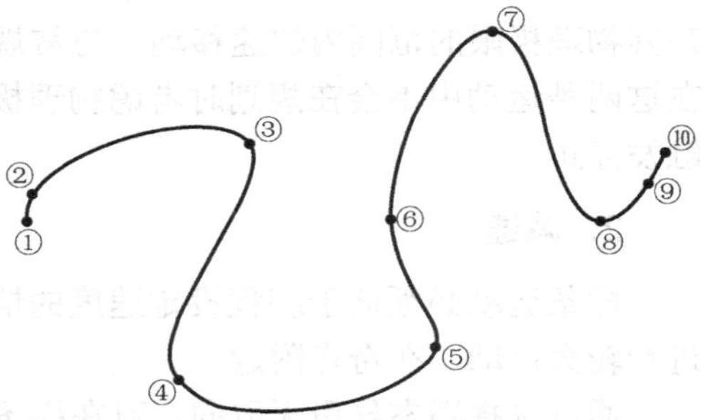

图 4-36　样条曲线轨迹

三、相关知识

（一）用联机表单为样条组编程

（1）除了带 SPTP、SLIN、SCRIC 的单个语句和相对运动之外，“样条组”可供使用。

（2）样条组被看作并且计划为带“复杂轨迹”的单个运动。

（3）样条组分为两种类型。

① CP 样条组：带 CP 运动的样条组（SPL、SLIN、SCIRC）。

② PTP 样条组：仅在轴空间内运动的样条（仅 SPTP）。

（4）样条组是带 TOOL、BASE 和 IPO_MODE 的运动组，但在各个运动段中的速度和加速度不同。

（5）轨迹由所有点详细规划，由此经过所有点。

（6）轨迹被提前完整计算。由此得知全部轨迹曲线，该规划可将轨迹最佳地置于轴的工作区域内。

（7）轮廓非常紧凑的轨迹始终引起速度下降，机器人轴是限定元件。

（8）在样条组内无须轨迹逼近，因为连续的轨迹由所有点确定。

（9）还可配置其他功能，例如“恒定的速度”或“固定定义的时间”。

（10）除了运动段以外，一个样条组还允许包含以下元素：

① 提供样条功能的应用程序包中的联机指令。

② 注释和空行。

（11）样条组不允许包含指令，如变量赋值或逻辑指令。

注意事项：

① 样条组的起始点是该样条组前的最后一个点。

② 样条组的目标点是该样条组中的最后一个点。

③ 一个样条组不会触发预运行停止。

（二）样条运动的速度曲线

1．样条速度

轨迹曲线始终保持不变，不受倍率、速度或加速度的影响。机器人控制系统在规划时就已经考虑到机器人的物理极限了。机器人在编程设定的速度范围内尽可能快速移动，即在其物理极限的范围内快速移动。与常规的 LIN 和 CIRC 运动相比，这是一个优点，因为在这两种运动中不会在规划时考虑物理极限。物理极限在运动期间才会起作用并在必要时触发停止。

2．减速

样条运动必须低于编程设定速度的情况主要包括：突出的角、姿态改变过大、附加轴进行较大运动、在奇点附近。

通过选择姿态导引无取向，可在样条段中避免因姿态改变过大而引起的减速。

3．速度减至 0

速度减至 0 适用于以下情况：

（1）连续的点具有相同坐标；

（2）连续的 SLIN 段和（或）SCIRC 段。

原因：速度方向的间断变化。因为圆不同于直线而是曲线，当直线与圆相切时，SLIN 与 CIRC 的过渡段的速度也降为 0，如图 4-37 所示。

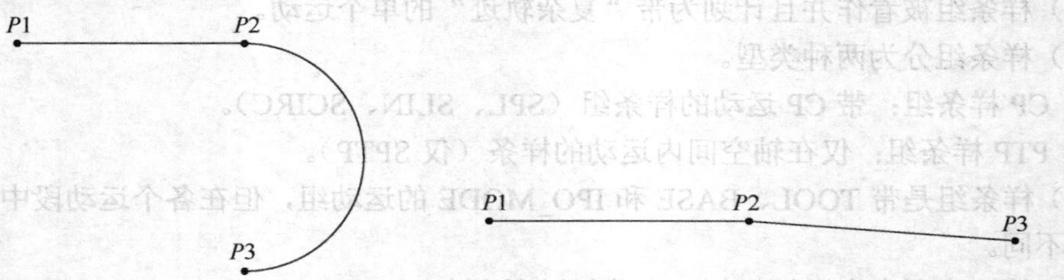

图 4-37　在 *P*2 点精确暂停

注：①如果 SLIN 段是连续的，并构成一条直线且姿态均匀变化，则速度不会降低，如图 4-38 所示。② 如果两个圆的圆心和半径一样，并且姿态均匀变化，则 SCIRC 和 SCIRC 过渡段的速度也不降低。

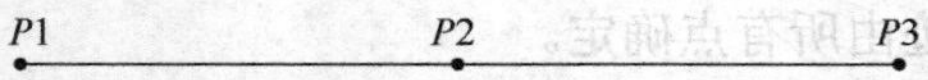

图 4-38　在 *P*2 点处不暂停而直接前行

4．由于示教不均匀导致速度降低

笛卡儿弧长分配姿态变化（或附加轴变化）不均匀时，通常会造成意料之外的速度急降。

（1）不均匀分配示例

```
PTP {X 0, Y 0, Z 0, A 0, B 0, C 0} ;样条运动的起始点
SPLINE
SPL {X 0, Y 100, Z 0, A 10, B 0, C 0} ;  0,1° 每1mm笛卡儿距离的姿态改变
SPL {X 0, Y 110, Z 0, A 20, B 0, C 0} ;  1° 每1mm笛卡儿距离的姿态改变
SPL {X 0, Y 100, Z 0, A 10, B 0, C 0} ;  0,055° 每1mm笛卡儿距离的姿态改变
ENDSPLINE
```

姿态距离不均匀地分配给笛卡儿距离（弧长）时，姿态必须经常加速或延迟，这也趋向于以较大的姿态加速度变化率出现。因此，距离分配不均匀时发生速度急降的频率比姿态距离分配均匀（成比例）时高得多。此外，加速度变化率大时，机器人和机械手可能会

发生振动。故实际应用中尽可能均匀地分配姿态和附加轴。

（2）均匀分配示例

```
PTP {X 0, Y 0, Z 0, A 0, B 0, C 0} ;样条运动的起始点
SPLINE
SPL {X 0, Y 100, Z 0, A 10, B 0, C 0} ;  0,1° 每1mm笛卡儿距离的姿态改变
SPL {X 0, Y 110, Z 0, A 11, B 0, C 0} ;  0,1° 每1mm笛卡儿距离的姿态改变
SPL {X 0, Y 310, Z 0, A 31, B 0, C 0} ;  0,1° 每1mm笛卡儿距离的姿态改变
ENDSPLINE
```

① 使用联机表单或KRL关断姿态导引：

```
$ORI_TYPE = #IGNORE
```

② 比较带和不带编程姿态导引，如图4-39和图4-40所示，带和不带编程姿态说明见表4-25。

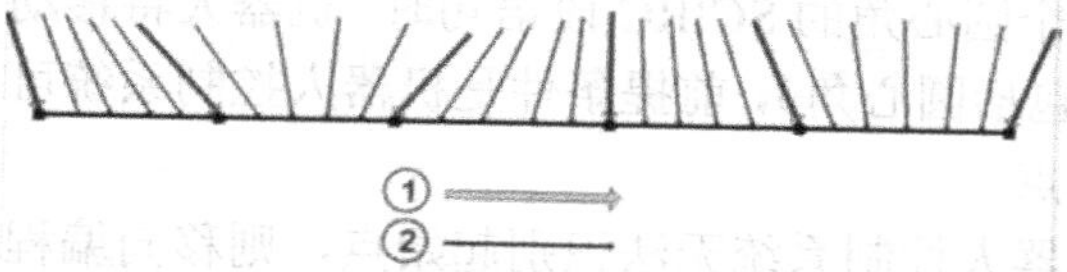

图4-39 带编程姿态

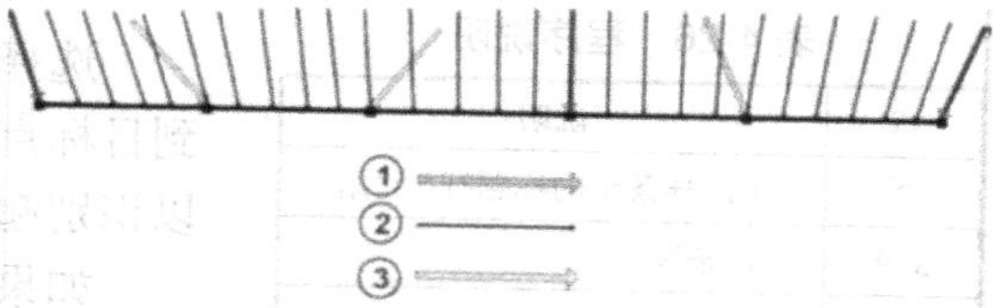

图4-40 无编程姿态

表4-25 带和不带编程姿态说明

序 号	备 注
①	带相应姿态的示教位置
②	插值的位置
③	带相应姿态的示教位置，其姿态不被应用

为距离相对较小的多个点编程，主要应注意笛卡儿轨迹(x,y,z)。样条运动也可插补编程姿态，这可能导致速度下降。因此，这种情况下可优先在联机表单中选择IGNORE。

（三）样条运动的语句选择

1．样条组

（1）CP样条组

SAK（初始化运行）运行将作为常规LIN运动被执行，通常由一则必须应答的信息加以提示。

（2）PTP样条组

SAK运行将作为常规PTP运动被执行，运行时不会通过信息加以提示。

选择语句后，轨迹通常与正常程序运行中的样条一样延伸。如果在选择语句前尚未运行样条，并且在这种情况下语句选择于样条组始端，则可能会出现例外：样条运动的起始点是样条组前的最后一个点，即起始点位于样条组之外。机器人控制系统在正常运行样条时保存该起始点。如果以后要选择语句，则可由此获知该起始点。但如果从未运行过样条组，则起始点未知。如果在SAK运行后按下启动键，则会显示一则必须应答的信息，此信息提示轨迹已改变。

示例：在 P1 点选择语句时轨迹的改变如图 4-41 所示，程序说明见表 4-26。

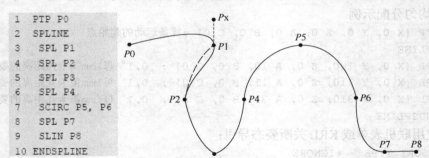

```
1  PTP P0
2  SPLINE
3   SPL P1
4   SPL P2
5   SPL P3
6   SPL P4
7   SCIRC P5, P6
8   SPL P7
9   SLIN P8
10 ENDSPLINE
```

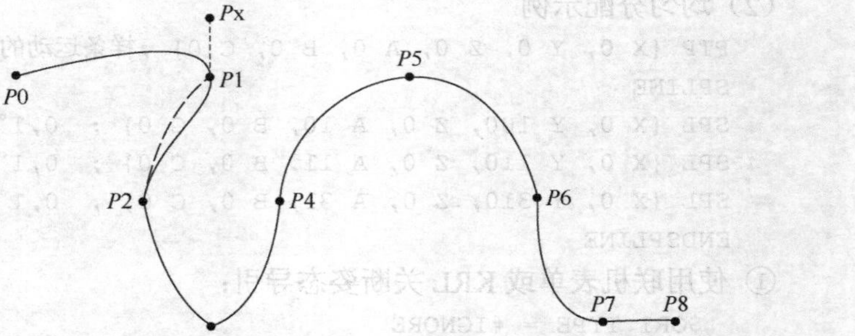

图 4-41　在 P1 点选择语句时轨道的改变（虚线表示原有轨迹）

表 4-26　程序说明

行	说明
2	CP 样条组的标题行/ 起始
3~9	样条段
10	CP 样条组的末尾

2. SCIRC 段语句

选择一个圆心角的 SCIRC 段语句时，机器人将移动到目标点（包括圆心角），前提条件是机器人控制系统可以识别起始点。

如果机器人控制系统无法识别起始点，则移向编程设定的目标点。在这种情况下会显示一则信息，提示未考虑圆心角。在 SCIRC 单个运动上选择语句时，从不考虑圆心角。

（四）样条运动的轨迹逼近

所有样条组和所有样条单个运动均可相互轨迹逼近。无论是 CP 或 PTP 样条组还是任一单个运动，都无关紧要。从运动类型的角度来看，轨迹逼近弧线始终相当于第二个运动。例如在 SPTPSLIN 轨迹逼近时，轨迹逼近弧线是 CP 型。样条运动无法用常规运动（LIN、CIRC、PTP）进行轨迹逼近，因为时间或预进停止无法轨迹逼近。

如果因为时间原因或因预进停止而无法轨迹逼近，则机器人在轨迹逼近弧线的起始处等待。

- 如果因为时间原因：只要可以继续下一个语句，则机器人继续移动。
- 如果因为预进停止：轨迹逼近弧线的起始处即是当前语句的终点。即预进停止被取消，机器人控制系统可以继续下一个语句，机器人继续移动。

在这两种情况下，机器人沿轨迹逼近弧线移动。确切地说可以轨迹逼近，只是时间上会有延迟。

这一特性与 LIN 运动、CIRC 运动或 PTP 运动相反。如果因为上述原因不能轨迹逼近，则会精确移至目标点。

MSTEP 和 ISTEP 中没有轨迹逼近。

在 MSTEP 和 ISTEP 程序运行方式下，即使在轨迹逼近时也会精确移至目标点。在从样条组轨迹逼近至样条组时，精确暂停的结果是第一个样条组的最后一个段的轨迹和第二个样条组的第一个段的轨迹与 GO 程序运行方式下不同。这两个样条组中的所有其他段的轨迹与 MSTEP、ISTEP 和 GO 模式下的轨迹相同。

3.3.5 用联机表单为 CP、PTP 样条组编程

1. CP、PTP 样条组联机表单及说明

CP、PTP 样条组联机表单如图 4-42～图 4-45 所示，其说明见表 4-27～表 4-30。

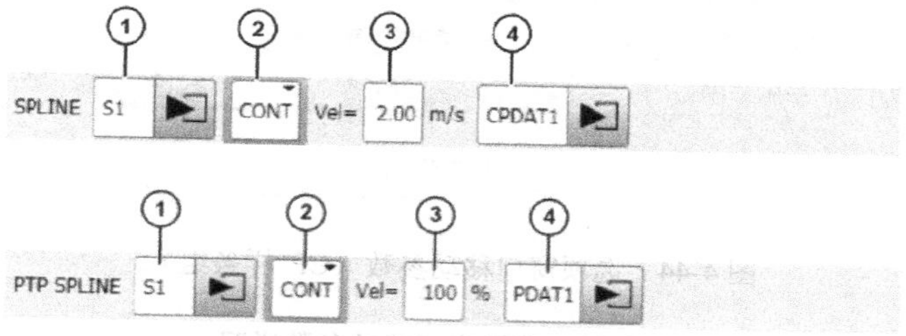

图 4-42 CP 和 PTP 样条组联机表单

表 4-27 联机表单说明

序号	说明
①	样条组的名称。系统自动赋予一个名称。名称可以被改写，需要编辑运动数据时请触摸箭头，相关选项窗口即自动打开
②	CONT：目标点被轨迹逼近 [空白]：将精确地移至目标点
③	笛卡儿速度：0.001～ 2 m/s 轴速度：数值范围为 1%～ 100 %
④	运动数据组名称。系统自动赋予一个名称。 名称可以被改写，需要编辑运动数据时请触摸箭头，相关选项窗口即自动打开

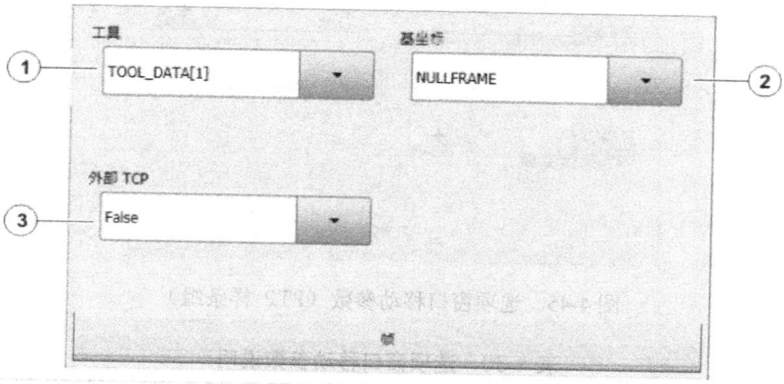

图 4-43 选项窗口坐标系（CP 和 PTP 样条组）

表 4-28 选择窗口坐标系说明

序号	说明
①	选择工具。如果外部 TCP 栏中显示 True，则选择工件（[1] ... [16]）
②	选择基坐标。如果外部 TCP 栏中显示 True，则选择固定工具（[1] ... [32]）
③	插补模式： False，该工具已安装在连接法兰处 True，该工具为一个固定工具

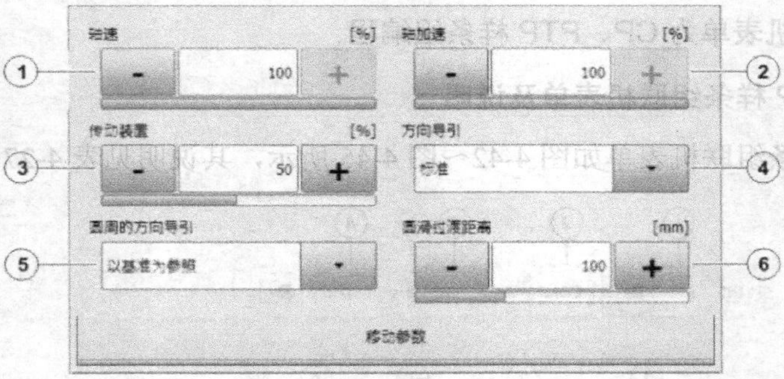

图 4-44　选项窗口移动参数（CP 样条组）

表 4-29　选择窗口移动参数说明

序　　号	说　　明
①	轴速：数值以机床数据中给出的最大值为基准，数值范围为 1% ～100 %
②	轴加速度：数值以机床数据中给出的最大值为基准，数值范围为 1%～100 %
③	传动装置加速度变化率。加速度变化率是指加速度的变量，其数值以机床数据中给出的最大值为基准，数值范围为 1%～100 %
④	选择姿态导引
⑤	选择姿态导引的参照系。此参数只对 SCIRC 段（如果有的话）起作用
⑥	只有在联机表单中选择了 CONT 之后，此栏才显示。目标点之前的距离，最早在此处开始轨迹逼近，最大间距可以为样条中的最后一个段。如果只有一个段，则间距可以最大为半个段的长度。如果在此处输入了一个更大数值，则此值将被忽略而采用最大值

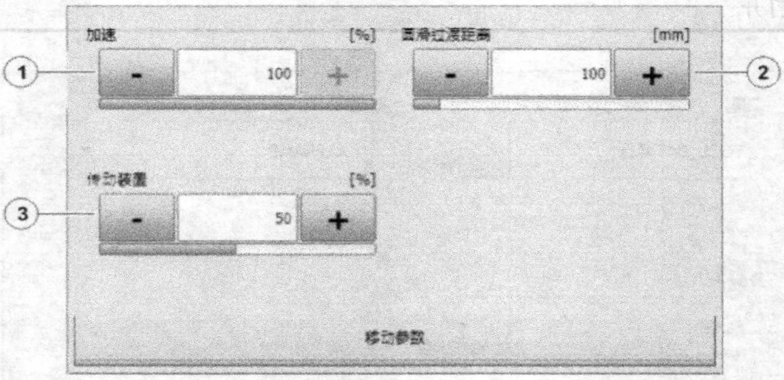

图 4-45　选项窗口移动参数（PTP 样条组）

表 4-30　选项窗口移动参数说明

序　　号	说　　明
①	轴加速度。数值以机床数据中给出的最大值为基准，数值范围为 1%～100 %
②	只有在联机表单中选择了 CONT 之后，此栏才显示。目标点之前的距离，最早在此处开始轨迹逼近，最大间距可以为样条中的最后一个段。如果只有一个段，则间距可以最大为半个段的长度。如果在此处输入了一个更大数值，则此值将被忽略而采用最大值
③	传动装置加速度变化率。加速度变化率是指加速度的变化量，其数值以机床数据中给出的最大值为基准，数值范围为 1%～100 %

2. CP 样条组中的编程

默认情况下不会显示联机表单的所有栏，通过按钮切换可以显示和隐藏这些栏。联机表单 CP 样条段如图 4-46 所示，其参数说明见表 4-31。

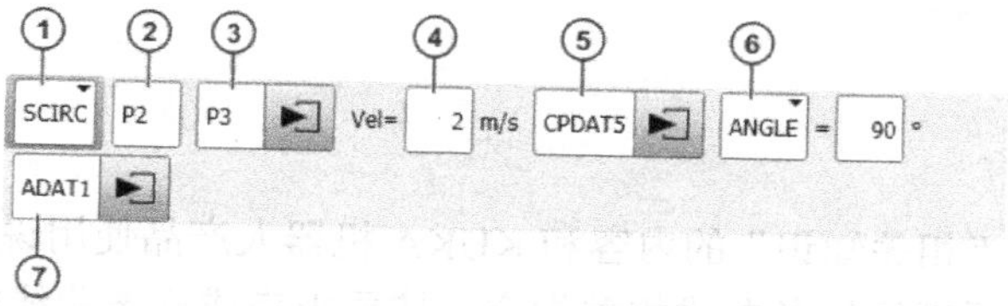

图 4-46　联机表单 CP 样条段

表 4-31　联机表单 CP 样条段参数说明

序　　号	说　　明
①	运动方式：SPL、SLIN 或 SCIRC
②	仅针对 SCIRC：对于辅助点名称，系统自动赋予一个名称，名称可以被改写
③	目标点名称。系统自动赋予一个名称，名称可以被改写。需要编辑点数据时请触摸箭头，相关选项窗口即自动打开
④	笛卡儿速度：默认情况下，样条组的有效值适用于该段。需要时，可在此单独指定一个值，该值仅适用于该段，数值范围为 0.001～2 m/s
⑤	运动数据组名称。系统自动赋予一个名称，名称可以被改写。默认情况下，样条组的有效值适用于该段。需要时，可在此处为该段单独赋值，这些值仅适用于该段。需要编辑数据时请触摸箭头，相关选项窗口即自动打开
⑥	圆心角：只有在选择了 SCIRC 运动方式时才可使用。数值范围为-9999°～ + 9999°。如果输入的数值小于-400° 或大于+ 400° ，则在保存联机表单时会自动提示是否要确认或取消输入
⑦	含逻辑参数的数据组名称。系统自动赋予一个名称，名称可以被改写。需要编辑数据时请触摸箭头，相关选项窗口即自动打开

3. SPTP 样条组中的编程

默认情况下，不会显示联机表单的所有栏，通过按钮切换可以显示和隐藏这些栏。联机表单 SPTP 段如图 4-47 所示，其参数说明见表 4-32。

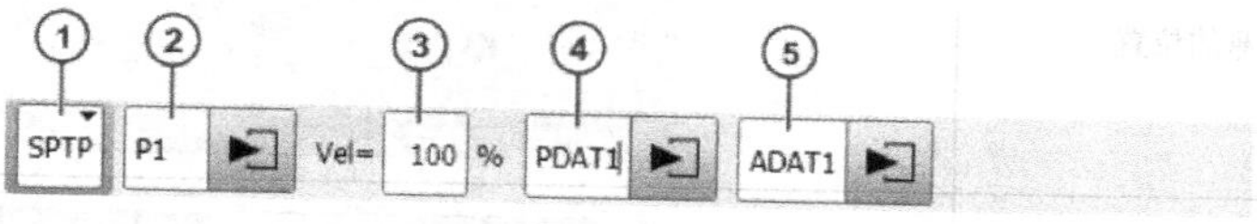

图 4-47　联机表单 SPTP 段

表 4-32　联机表单 SPTP 段参数说明

序　　号	说　　明
①	运动方式 SPTP
②	目标点的名称。系统自动赋予一个名称，名称可以被改写。需要编辑点数据时请触摸箭头，相关选项窗口即自动打开
③	轴速度。默认情况下，样条组的有效值适用于该段。需要时，可在此单独指定一个值，该值仅适用于该段，数值范围为 1%～100%
④	运动数据组名称。系统自动赋予一个名称，名称可以被改写。默认情况下，样条组的有效值适用于该段。需要时，可在此处为该段单独赋值，这些值仅适用于该段。需要编辑点数据时请触摸箭头，相关选项窗口即自动打开
⑤	含逻辑参数的数据组名称。系统自动赋予一个名称，名称可以被改写。需要编辑数据时请触摸箭头，相关选项窗口即自动打开

四、任务实施

（一）资讯

认真阅读本任务“相关知识”的内容和 KUKA 机器人产品使用说明书的相关内容，了解机器人运动的基本原理及样条曲线相关指令，按要求完成样条曲线的运动轨迹。

（二）计划、决策

（1）检查工作台完好，将使用到的工具、工件等外围部件准备齐全；
（2）确定样条曲线的示教点，并做好记录；
（3）确定夹爪张开与关闭的 I/O 控制信号；
（4）编写程序；
（5）程序的调试与运行。

（三）实施

样条曲线编程的操作步骤见表 4-33。

表 4-33　样条曲线编程的操作步骤

序　号	操作步骤	图片说明
1	如右图（以下命名为“M1”图）所示，以样条运动的方式使机器人 TCP 按不规则轨迹运动，图中的点表示转弯的位置	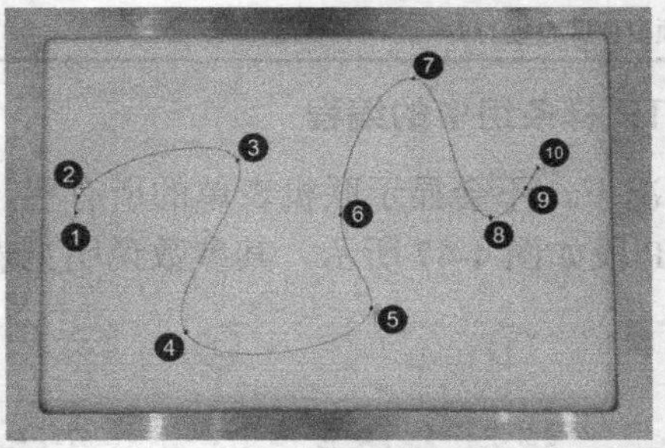
2	打开示教器，单击“新”按钮，创建一个新的程序文件	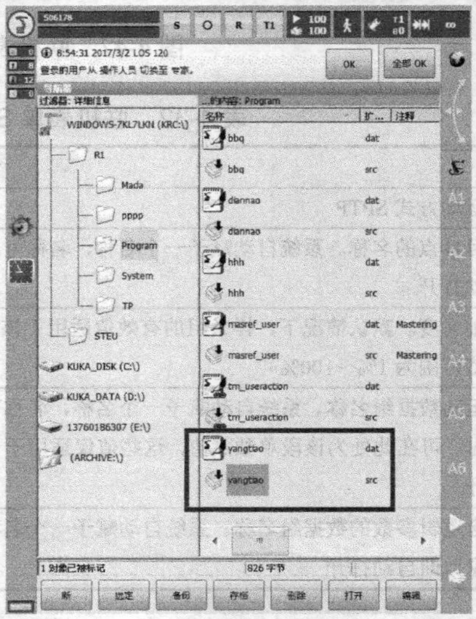

续表

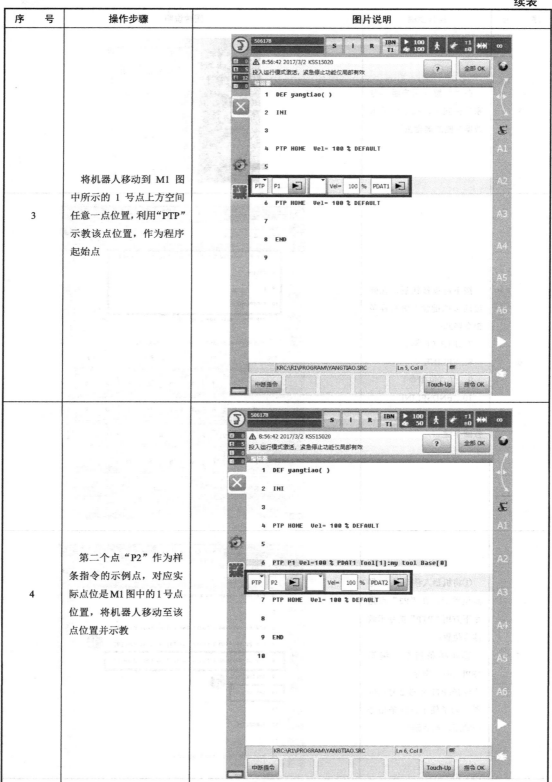

<table>
<tr><th>序　号</th><th>操作步骤</th><th>图片说明</th></tr>
<tr><td>3</td><td>将机器人移动到 M1 图中所示的 1 号点上方空间任意一点位置，利用“PTP”示教该点位置，作为程序起始点</td><td>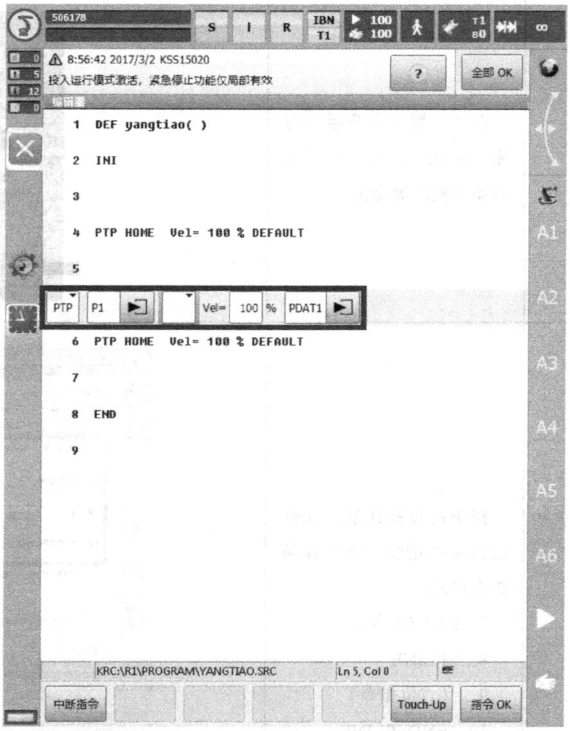
</td></tr>
<tr><td>4</td><td>第二个点“P2”作为样条指令的示例点，对应实际点位是M1图中的1号点位置，将机器人移动至该点位置并示教</td><td>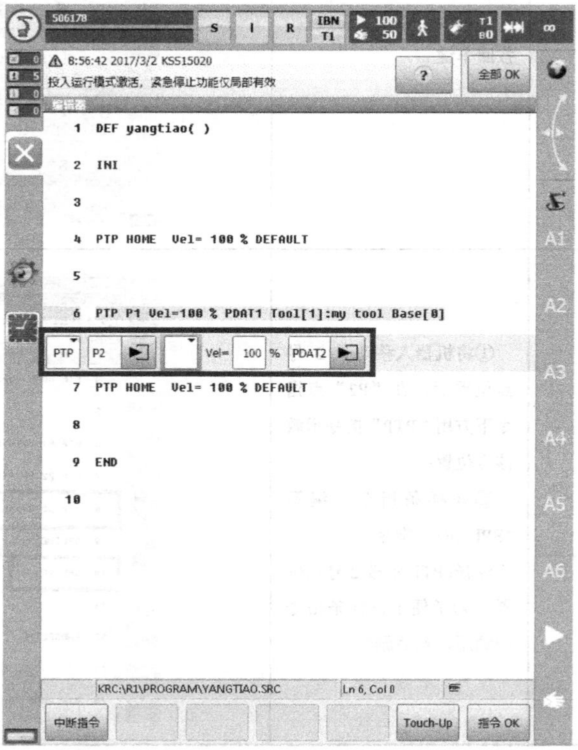
</td></tr>
</table>

续表

序号	操作步骤	图片说明
5	在“配置—用户组—专家”模式下，按下位于示教器左侧的键盘按钮	
6	按下键盘按钮后，在弹出的虚拟键盘上编写样条指令格式： 7…PTP（样例点） 8…SPLINE 9…（点位指令） 10…ENDSPLINE 手动输入该程序框架，按回车键	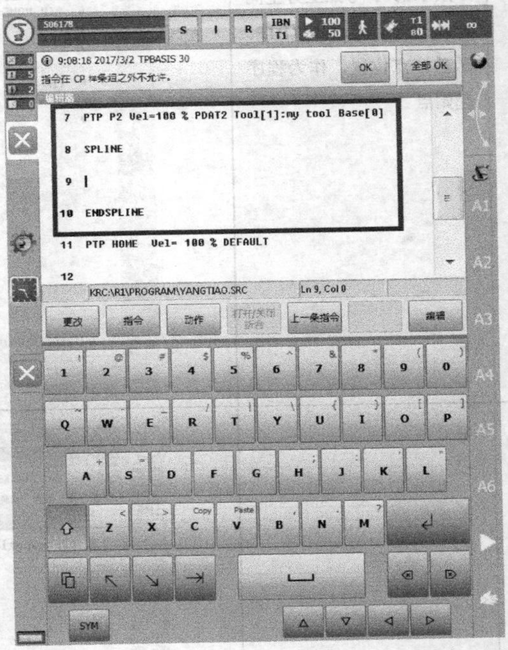
7	①将机器人移动至 2 号点位置后，在“P2”点指令下方用“PTP”指令示教该点位置； ②在样条指令中编写“SPL xP3”指令 注释：PTP 示教 2 号点位置，为了便于在样条指令中调用，最后删除	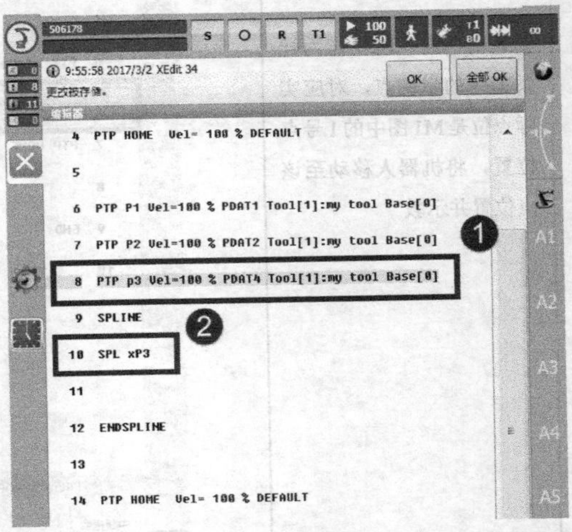

续表

<table>
<tr><th>序　号</th><th>操作步骤</th><th>图片说明</th></tr>
<tr><td>8</td><td>①参照上一步，先用“PTP”指令示教3至9号点位置；
②通过样条组指令调用3至9号点的位置
注释：当调用某一点的时候需要在该点名称前加上一个小写字母“x”，否则，系统会将该数据当成变量处理</td><td>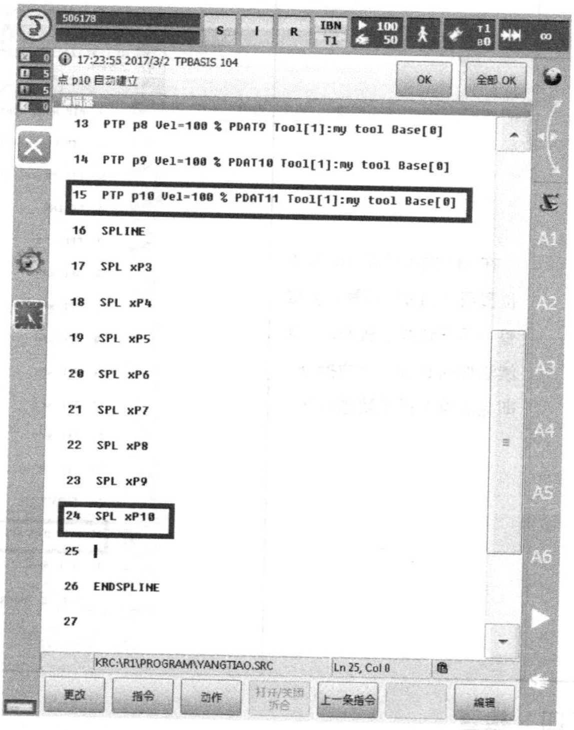
</td></tr>
<tr><td>9</td><td>选中之前示教点位的指令，单击“删除”
注释：此时仅将PTP指令删除，并不将目标点的位置数据删除，故样条指令中依然可以正常调用</td><td>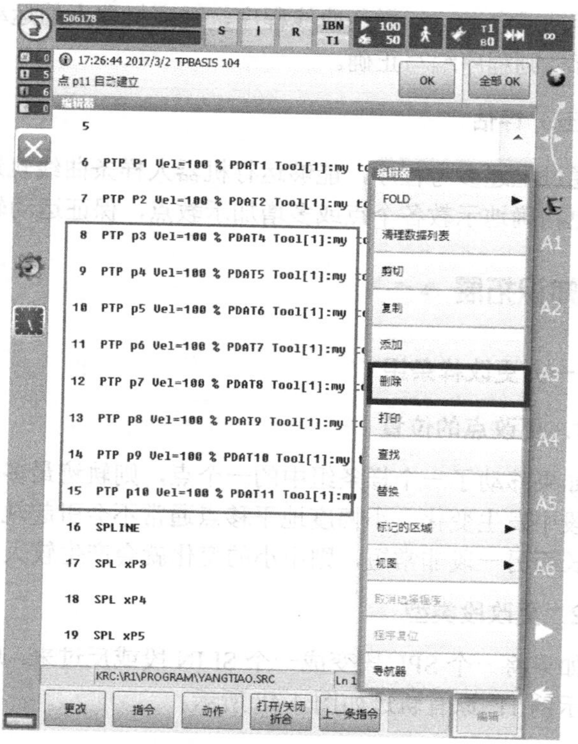
</td></tr>
</table>

续表

序　号	操作步骤	图片说明
10	在 M1 图中的第 10 号点位置用"LIN"示教，完成整个不规则线条轨迹，可继续添加回到缓冲点的指令，即完成整个样条轨迹程序	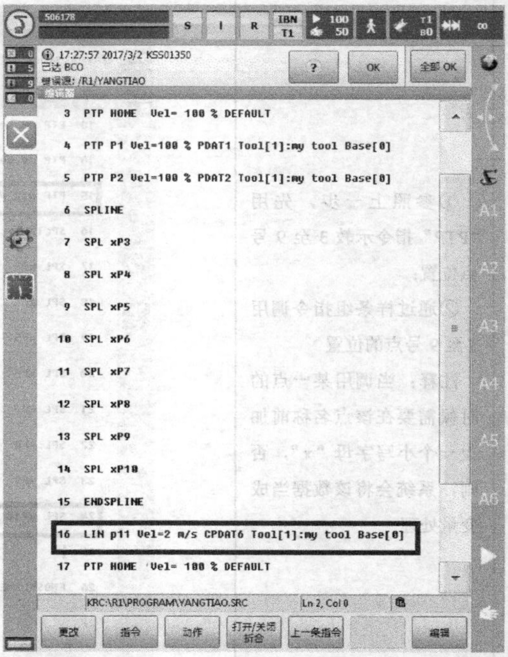

（四）检查

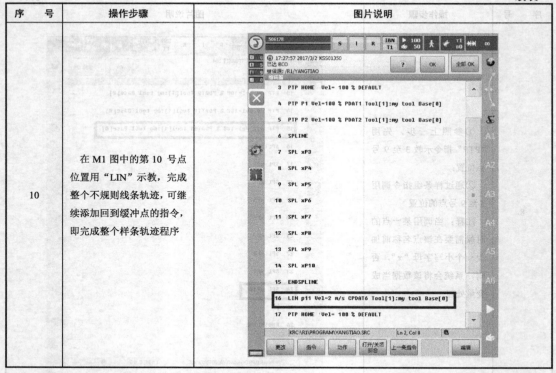

手动或自动运行样条曲线程序，观察机器人的运动轨迹是否准确，如果是按照样条轨迹运行，则程序编写正确。

（五）评估

通过上述参考程序，能够运行机器人样条曲线轨迹，方法可行。在示教点的过程中，可以更精确地示教各个点或多增加示教点，保证运动轨迹更精确。

五、知识拓展

（一）更改样条组

1. 更改点的位置

如果移动了一个样条组中的一个点，则轨迹最多会在此点前的两个段中和在此点后的两个段中发生变化。小幅度地平移点通常不会引起轨迹变化。但如果相邻的两个段，一段非常长而另一段非常短，则小小的变化就会产生较大的影响。

2. 更改段类型

如果将一个 SPL 段变成一个 SLIN 段或反过来，则前一个段和后一个段的轨迹会改变。

示例 1：原有轨迹如图 4-48 所示。

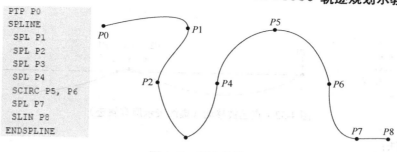

```
PTP P0
SPLINE
 SPL P1
 SPL P2
 SPL P3
 SPL P4
 SCIRC P5, P6
 SPL P7
 SLIN P8
ENDSPLINE
```

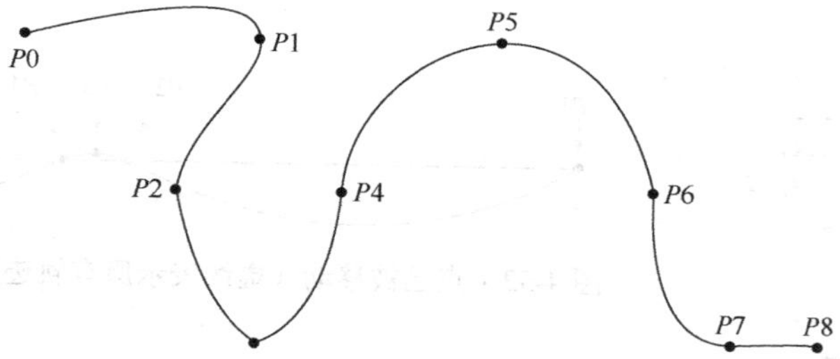

图 4-48　原有轨迹

移动原有轨迹的一个点。*P*3 被移动，由此会改变 *P*1—*P*2、*P*2—*P*3 和 *P*3—*P*4 段的轨迹，在这种情况下，*P*4—*P*5 段不改变，因为它属于 SCIRC，由此确定圆周轨迹如图 4-49 所示。

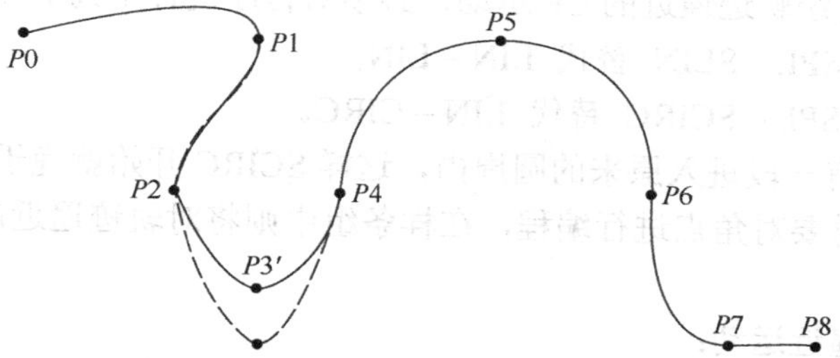

图 4-49　点被移动（虚线表示原有轨迹）

更改原有轨迹的一个段的类型。原来轨迹的 *P*2—*P*3 段类型由 SPL 变为 SLIN。*P*1—*P*2、*P*2—*P*3 和 *P*3—*P*4 段的轨迹发生变化，如图 4-50 所示。

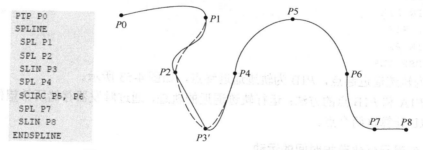

```
PTP P0
SPLINE
 SPL P1
 SPL P2
 SLIN P3
 SPL P4
 SCIRC P5, P6
 SPL P7
 SLIN P8
ENDSPLINE
```

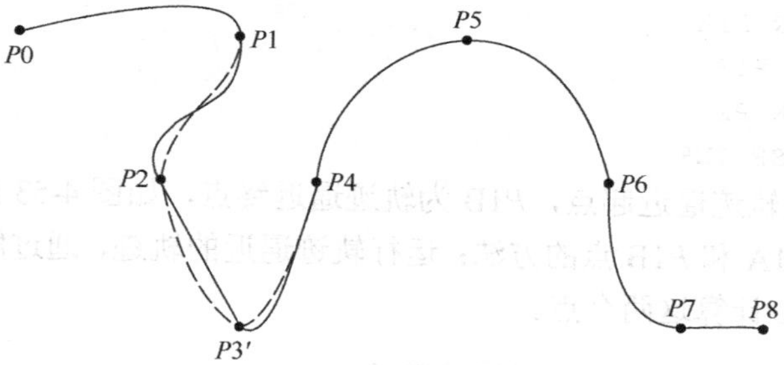

图 4-50　段类型已被更改（虚线表示原有轨迹）

示例 2：原有轨迹如图 4-51 所示。

移动原有轨迹的一个点。*P*3 被移动，由此会改变所有图示段中的轨迹。因为 *P*2—*P*3 段和 *P*3—*P*4 段很短，而 *P*1—*P*2 段和 *P*4—*P*5 段很长，所以很小的移动也会使轨迹发生很大的变化，如图 4-52 所示。

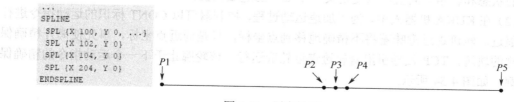

```
...
SPLINE
 SPL {X 100, Y 0, ...}
 SPL {X 102, Y 0}
 SPL {X 104, Y 0}
 SPL {X 204, Y 0}
ENDSPLINE
```

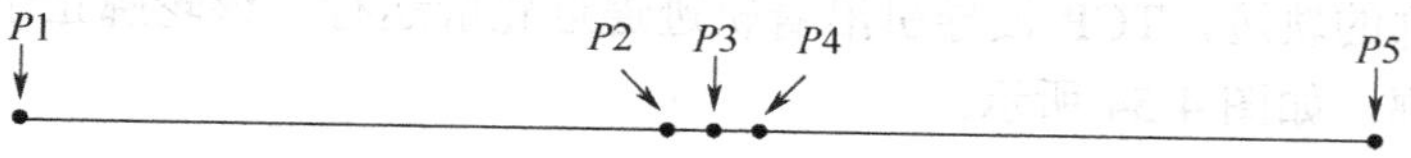

图 4-51　原有轨迹

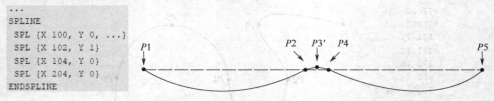

```
...
SPLINE
 SPL {X 100, Y 0, ...}
 SPL {X 102, Y 1}
 SPL {X 104, Y 0}
 SPL {X 204, Y 0}
ENDSPLINE
```

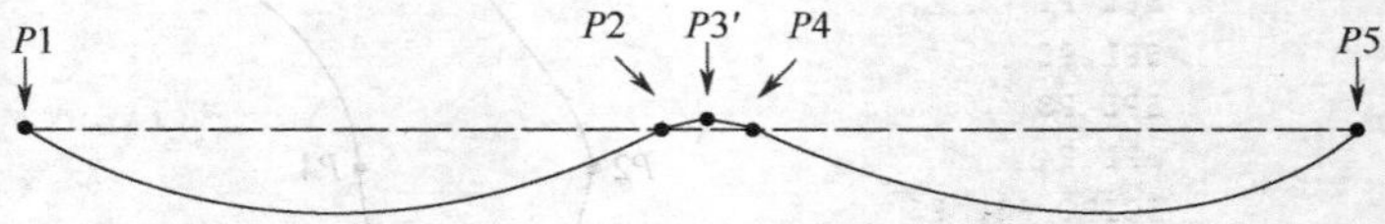

图 4-52　点已被移动（虚线表示原有轨迹）

改善方法：

- 均匀分配点的间距；
- 将直线（除了很短的直线）作为 SLIN 段编程。

（二）以样条组替代轨迹逼近的 CP 运动

以样条组替代传统轨迹逼近的 CP 运动，必须对程序进行下列更改：

- 用 SLIN – SPL – SLIN 替代 LIN – LIN；
- 用 SLIN – SPL – SCIRC 替代 LIN – CIRC。

建议：使 SPL 有一段进入原来的圆周内，这样 SCIRC 开始就晚于原来的 CIRC。

轨迹逼近运动时要对角点进行编程，在样条组中则将对轨迹逼近起点和终点处的点进行编程。

复制下列轨迹逼近运动：

```
LIN P1 C_DIS
LIN P2
```

样条运动：

```
SPLINE
SLIN P1A
SPL P1B
SLIN P2
ENDSPLINE
```

*P*1A 为轨迹逼近起点，*P*1B 为轨迹逼近终点，如图 4-53 所示。

确定 *P*1A 和 *P*1B 点的方法：运行轨迹逼近的轨迹，通过触发器存储所希望位置，在程序中用 KRL 计算这两个点。

（三）创建已优化节拍时间的运动

在 KUKA 机器人中，创建已优化节拍时间的运动有两种，一种是点到点运动，一种是运动的轨迹逼近。

（1）SPTP 运动是时间最快，也是最优化的移动方式。在 KRL 程序中，机器人的第一个指令必须是 PTP 或 SPTP，因为机器人控制系统仅在 PTP 或 SPTP 运动时才会考虑编程设置的状态和转角方向值，以便定义一个唯一的起始位置。

（2）在 KUKA 机器人中，为了加速运动过程，控制器可以 CONT 标识的运动指令进行轨迹逼近。轨迹逼近意味着将不精确地移到点坐标，只是逼近点坐标，事先便离开精确保持轮廓的轨迹，TCP 被导引沿着轨迹逼近轮廓运行，该轮廓止于下一个运动指令的精确保持轮廓，如图 4-54 所示。

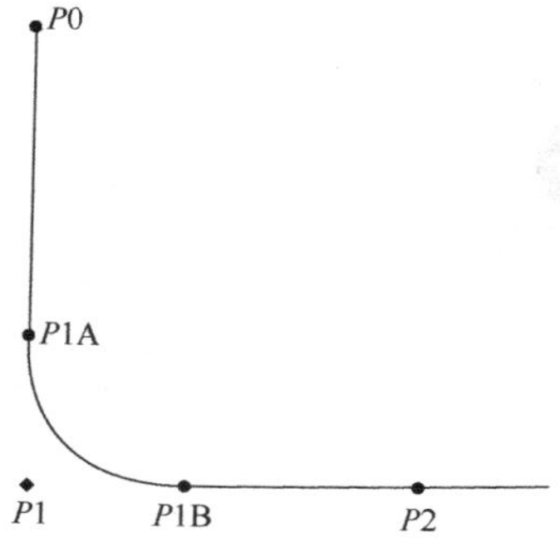

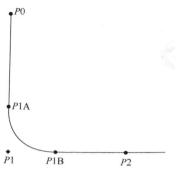

图 4-53　偏滑运动——样条运动

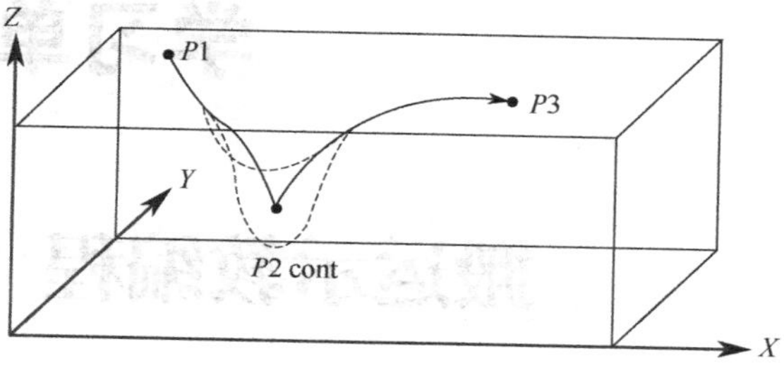

图 4-54　轨迹逼近运动

（3）在 KUKA 机器人中，SLIN 运动和 SCIRC 运动均可进行轨迹逼近。轨迹逼近的曲线不是圆弧，相当于两条抛物线，如图 4-55 所示。

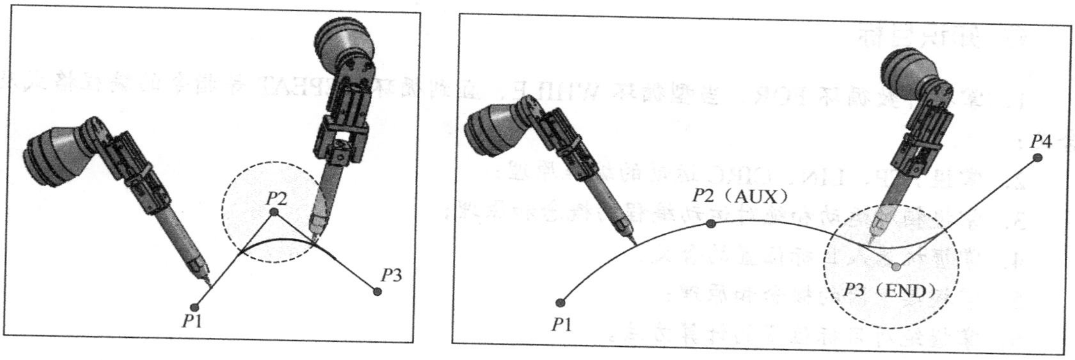

（a）直线运动轨迹逼近

（b）圆弧与直线运动轨迹逼近

图 4-55　轨迹逼近

六、讨论题

1. 哪个运动指令可用于 PTP 样条组？
2. 样条组的起始点在哪里？
3. 在怎样的前提条件下样条运动时会低于编程速度？
4. 改变样条运动时必须注意些什么？

学习单元⑤

搬运示教编程

学习目标

◎ 知识目标

1. 掌握计数循环 FOR、当型循环 WHILE、直到循环 REPEAT 等指令的编程格式及含义；
2. 掌握 PTP、LIN、CIRC 运动的编程原理；
3. 掌握相对运动和绝对运动编程的概念和原理；
4. 掌握机器人目标位置的含义；
5. 掌握读卡器的概念和原理；
6. 掌握绝对目标位置的计算方法。

◎ 技能目标

1. 掌握 FOR、WHILE、REPEAT 等指令的应用，并能进行合理的编程；
2. 掌握偏移坐标的应用；
3. 掌握局部变量、全局变量的创建及应用方法；
4. 掌握通过 I/O 控制夹爪和吸盘工具工作的方法；
5. 掌握程序的相互调用，并能进行程序优化；
6. 掌握搬运编程的技巧和方法。

工作任务

任务 1　圆盘搬运现场编程

任务 2　物联网信息追溯现场编程

任务1 圆盘搬运现场编程

一、任务描述

通过机器人编程，利用吸盘工具，把坐标系 *B*1 下的圆盘按顺序搬运到坐标系 *B*2 的对应位置上，如图 5-1 所示。

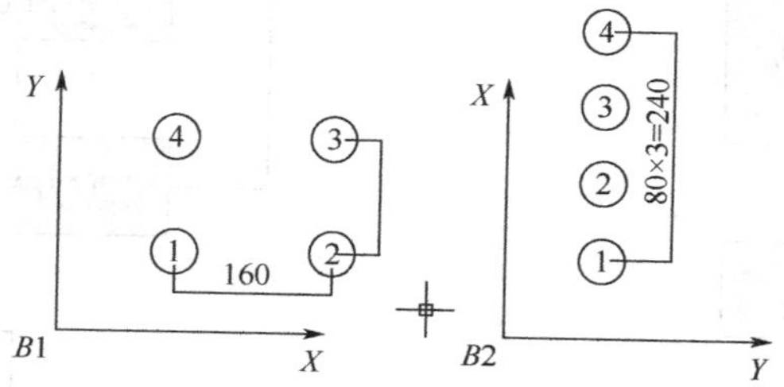

图 5-1 搬运位置简图

二、任务分析

本任务旨在让学习者通过示教点偏移功能完成圆盘的搬运编程。因此完成这个任务，需要掌握程序流程控制指令、运动指令的编程原理、机器人相对运动原理、程序的调用等相关知识。

三、相关知识

（一）程序流程控制

1. 计数循环 FOR

用计数循环（FOR 循环语句）可定义重复的次数。FOR 循环语句程序流程图如图 5-2 所示，循环的次数借助于一个计数变量控制。

FOR 循环语句举例：将输出端 1 至 5 依次切换为 TRUE。用整数（Integer）变量“i”来对一个循环语句内的循环进行计数。

```
INT i
...
FOR i=1 TO 5
  $OUT[i] = TRUE
ENDFOR
```

2. 当型循环 WHILE

WHILE 循环是一种当型或者先判断型循环，这种循环会在执行循环的指令部分前先判断终止条件是否成立。WHILE 程序流程图如图 5-3 所示。

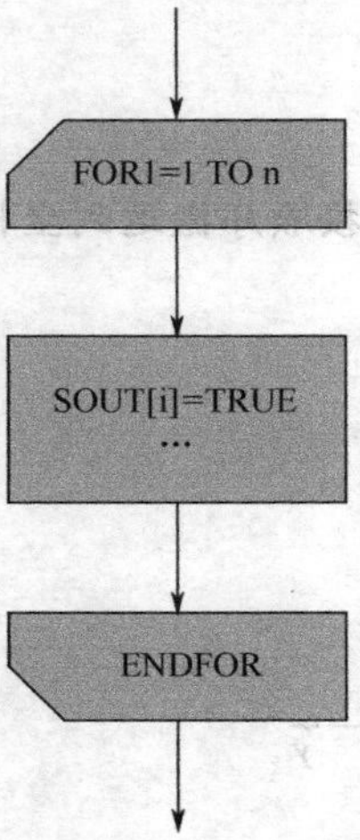

图 5-2　FOR 语句程序流程图

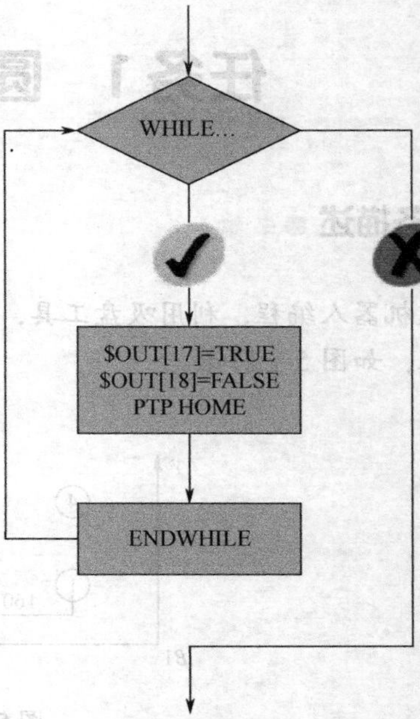

图 5-3　WHILE 语句程序流程图

WHILE 循环示例：

输出端 17 被切换为 TRUE，输出端 18 被切换为 FALSE，并且机器人移入 Home 位置，仅当循环开始满足条件（输入端 22 为 TRUE）时才成立。

```
WHILE $IN[22]==TRUE
   $OUT[17]=TRUE
   $OUT[18]=FALSE
   PTP HOME
ENDWHILE
```

3．直到循环 REPEAT

REPEAT 循环是一种直到型或者检验型循环，这种循环会在第一次执行完循环的指令部分后才会检测终止条件，程序流程如图 5-4 所示。

REPEAT 循环示例：

输出端 17 被切换为 TRUE，而输出端 18 被切换为 FALSE，并且机器人移入 Home 位置，这时才会检测条件。

```
REPEAT
   $OUT[17]=TRUE
   $OUT[18]=FALSE
   PTP HOME
UNTIL $IN[22]==TRUE
```

4．条件性分支 IF

条件性分支（IF 语句）由一个条件和两个指令部分组成。如果满足条件，则可处理第一个指令；如果未满足条件，则执行第二个指令。IF 语句程序流程如图 5-5 所示。

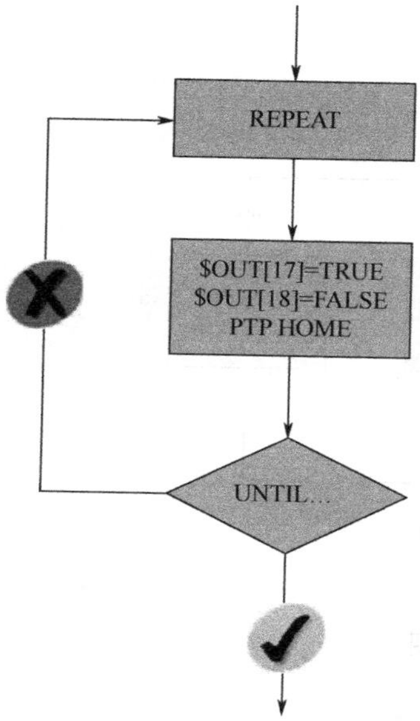

图 5-4 REPEAT 指令程序流程图

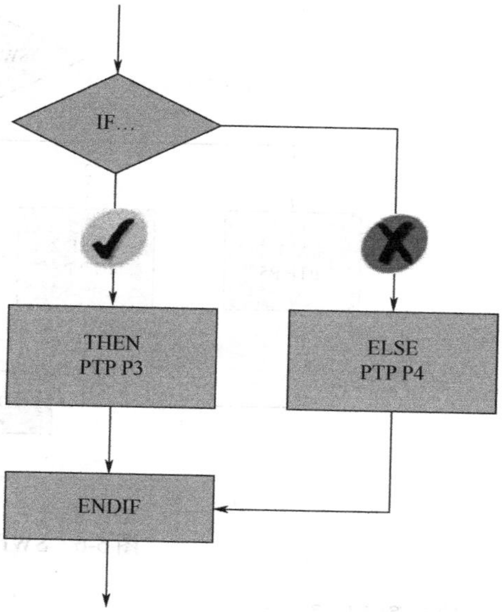

图 5-5 IF 分支程序流程图

但是，对 IF 语句也有替代方案：

① 第二个指令部分可以省去：无 ELSE 的 IF 语句。由此，当不满足条件时紧跟在分支后便继续执行程序。

② 多个 IF 语句可相互嵌套（多重分支）：问询被依次处理，直到有一个条件得到满足。

IF 语句举例：

如果满足条件（输入端 30 必须为 TRUE），则机器人运动到点 P3，否则运动到点 P4。

```
...
IF $IN[30]==TRUE THEN
  PTP P3
ELSE
  PTP P4
ENDIF
```

5. 分配器 SWITCH

SWITCH 分支语句是一个分配器或多路分支。表达式的值与一个案例段（CASE）的值进行比较，值一致时执行相应案例的指令，流程图如图 5-6 所示。

SWITCH 语句举例：

对带有名称“状态”的整数变量（Integer），首先要检查其值。如果变量的值为 1，则执行案例 1（CASE 1），即机器人运动到点 P5；如果变量的值为 2，则执行案例 2（CASE 2），即机器人运动到点 P6；如果变量的值未在任何案例中列出（在该例中为 1 和 2 以外的值），则将执行默认分支，即故障信息。

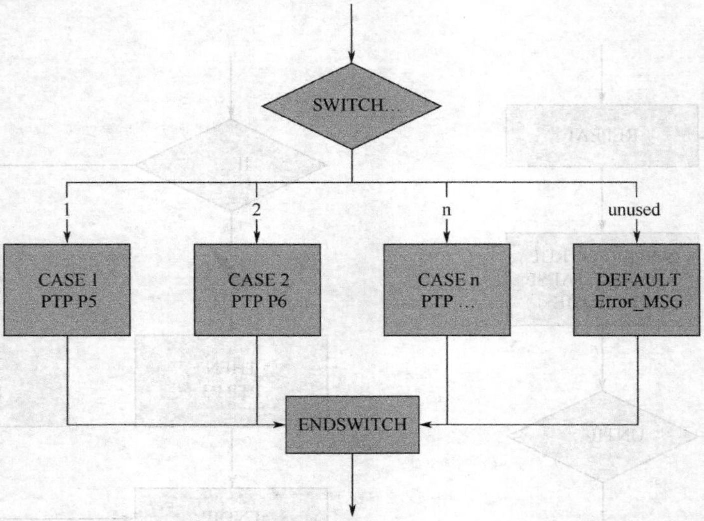

图 5-6　SWITCH 程序流程图

```
INT status
...
SWITCH status
   CASE 1
     PTP P5
   CASE 2
     PTP P6
   ...
   DEFAULT
     ERROR_MSG
ENDSWITCH
```

（二）KRL 运动编程

1. PTP 运动编程原理

（1）PTP 目标点（轨迹逼近）

PTP 目标点说明见表 5-1。

表 5-1　PTP 目标点说明

元　素	说　明
目标点	型号：POS、E6POS、AXIS、E6AXIS、FRAME。 目标点可用笛卡儿坐标或轴坐标给定。笛卡儿坐标基于 BASE 坐标系（即基坐标），如果未给定目标点的所有分量，则控制器将把前一个位置的值应用于缺少的分量
轨迹逼近	①C_PTP ● 使目标点被轨迹逼近。 ● 在 PTP-PTP 轨迹逼近中只需要 C_PTP 的参数。 ②C_DIS 仅适用于 PTP-CP 轨迹逼近。用该参数定义最早何时开始轨迹逼近。可能的参数：距离参数，轨迹逼近最早开始于与目标点的距离低于$APO.CDIS 的值时

（2）机器人运动到 DAT 文件中的一个位置

该位置已事先通过联机表单示教给机器人，机器人轨迹逼近 P3 点。

```
PTP XP3 C_PTP
```

（3）机器人运动到输入的位置

① 轴坐标（AXIS 或 E6AXIS）。

```
PTP {A1 0, A2 -80, A3 75, A4 30, A5 30, A6 110}
```

② 空间位置（以当前激活的工具和基坐标）。

```
PTP {X 100, Y -50, Z 1500, A 0, B 0, C 90, S 3, T 35}
```

4）机器人仅在输入一个或多个集合运动

```
PTP {A1 30} ;仅A1移动30°
PTP {X 200, A, 30} ;仅在X至200mm, A至30°
```

2. LIN 运动编程原理

（1）LIN 目标点（轨迹逼近）

LIN 目标点说明见表 5-2。

表 5-2　LIN 目标点说明

元　素	说　明
目标点	型号：POS、E6POS、FRAME。 如果未给定目标点的所有分量，则控制器将把前一个位置的值应用于缺少的分量。在 POS 型或 E6POS 型的一个目标点内，有关状态和转角方向数据在 LIN 运动（以及 CIRC 运动）中被忽略。坐标值基于基坐标系（BASE）
轨迹逼近	该目标点被轨迹逼近，同时用该参数定义最早何时开始轨迹逼近。可能的参数： ①C_DIS 距离参数，轨迹逼近最早开始于与目标点的距离低于$APO.CDIS 的值时。 ②C_ORI 姿态参数：轨迹逼近最早开始于主导姿态角低于$APO.CORI 的值时。 ③C_VEL 速度参数：轨迹逼近最早开始于朝向目标点的减速阶段中速度低于$APO.CVEL 的值时

（2）机器人运行到一个计算出的位置并轨迹逼近点 ABLAGE[4]

```
LIN ABLAGE[4] C_DIS
```

3. CIRC 运动编程原理

（1）CIRC 辅助点、目标点（轨迹逼近、圆心角 CA）。

CIRC 辅助点、目标点说明见表 5-3。

表 5-3　CIRC 辅助点、目标点说明

元　素	说　明
辅助点	型号：POS、E6POS、FRAME。 如果未给定辅助点的所有分量，则控制器将把前一个位置的值应用于缺少的分量。一个辅助点内的姿态角及状态和转角方向数据原则上均被忽略。不能轨迹逼近辅助点，在 GO 程序运行方式下执行轨迹逼近。在“运动”程序运行方式下，机器人在辅助点上停机。坐标值基于基坐标系（BASE）

续表

元　　素	说　　明
目标点	型号：POS、E6POS、FRAME。 如果未给定目标点的所有分量，则控制器将把前一个位置的值应用于缺少的分量。在 POS 型或 E6POS 型的一个目标点内，有关状态和转角方向数据在 CIRC 运动（以及 LIN 运动）中被忽略。坐标值基于基坐标系（BASE）
圆心角 CA	给出圆周运动的总弧度。可超过编程的目标点延长运动或将其缩短，因此实际的目标点与编程的目标点不相符。 单位：度。无限制，特别是一个圆心角可大于 360°。 正向圆弧：沿起点→辅助点→目标点方向绕圆周轨道移动。 负向圆弧：沿起点→目标点→辅助点方向绕圆周轨道移动
轨迹逼近	该参数使目标点被轨迹逼近，同时用该参数定义最早何时开始轨迹逼近。可能的参数： ①C_DIS 距离参数，轨迹逼近最早开始于与目标点的距离低于$APO.CDIS 的值时。 ②C_ORI 姿态参数：轨迹逼近最早开始于主导姿态角低于$APO.CORI 的值时。 ③C_VEL 速度参数：轨迹逼近最早开始于朝向目标点的减速阶段中速度低于$APO.CVEL 的值时

(2)机器人运动到 DAT 文件中事先示教的位置并且运行一段对应 190° 圆心角的弧段。

```
CIRC XP3, XP4, CA190
```

(3) 机器人运动到给定的位置并且运行一段对应 180° 圆心角的弧段。

```
CIRC{X100, Y…}, {X150, Y…}, CA 180
```

(4) 圆心角 CA，如图 5-7 和图 5-8 所示。

① 正圆心角（CA>0）：沿着编程设定的转向起点→辅助点→目标点做圆周运动。

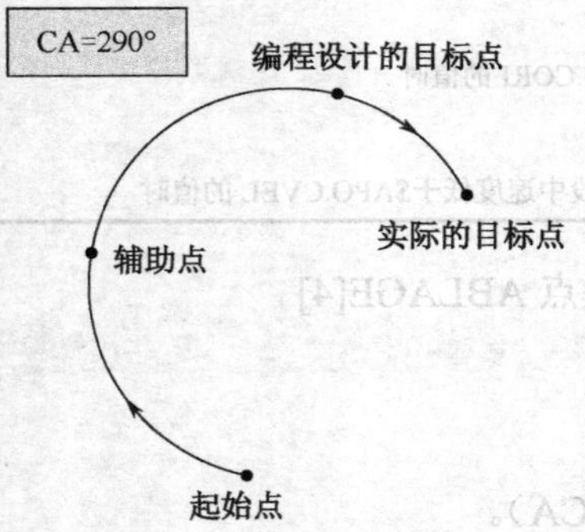

图 5-7　圆心角 CA=+290°

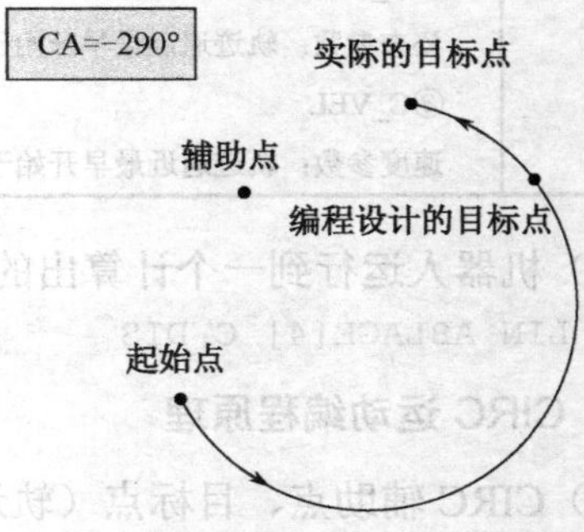

图 5-8　圆心角 CA=−290°

② 负圆心角（CA<0）：沿着编程设定的转向起点→目标点→辅助点做圆周运动。

（三）KRL 相对运动和绝对运动编程

1. 运动概念

（1）绝对运动，借助于绝对值运动至目标位置。在此轴 A3 定位于 45°，如图 5-9 所示。

（2）相对运动，从目前的位置继续移动给定的值，运动至目标位置。在此轴 A3 继续转过 45°，如图 5-10 所示。

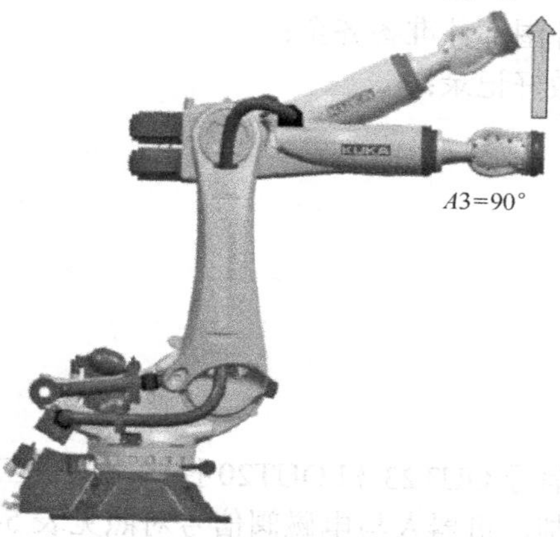

图 5-9　轴 $A3$ 的绝对运动

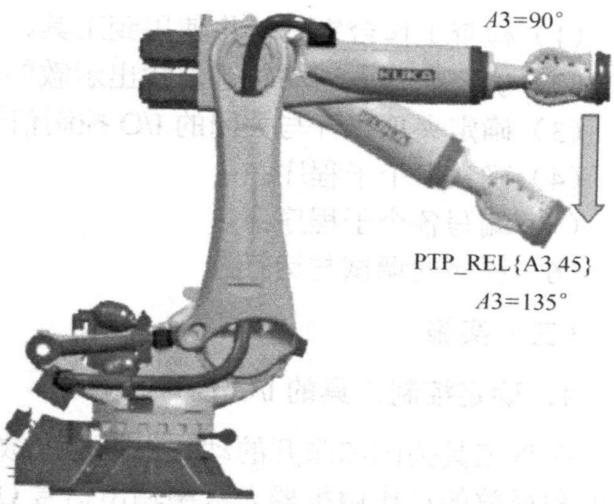

图 5-10　轴 $A3$ 的相对运动

2. 相对运动原理

（1）相对运动 PTP_REL

① PTP_REL 目标点（轨迹逼近）。

② 轴 $A2$ 沿负方向移动 30°，其他的轴都不动。

```
PTP_REL {A2 -30}
```

③ 机器人从当前位置沿 X 轴方向移动 100mm，沿 Z 轴负方向移动 200mm，Y、A、B、C 和 S 保存不变，T 值将根据最短路径加以计算。

```
PTP_REL {X 100, Z -200}
```

（2）相对运动 LIN_REL

① LIN_REL 目标点（轨迹逼近）（参照坐标系）。

② TCP 从当前位置沿基坐标系中的 X 轴方向移动 100mm，沿 Z 轴负方向移动 200mm，Y、A、B、C 和 S 保存不变，T 值则从运动中得出。

```
LIN_REL {X 100, Z -200} ;#BASE为默认设置
```

③ TCP 从当前位置沿工具坐标系中的 X 轴负方向移动 100mm，Y、Z、A、B、C 和 S 保存不变，T 值则从运动中得出。可通过修改参数使工具沿作业方向的反向运动，前提是已经在 X 轴方向测量过工具作业方向。

```
LIN_REL {X 100} ;#TOOL
```

（3）相对运动 CIRC_REL

① CIRC_REL 辅助点、目标点（圆心角（CA））（轨迹逼近）。

② 圆周运动的目标点通过 500° 的圆心角加以规定，目标点被轨迹逼近。

```
CIRC_REL {X 100, Y 30, Z -20} , {Y 50} , CA 500 C_VEL
```

四、任务实施

（一）资讯

认真阅读本任务“相关知识”的内容和 KUKA 机器人产品使用说明书的相关内容，了解程序顺控指令、基本运动指令的编程原理、相对运动与绝对运功编程原理。

（二）计划、决策

（1）检查工作台完好，将使用到工具、工件等外围部件准备齐全；
（2）确定机器人运动轨迹，找出示教的点，并做好记录；
（3）确定夹爪张开与关闭的 I/O 控制信号；
（4）确认多个子程序；
（5）编写各个子程序；
（6）程序的调试与运行。

（三）实施

1．确定控制工具的 I/O 信号

夹爪工具关闭和张开的动作由机器人数字输出信号 OUT23 和 OUT20 控制，吸盘工具吸取和释放的动作由机器人数字输出信号 OUT1 控制，机器人与电磁阀信号对照见表 5-4。

表 5-4　机器人与电磁阀信号对照表

机器人数字输出端	备　注		电磁阀控制端	端口说明
OUT20	Jiazhua_zhangkai	→→→→	7output	夹爪张开
OUT23	Jiazhua_guanbi	→→→→	10output	夹爪关闭
OUT1	Xipan			

2．确定圆盘搬运路径

当机器人启动后，机器人进行复位，复位完成后，机器人移动至吸盘工具正上方，垂直靠近吸盘工具，启动信号 OUT23 使气动夹爪夹紧，机器人抬起一定高度，移动到搬运平台圆盘 1 的正上方；垂直靠近圆盘 1，启动信号 OUT1，吸盘吸取圆盘，垂直抬起一定的高度，放置到位置 1，通过位置偏移抓取剩下的圆盘，并分别放置到对应的位置；圆盘放置完后，机器人回到放置吸盘工具的正上方，垂直靠近吸盘放置位置，启动信号 OUT20 使气动夹爪张开，放置吸盘工具，机器人复位。圆盘搬运流程如图 5-11 所示。

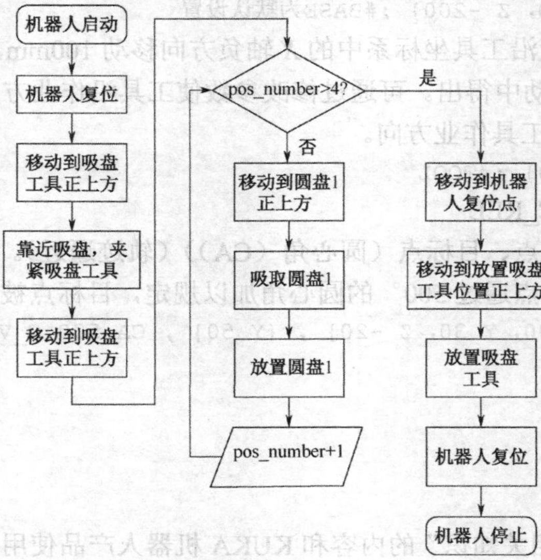

图 5-11　圆盘搬运流程图

3. 程序文件的创建

（1）机器人程序结构

根据圆盘搬运的工作流程，创建控制整个工作过程的主程序 disk_main、吸取放置吸盘工具的程序 tool_xipan、吸取圆盘的程序 disk_attract、放置圆盘的程序 disk_put、示教点程序 ceshidian，程序结构如图 5-12 所示。

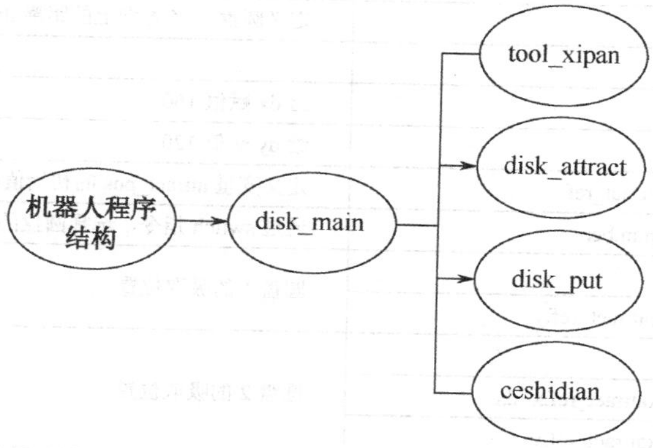

图 5-12　程序结构图

（2）编写参考程序

① 吸盘工具吸、放程序 tool_xipan()，见表 5-5。

表 5-5　吸盘工具吸、放程序及注释

序　号	程　序	注　释
1	DEF tool_xipan ( )	程序名称
2	INI	
3	PTP{A1 0,A2 -90,A3 90,A4 0,A5 90,A6 180}	机器人复位
4	IF tool == 1 THEN	如果全局变量 tool 的值等于 1，则执行下列操作
5	PTP xipan_up CONT Vel=50 % PDAT2 Tool[0] Base[0]	机器人到达抓取工具位置的正上方安全位置
6	LIN xipan Vel=0.2 m/s CPDAT1 Tool[0] Base[0]	机器人直线运动到抓取工具的位置
7	PULSE 23 'jiazhua_guanbi' State=TRUE Time=0.5 sec	启动夹爪关闭信号，夹紧吸盘工具
8	LIN xipan_up Vel=0.2 m/s CPDAT1 Tool[0] Base[0]	机器人直线运动到抓取工具位置的正上方安全位置
9	ELSE	如果 tool 的值不等于 1，则执行下列操作
10	PTP xipan_up CONT Vel=50 % PDAT2 Tool[0] Base[0]	机器人到达放置工具位置的正上方安全位置
11	LIN xipan Vel=0.2 m/s CPDAT1 Tool[0] Base[0]	机器人直线运动到放置工具的位置
12	PULSE 20 'jiazhua_zhangkai' State=TRUE Time=0.5 sec	启动夹爪张开信号，放置吸盘工具
13	LIN xipan_up Vel=0.2 m/s CPDAT1 Tool[0] Base[0]	机器人直线运动到放置工具位置的正上方安全位置
14	ENDIF	IF 语句结束
15	PTP{A1 0,A2 -90,A3 90,A4 0,A5 90,A6 180}	机器人复位
16	END	程序结束

② 吸取圆盘程序 disk_attract()，见表 5-6。

表 5-6　吸取圆盘程序及注释

序　　号	程　　序	注　　释
1	DEF disk_attract ( )	程序名称
2	DECL E6POS attract_pos	定义圆盘位置变量 attract_pos
3	DECL E6POS attract_ref	定义圆盘初始参考位置变量 attract_ref
4	DECL INT dx	定义圆盘在 X 方向上的距离 dx
5	DECL INT dy	定义圆盘在 Y 方向上的距离 dy
6	INI	
7	dx=160	给 dx 赋值 160
8	dy=120	给 dy 赋值 120
9	attract_pos=Xattract_ref	定义变量 attract_pos 的初始值等于 attract_ref 的值
10	SWITCH pos_number	通过 switch 指令，选择圆盘的抓取位置
11	CASE 1	圆盘 1 的吸取位置
12	attract_pos.y=xattract_ref.y	
13	CASE 2	圆盘 2 的吸取位置
14	attract_pos.x=xattract_ref.x+dx	
15	attract_pos.y=xattract_ref.y	
16	CASE 3	圆盘 3 的吸取位置
17	attract_pos.x=xattract_ref.x+dx	
18	attract_pos.y=xattract_ref.y+dy	
19	CASE 4	圆盘 4 的吸取位置
20	attract_pos.x=xattract_ref.x	
21	attract_pos.y=xattract_ref.y+dy	
22	ENDSWITCH	结束 SWITCH 指令
23	LIN attract_pos	机器人直线运动到指定的圆盘位置
24	LIN_REL {z -60}	相对于机器人的上一个点，机器人往 Z 轴负方向移动 60
25	OUT 1 'xipan' State=TRUE	启动机器人输出数字信号 1 为真，吸取圆盘
26	WAIT Time= 0.5 sec	等待 0.5s
27	LIN attract_pos C_DIS	机器人运动到 attract_pos 的位置点
28	END	程序结束

③ 放置圆盘程序 disk_put()，见表 5-7。

表 5-7　放置圆盘程序及注释

序　　号	程　　序	注　　释
1	DEF disk_put ( )	程序名称
2	DECL E6POS put_pos	定义圆盘放置位置变量 put_pos
3	DECL E6POS put_ref	定义圆盘放置参考位置变量 put_ref
4	DECL INT distance	定义圆盘放置位置之间的距离 distance
5	INI	
6	distance=80	给距离 distance 赋值 80
7	put_pos=Xput_ref	定义变量 put_pos 的初始值等于 put_ref 的值
8	SWITCH pos_number	应用 SWITCH 指令判断圆盘的放置位置
9	CASE 1	圆盘 1 的放置位置
10	put_pos.x=xput_ref.x	
11	CASE 2	圆盘 2 的放置位置

续表

序号	程序	注释
12	put_pos.x=xput_ref.x+distance	
13	CASE 3	圆盘 3 的放置位置
14	put_pos.x=xput_ref.x+2*distance	
15	CASE 4	圆盘 4 的放置位置
16	put_pos.x=xput_ref.x+3*distance	
17	ENDSWITCH	结束 SWITCH 指令
18	PTP put_pos C_PTP	机器人移动到 put_pos 的位置点
19	LIN_REL{z -60}	机器人相对于上一个点的位置往 Z 轴的负方向移动 60
20	OUT 1 'xipan' State=FALSE	启动机器人输出数字信 1 号为假，释放圆盘
21	WAIT Time= 0.5 sec	等待 0.5s
22	LIN put_pos C_DIS	机器人运动到 put_pos 的位置点
23	END	程序结束

④ 主程序 disk_main，见表 5-8。

表 5-8 主程序及注释

序号	程序	注释
1	DEF disk_main ( )	程序名称
2	INI	
3	tool=1	给变量 tool 赋值 1
4	OUT 20 'jiazhua_zhangkai' State=FALSE	机器人数字输出信号 20 为假
5	OUT 1 'xipan' State=FALSE	机器人数字输出信号 1 为假
6	OUT 23 'jiazhua_guanbi' State=FALSE	机器人数字输出信号 23 为假
7	tool_xipan ()	调用 tool_xipan()程序
8	PTP guodu CONT Vel=50 % PDAT3 Tool[0] Base[0]	示教机器人过渡点“guodu”
9	FOR pos_number=1 TO 4 STEP 1	如果 pos_number=1 到 4，则执行 FOR 循环里面的程序语句，且 pos_number 加 1
10	disk_attract ()	调用圆盘吸取程序 disk_attract()程序
11	PTP guodu CONT Vel=50 % PDAT1 Tool[0] Base[0]	示教机器人到达过渡点“guodu”
12	disk_put ()	调用圆盘放置程序 disk_put()程序
13	PTP guodu CONT Vel=50 % PDAT2 Tool[0] Base[0]	示教机器人到达过渡点“guodu”
14	ENDFOR	结束 FOR 指令
15	tool=2	给变量 tool 赋值 2
16	tool_xipan ()	调用 tool_xipan()程序
17	END	程序结束

定义全局变量：在 disk_main.dat 文件中定义全局变量 pos_number 和 tool，如下列程序所示。

```
DECL GLOBAL INT pos_number
DECL GLOBAL INT tool
```

⑤ 示教点程序 ceshidian()，见表 5-9。

表 5-9　示教点程序及注释

序　号	程　序	注　释
1	DEF ceshidian ()	程序名称
2	INI	
3	LIN fang Vel=0.2 m/s CPDAT5 Tool[0] Base[0]	机器人运动到放置圆盘的位置点
4	LIN_REL{z 60}	相对于上一个点往 Z 方向偏移 60
5	PTP put_ref Vel=30 % PDAT3 Tool[0] Base[0]	上一个点的偏移位置记录为 put_ref 的位置
6	LIN xi Vel=0.2 m/s CPDAT8 Tool[0] Base[0]	机器人运动到吸取圆盘的位置点
7	LIN_REL{z 60}	相对于上一个点往 Z 方向偏移 60
8	PTP attract_ref Vel=30 % PDAT4 Tool[0] Base[0]	上一个点的偏移位置记录为 attract_ref 的位置
9	END	程序结束

（四）检查

手动运行“disk_main”程序，观察机器人的搬运动作是否准确。如果是按照搬运轨迹运行，并且夹爪工具正确抓取吸盘工具和释放吸盘工具，与周围部件不会发生碰撞，则程序编写正确。

（五）评估

通过上述参考程序，能够进行机器人的搬运工作，方法可行。在示教点的过程中，可以更精确地示教各个点，保证机器人抓取或释放圆盘的过程中更准确。在运行速度上可以进行调整，达到所需要的速度。

五、知识拓展

（一）机器人的目标位置

机器人目标位置的特点如下：

① 使用以下结构存储，且有以下几种预设定的结构。

AXIS：轴角 A1…A6。

E6AXIS：轴角 A1…A6 和 E1…E6。

POS：位置（X、Y、Z）、姿态（A、B、C）以及状态和转角方向（S、T）。

E6POS：位置（X、Y、Z）、姿态（A、B、C）以及状态和转角方向（S、T）和 E1…E6。

位置坐标（FRAME）：位置（X、Y、Z）、姿态（A、B、C）。

② 可以操作 DAT 文件中的现有位置。

③ 现有位置上的单个集合可以通过点号有针对性地加以更改。

（二）重要的系统变量

$POS_ACT：当前的机器人位置。变量（E6POS）指明 TCP 基于基坐标系的额定位置。

$AXIS_ACT：基于轴坐标的当前机器人位置（额定值）。变量（E6AXIS）包含当前的轴角或轴位置。

（三）计算绝对目标位置

（1）一次性更改 DAT 文件中的位置

```
XP1.x=450 ; 新的x值为450mm
```

```
XP1.z=30.0*distance ; 计算新的z值
PTP XP1
```

（2）每次循环时都更改 DAT 文件中的位置

```
;x值每次推移 450mm
XP2.x= XP2.x+450
PTP XP2
```

（3）位置被应用并被保存在一个变量中

```
Myposition=xp3
Myposition.x= Myposition.x+100 ; 给x值加上100mm
Myposition.z=10.0*distance ; 计算新的z值
Myposition.t=35 ; 设置转角方向值
PTP xp3 ; 位置未改变
PTP Myposition ; 计算出的位置
```

六、讨论题

1．在进行圆周运动时参数 CA 给定什么？

2．简述 LIN 运动时轨迹逼近的设置。

3．通过哪个指令可以调整 FOR 循环的步幅？

4．放置圆盘程序 disk_put()中使用分配器 SWITCH 进行放置位置的判断，是否可以使用 IF 语句进行位置的判断？

5．是否有其他的编程方式实现机器人搬运的工作？请自己动手试一试。

任务 2　物联网信息追溯现场编程

一、任务描述

通过机器人机械手抓取吸盘工具，然后通过吸盘吸取抓取位中的任意工件，放置在读码器上读取该产品的信息，机器人收到信息后，对工件进行排序，效果图如图 5-13 所示。

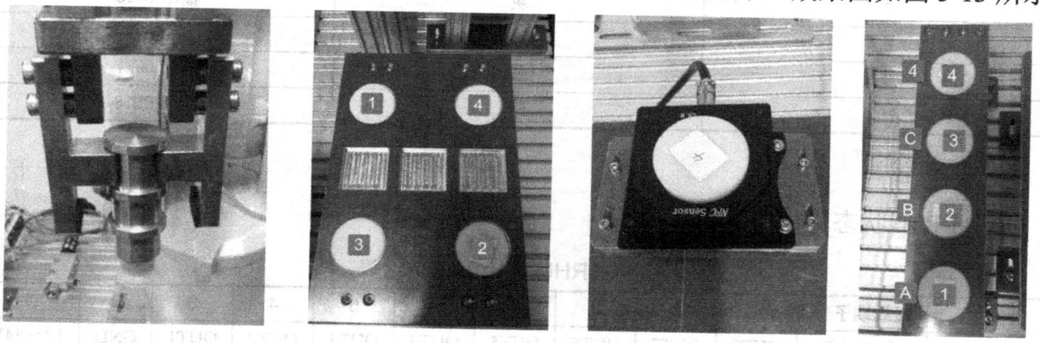

（a）抓取吸盘工具　（b）工件抓取位置　（c）读码器　（d）工件放置位置

图 5-13　产品抓取与排序效果图

二、任务分析

本任务旨在使学习者掌握物联网信息追溯搬运编程。因此完成这个任务，需要了解读码器的结构及接线方式。

三、相关知识

（一）R10 读码器结构及性能

1. 产品参数及安装尺寸

RHM-R10 安装尺寸图如图 5-14 所示，其参数如下。

电源接口：12V～24V/DC；
消耗电流：<200mA；
感应距离：80mm(max，标准载码体)；
扫描：8 路状态输出口，256 种状态；
工作温度：0～65℃；
存储温度：-20～80℃；
尺寸：104（mm）×80（mm）×37（mm）。

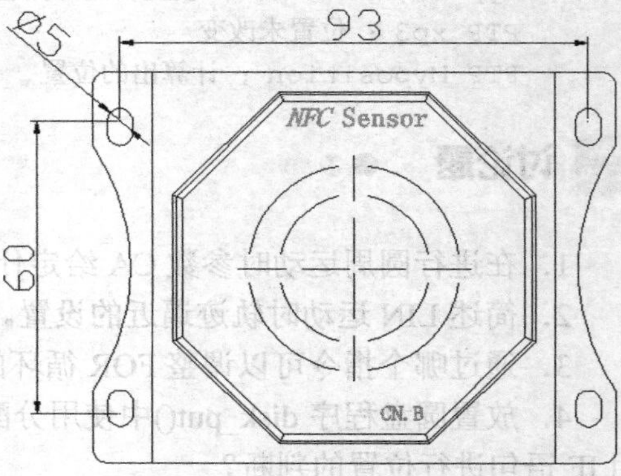

图 5-14　RHM-R10 安装尺寸图

2. 接线方式说明

RHM-R10 接线说明见表 5-10。

表 5-10　RHM-R10 接线说明

10 针航空头端子	10 芯通信线颜色	引脚功能
1	红	VCC（12～24V）
2	黑	公共地（GND）
3	黄	输出 OUT1
4	白	输出 OUT2
5	绿	输出 OUT3
6	橙	输出 OUT4
7	灰	输出 OUT5
8	紫	输出 OUT6
9	蓝	输出 OUT7
10	棕	输出 OUT8

3. 状态输出

RHM-R10 状态输出表见表 5-11。

表 5-11　RHM-R10 状态输出表

	接线端子号	10	9	8	7	6	5	4	3	2	1
	端口定义	OUT8	OUT7	OUT6	OUT5	OUT4	OUT3	OUT2	OUT1	GND	12～24V
数据（十六进制）	输出口状态										

续表

00		1	1	1	1	1	1	1	1	—	—
01		1	1	1	1	1	1	1	0	—	—
…	…	…	…	…	…	…	…	…	…	—	—
0F	—	1	1	1	1	0	0	0	0	—	—
10		1	1	1	0	1	1	1	1	—	—
…	…	…	…	…	…	…	…	…	…	—	—
FF	—	0	0	0	0	0	0	0	0	—	—

注：其中状态“0”表示低电平，“1”表示高电平。由于载码体中的数据为十六进制，故判断时将十六进制数据转换成了二进制数据。

使用注意事项：

① RHM-R10 工作时请将其远离强磁场源。

② RHM-R10 工作时建议在感应区周围至少 5cm 内不要有金属。

四、任务实施

（一）资讯

认真阅读本任务“相关知识”的内容和 KUKA 机器人产品使用说明书的相关内容，了解读码器的结构、性能及工作原理。

（二）计划、决策

（1）检查工作台完好，将使用到的工具、工件等外围部件准备齐全；

（2）确定机器人搬运运动轨迹，找出示教的点，并做好记录；

（3）确定夹爪张开与关闭的 I/O 控制信号；

（4）确认多个子程序；

（5）编写各个子程序；

（6）程序的调试与运行。

（三）实施

1. 设置控制工具的 I/O 信号

夹爪工具的夹紧和张开、吸盘工具的吸取和释放由机器人输出信号控制，圆盘的信息追溯由机器人输入信号控制，机器人与电磁阀信号对照表见表 5-12。

表 5-12　机器人与电磁阀信号对照表

机器人数字输出输入端	备　注		电磁阀控制端	端口说明
OUT20	Jiazhua_zhangkai	→→→→→	7output	夹爪张开
OUT23	Jiazhua_guanbi	→→→→→	10output	夹爪关闭
OUT1	xipan			
IN10	圆盘 1			
IN11	圆盘 2			
IN12	圆盘 3			
IN13	圆盘 4			

2. 确定圆盘搬运路径

当机器人启动后，机器人进行复位，复位完成后，机器人抓取吸盘工具，移动到搬运平台任意圆盘的正上方，垂直靠近圆盘，启动信号 OUT1，吸盘吸取圆盘，垂直抬起一定的高度；然后放置在读码器上读取该圆盘的信息，机器人收到信息后，通过分配器指令匹配放置位置，进行圆盘的放置。分别抓取剩下的圆盘，进行圆盘的信息读取，并放置到相应的位置；当放置区域饱和后，机器人跳出工作程序，回到放置吸盘工具的正上方，垂直靠近吸盘放置位置，启动信号 OUT20 使气动夹爪张开，放置吸盘工具，机器人复位，工作流程如图 5-15 所示。

3. 程序文件的创建

（1）机器人程序结构

根据圆盘搬运的工作流程，创建控制整个工作过程的主程序 disk_main、吸取放置吸盘工具程序 tool_xipan、吸取圆盘程序 disk_attract、信息追溯圆盘程序 judge、放置圆盘程序 disk_put、示教点程序 ceshidian，程序结构如图 5-16 所示。

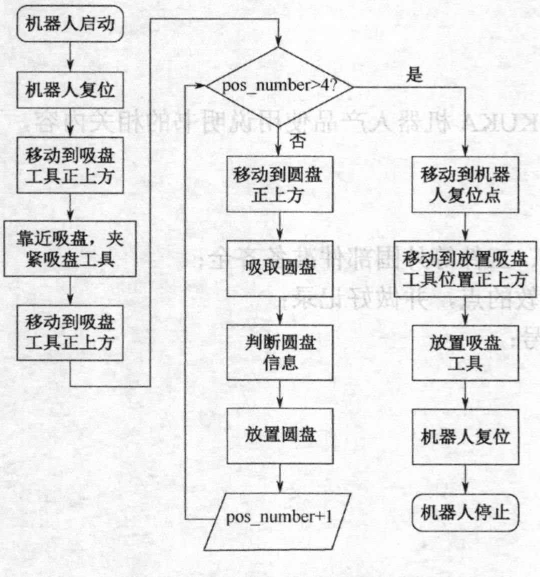

图 5-15 圆盘信息追溯流程图

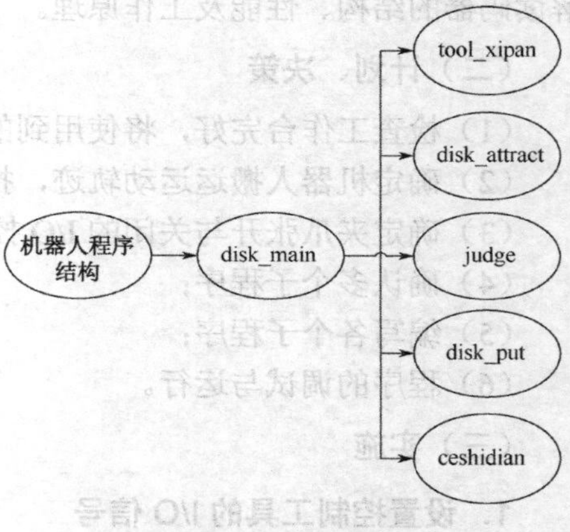

图 5-16 程序结构图

（2）编写参考程序

① 吸盘工具吸、放程序 tool_xipan()及注释见表 5-13。

表 5-13 吸盘工具吸、放程序及注释

序号	程序	注释
1	DEF tool_xipan ( )	程序名称
2	INI	
3	PTP{A1 0,A2 -90,A3 90,A4 0,A5 90,A6 180}	机器人复位
4	IF tool == 1 THEN	如果全局变量 tool 的值等于 1，则执行下列操作
5	PTP xipan_up CONT Vel=50 % PDAT2 Tool[0] Base[0]	机器人到达抓取工具位置的正上方安全位置
6	LIN xipan Vel=0.2 m/s CPDAT1 Tool[0] Base[0]	机器人直线运动到抓取工具的位置

续表

序　号	程　序	注　释
7	PULSE 23 'jiazhua_guanbi' State=TRUE Time=0.5 sec	启动夹爪关闭信号，夹紧吸盘工具
8	LIN xipan_up Vel=0.2 m/s CPDAT1 Tool[0] Base[0]	机器人直线运动到抓取工具位置的正上方安全位置
9	ELSE	如果 tool 的值不等于 1，则执行下列操作
10	PTP xipan_up CONT Vel=50 % PDAT2 Tool[0] Base[0]	机器人到达放置工具位置的正上方安全位置
11	LIN xipan Vel=0.2 m/s CPDAT1 Tool[0] Base[0]	机器人直线运动到放置工具的位置
12	PULSE 20 'jiazhua_zhangkai' State=TRUE Time=0.5 sec	启动夹爪张开信号，放置吸盘工具
13	LIN xipan_up Vel=0.2 m/s CPDAT1 Tool[0] Base[0]	机器人直线运动到放置工具位置的正上方安全位置
14	ENDIF	IF 语句结束
15	PTP{A1 0,A2 -90,A3 90,A4 0,A5 90,A6 180}	机器人复位
16	END	程序结束

② 吸取圆盘程序 disk_attract()及注释见表 5-14。

表 5-14　吸取圆盘程序及注释

序　号	程　序	注　释
1	DEF disk_attract ( )	程序名称
2	DECL E6POS attract_pos	定义圆盘位置变量 attract_pos
3	DECL E6POS attract_ref	定义圆盘初始参考位置变量 attract_ref
4	DECL INT dx	定义圆盘在 X 方向上的距离 dx
5	DECL INT dy	定义圆盘在 Y 方向上的距离 dy
6	INI	
7	dx=160	给 dx 赋值 160
8	dy=120	给 dy 赋值 120
9	attract_pos=Xattract_ref	定义变量 attract_pos 的初始值等于 attract_ref 的值
10	SWITCH pos_number	通过 SWITCH 指令，选择圆盘的抓取位置
11	CASE 1	圆盘 1 的吸取位置
12	attract_pos.y=xattract_ref.y	
13	CASE 2	圆盘 2 的吸取位置
14	attract_pos.x=xattract_ref.x+dx	
15	attract_pos.y=xattract_ref.y	
16	CASE 3	圆盘 3 的吸取位置
17	attract_pos.x=xattract_ref.x+dx	
18	attract_pos.y=xattract_ref.y+dy	
19	CASE 4	圆盘 4 的吸取位置
20	attract_pos.x=xattract_ref.x	
21	attract_pos.y=xattract_ref.y+dy	
22	ENDSWITCH	结束 SWITCH 指令
23	LIN attract_pos	机器人直线运动到指定的圆盘位置
24	LIN_REL {z -60}	相对于机器人的上一个点，机器人往 Z 轴负方向移动 60
25	OUT 1 'xipan' State=TRUE	启动机器人输出数字信号 1 为真，吸取圆盘
26	WAIT Time= 0.5 sec	等待 0.5s
27	LIN attract_pos C_DIS	机器人运动到 attract_pos 的位置点
28	END	程序结束

③ 信息追溯圆盘程序 judge()及注释见表 5-15。

表 5-15 信息追溯圆盘程序及注释

序号	程序	注释
1	DEF judge ( )	程序名称
2	INI	
3	PTP panduan_up CONT Vel=50 % PDAT1 Tool[0] Base[0]	机器人移动到信息判断的上方示教点 panduan_up
4	LIN panduan Vel=0.2 m/s CPDAT1 Tool[0] Base[0]	机器人移动到信息判断的示教点 panduan
5	IF ($IN[10]) THEN	如果数字输入信号 10 为真
6	number = 1	变量 number 赋值为 1
7	ELSE	
8	IF($IN[11]) THEN	如果数字输入信号 11 为真
9	number = 2	变量 number 赋值 2
10	ELSE	
11	IF($IN[12]) THEN	如果数字输入信号 12 为真
12	number = 3	变量 number 赋值 3
13	ELSE	
14	if($IN[13])THEN	如果数字输入信号 13 为真
15	number = 4	变量 number 赋值 4
16	ENDIF	
17	ENDIF	
18	ENDIF	
19	ENDIF	
20	WAIT SEC 1	等待 1s
21	LIN panduan_up CONT Vel=0.2 m/s CPDAT2 Tool[0] Base[0]	机器人移动到信息判断的上方示教点 panduan_up
22	END	程序结束

④ 放置圆盘程序 disk_put()及注释见表 5-16。

表 5-16 放置圆盘程序及注释

序号	程序	注释
1	DEF disk_put ( )	程序名称
2	DECL E6POS put_pos	定义圆盘放置位置变量 put_pos
3	DECL E6POS put_ref	定义圆盘放置参考位置变量 put_ref
4	DECL INT distance	定义圆盘放置位置之间的距离 distance
5	INI	
6	distance=80	给距离 distance 赋值 80
7	put_pos=Xput_ref	定义变量 put_pos 的初始值等于 put_ref 的值
8	SWITCH pos_number	应用 SWITCH 指令判断圆盘的放置位置
9	CASE 1	圆盘 1 的放置位置
10	put_pos.x=xput_ref.x	
11	CASE 2	圆盘 2 的放置位置

续表

序　号	程　序	注　释
12	put_pos.x=xput_ref.x+distance	
13	CASE 3	圆盘 3 的放置位置
14	put_pos.x=xput_ref.x+2*distance	
15	CASE 4	圆盘 4 的放置位置
16	put_pos.x=xput_ref.x+3*distance	
17	ENDSWITCH	结束 SWITCH 指令
18	PTP put_pos C_PTP	机器人移动到 put_pos 的位置点
19	LIN_REL{z -60}	机器人相对于上一个点的位置往 Z 轴的负方向移动 60
20	OUT 1 'xipan' State=FALSE	启动机器人输出数字信 1 号为假，释放圆盘
21	WAIT Time= 0.5 sec	等待 0.5s
22	LIN put_pos C_DIS	机器人运动到 put_pos 的位置点
23	END	程序结束

⑤ 主程序 disk_main 及注释见表 5-17。

表 5-17　主程序及注释

序　号	程　序	注　释
1	DEF disk_main ( )	程序名称
2	INI	
3	tool=1	给变量 tool 赋值 1
4	OUT 20 ''　State= FALSE	机器人数字输出信号 20 为假
5	OUT 1 'xipan' State=FALSE	机器人数字输出信号 1 为假
6	OUT 23 ''　State= FALSE	机器人数字输出信号 23 为假
7	tool_xipan ()	调用 tool_xipan()程序
8	PTP guodu CONT Vel=50 % PDAT3 Tool[0] Base[0]	示教机器人过渡点 guodu
9	FOR pos_number=1 TO 4 STEP 1	如果 pos_number=1～4，则执行 FOR 循环里面的程序语句，并且 pos_number 加 1
10	disk_attract ()	调用圆盘吸取程序 disk_attract()程序
11	PTP guodu CONT Vel=50 % PDAT1 Tool[0] Base[0]	示教机器人过渡点 guodu
12	judge ()	调用信息追溯程序 judge()程序
13	disk_put ()	调用圆盘放置程序 disk_put()程序
14	PTP guodu CONT Vel=50 % PDAT2 Tool[0] Base[0]	示教机器人过渡点 guodu
15	ENDFOR	结束 FOR 指令
16	tool=2	给变量 tool 赋值 2
17	tool_xipan ()	调用 tool_xipan()程序
18	END	程序结束

定义全局变量：在 disk_main.dat 文件中定义全局变量 pos_number 和 tool，如下列程序所示。

```
DECL GLOBAL INT pos_number
DECL GLOBAL INT tool
```

⑥ 示教点程序 ceshidian()及注释见表 5-18。

表 5-18 示教点程序及注释

序　号	程　序	注　释
1	DEF ceshidian ()	程序名称
2	INI	
3	LIN fang Vel=0.2 m/s CPDAT5 Tool[0] Base[0]	机器人运动到放置圆盘的位置点
4	LIN_REL{z 60}	相对于上一个点往 Z 方向偏移 60
5	PTP put_ref Vel=30 % PDAT3 Tool[0] Base[0]	上一个点的偏移位置记录为 put_ref 的位置
6	LIN xi Vel=0.2 m/s CPDAT8 Tool[0] Base[0]	机器人运动到吸取圆盘的位置点
7	LIN_REL{z 60}	相对于上一个点往 Z 方向偏移 60
8	PTP attract_ref Vel=30 % PDAT4 Tool[0] Base[0]	上一个点的偏移位置记录为 attract_ref 的位置
9	END	程序结束

（四）检查

手动运行 disk_main 程序，观察机器人的搬运动作是否准确。如果是按照搬运轨迹运行，能够正确识别圆盘的放置位置，并且夹爪工具正确抓取吸盘工具和释放吸盘工具，与周围部件不会发生碰撞，则程序编写正确。

（五）评估

通过上述参考程序，能够进行机器人的物联网信息追溯搬运工作，方法可行。在示教点的过程中，可以更精确地示教各个点，保证机器人抓取或释放圆盘的过程中更准确。从抓取圆盘到放置圆盘的过程中，中间可以多添加过渡点，保证机器人的顺畅运动及规避可能发生碰撞的情况。

五、讨论题

1. 若想通过机器人输入信号 IN20、IN21、IN22、IN23 来控制圆盘 1、2、3、4 的位置，通过什么方式来实现？
2. 在编写程序的过程中，变量可以重复定义吗？如果重复定义了会出现什么情况？
3. 是否有其他的编程方式实现机器人搬运的工作？请自己动手试一试。

学习单元⑥

码垛示教编程

学习目标

◎ 知识目标

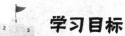

1. 轨迹切换的概念及意义；
2. 程序的应用；
3. 变量的使用；
4. 循环嵌套指令的应用；
5. 案例综合编程；

◎ 技能目标

1. 掌握程序流程控制指令的应用，并进行合理地编程；
2. 掌握数字输入、输出信号的连接；
3. 掌握轨迹切换功能编程；
4. 掌握码垛的编程、调试及运行；
5. 培养分析问题、解决问题的能力。

工作任务

任务 1　码垛综合编程 1

任务 2　码垛综合编程 2

任务1 码垛综合编程1

一、任务描述

完成工业机器人码垛编程，将物料从码垛抓取位置搬运到码垛放置位置。码垛示意图如图 6-1 所示，方块物料尺寸为 45mm×45mm×35mm（长×宽×高）。

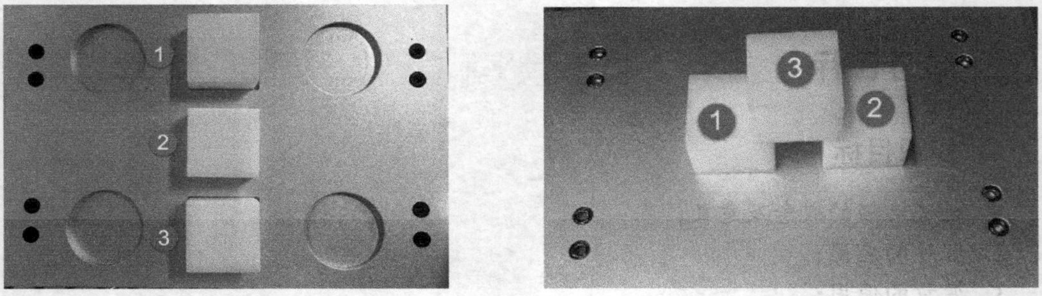

（a）码垛抓取位置　　（b）码垛放置位置

图 6-1　码垛示意图

二、任务分析

本任务旨在让学习者掌握码垛综合编程。因此完成这个任务，首先要学习轨迹切换编程原理等相关知识。

三、相关知识

1.2.1　轨迹切换功能编程

轨迹切换功能可以用来在轨迹的目标点上设置起点，而无须中断机器人的运行。其中，切换可分为“静态”(SYN OUT)和“动态”(SYN Pulse)两种。SYN OUT 5 切换的信号与 SYN PULSE 5 切换的信号相同。

1. 联机表单 SYN OUT 中 START/END 选项

轨迹切换可以以运动语句的起始点或目标点为基准触发切换动作。切换动作的时间可推移。参照动作语句可以是 LIN、CIRC 或 PTP。联机表单 SYN OUT 的 START 和 END 选项分别如图 6-2 和图 6-3 所示，其说明见表 6-1。

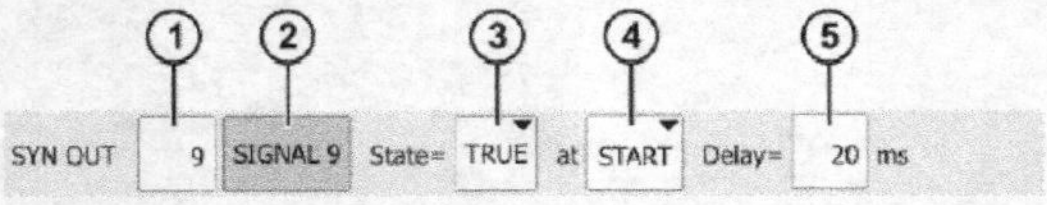

图 6-2　联机表单 SYN OUT 的 START 选项

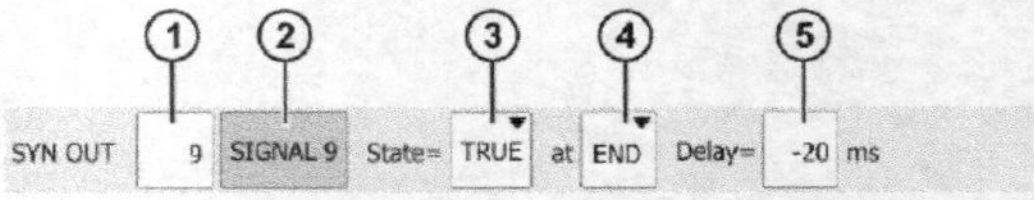

图 6-3　联机表单 SYN OUT 的 END 选项

表 6-1　SYN OUT 联机表单 START/END 选项说明

序　号	说　明	数值范围
1	输出端信号	1～4096
2	如果输出端已有名称则会显示出来 仅限于专家用户组使用，通过单击长文本可输入名称	可自由选择
3	输出端接通的状态	TRUE，FALSE
4	切换位置点： START（起始）　以动作语句的起始点为基准切换 END（终止）　以动作语句的目标点为基准切换	START、END、PATH
5	切换动作的时间推移 提示：此时间数值为绝对值。视机器人的速度，切换点的位置将随之变化	-1000～+1000 ms

2. 联机表单 SYN OUT 中 PATH 选项

用 PATH 选项可相对于运动语句的目标点触发切换动作。切换动作的位置和（或）时间均可推移。动作语句可以是 LIN 或 CIRC 运动，但不能是 PTP 运动。PATH 选项如图 6-4 所示，其说明见表 6-2。

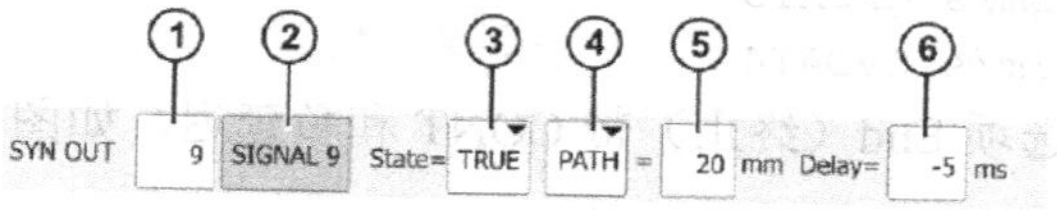

图 6-4　联机表单 SYN OUT 的 PATH 选项

表 6-2　联机表格 SYN OUT 的 PATH 选项说明

序　号	说　明	数值范围
1	输出端信号	1～4096
2	如果输出端已有名称则会显示出来 仅限于专家用户组使用，通过单击长文本可输入名称	可自由选择
3	输出端接通的状态	TRUE、FALSE
4	切换位置点： PATH，以动作语句的目标点为基准切换	START、END、PATH
5	切换动作的方位推移 提示：方位数据以动作语句的目标点为基准。因此，机器人速度改变时切换点的位置不变	-1000～+1000 ms
6	切换动作的时间推移 提示：时间推移以方位推移为基准	

3. 选项 Start/End（起始/终止）的作用

（1）程序举例 1：选项 Start（起始），如图 6-5 所示。

```
LIN P1 VEL=0.3m/s CPDAT1
LIN P2 VEL=0.3m/s CPDAT2  ;Schaltfunktion bezogen auf P2
SYN OUT 8 'SIGNAL 8' State= TRUE at Start Delay=20ms
LIN P3 VEL=0.3m/s CPDAT3
LIN P4 VEL=0.3m/s CPDAT4
```

（2）程序举例 2：选项 Start（起始）带 CONT 和正延迟，如图 6-6 所示。

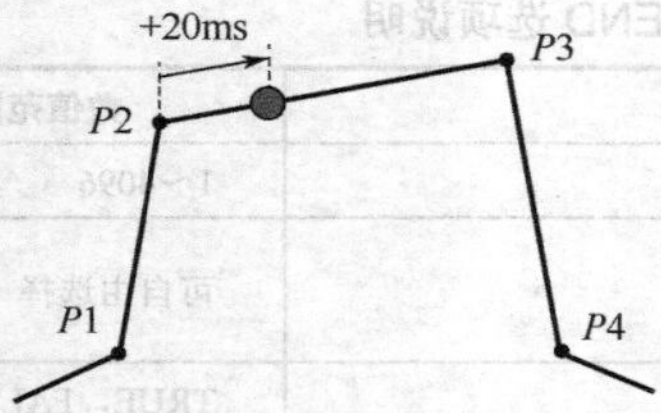

图 6-5　SYN OUT Start（起始）带正延迟

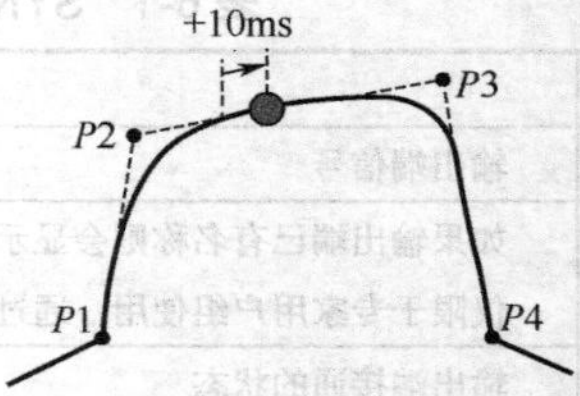

图 6-6　SYN OUT Start（起始）带 CONT 和正延迟

```
LIN P1 VEL=0.3m/s CPDAT1
LIN P2 CONT VEL=0.3m/s CPDAT2   ;Schaltfunktion bezogen auf P2
SYN OUT 8 'SIGNAL 8' State= TRUE at Start Delay=10ms
LIN P3 CONT VEL=0.3m/s CPDAT3
LIN P4 VEL=0.3m/s CPDAT4
```

（3）程序举例 3：选项 End（终止）带负延迟，如图 6-7 所示。

```
LIN P1 VEL=0.3m/s CPDAT1
LIN P2 VEL=0.3m/s CPDAT2   ;Schaltfunktion bezogen auf P3
SYN OUT 9 'SIGNAL 9' Status= TRUE at End Delay=-20ms
LIN P3 VEL=0.3m/s CPDAT3
LIN P4 VEL=0.3m/s CPDAT4
```

（4）程序举例 4：选项 End（终止）带 CONT 和负延迟，如图 6-8 所示。

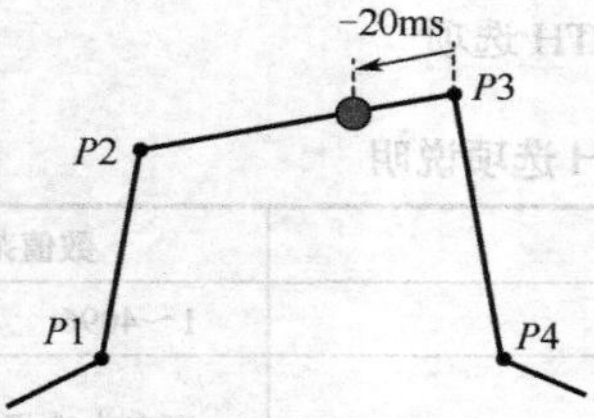

图 6-7　带负延迟的 SYN OUT End（终止）

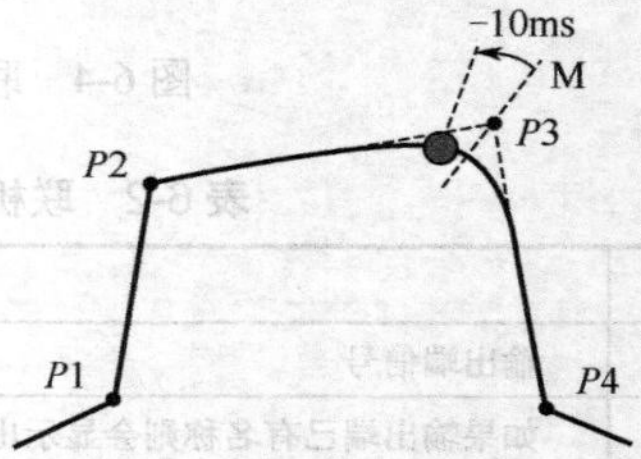

图 6-8　带选项 End（终止）和负延迟的 SYN OUT

```
LIN P1 VEL=0.3m/s CPDAT1
LIN P2 VEL=0.3m/s CPDAT2   ;Schaltfunktion bezogen auf P3
SYN OUT 9 'SIGNAL 9' Status= TRUE at End Delay=-10ms
LIN P3 VEL=0.3m/s CPDAT3
LIN P4 VEL=0.3m/s CPDAT4
```

（5）程序举例 5：选项 End（终止）带 CONT 和正延迟，如图 6-9 所示。

```
LIN P1 VEL=0.3m/s CPDAT1
LIN P2 VEL=0.3m/s CPDAT2 ;Schaltfunktion bezogen auf P3
SYN OUT 9 'SIGNAL 9' Status= TRUE at End Delay=10ms
LIN P3 VEL=0.3m/s CPDAT3
LIN P4 VEL=0.3m/s CPDAT4
```

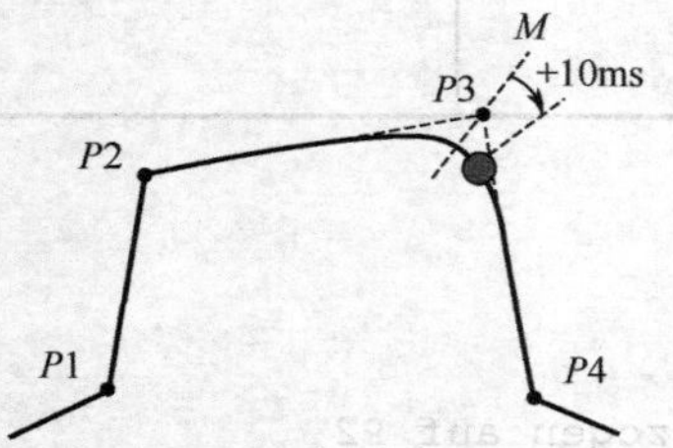

图 6-9　带选项 End（终止）和正延迟的 SYN OUT

四、任务实施

（一）资讯

认真阅读本任务“相关知识”的内容和KUKA机器人产品使用说明书的相关内容，了解轨迹切换功能编程原理及应用。

（二）计划、决策

（1）检查工作台完好，将使用到的工具、工件等外围部件准备齐全；
（2）确定机器人码垛轨迹，找出示教的点，并做好记录；
（3）确定夹爪张开与关闭的I/O控制信号；
（4）确认多个子程序；
（5）编写各个子程序；
（6）程序的调试与运行。

（三）实施

1．设置控制工具的I/O信号

夹爪工具的夹紧和张开、吸盘工具的吸取和释放由机器人输出信号控制，机器人与电磁阀信号对照见表6-3。

表6-3　机器人与电磁阀信号对照表

机器人数字输出输入端	备　注		电磁阀控制端	端口说明
OUT20	Jiazhua_zhangkai	→→→→	7output	夹爪张开
OUT23	Jiazhua_guanbi	→→→→	10output	夹爪关闭
OUT1	xipan			

2．确定码垛路径

当机器人启动后，机器人进行复位，复位完成后，机器人启动信号OUT23，气动夹爪抓取吸盘工具，机器人通过吸盘工具在抓取码垛区域中抓取物料，并搬运到码垛放置区域进行码垛；码垛完成后，机器人回到放置吸盘工具的正上方，垂直靠近吸盘放置位置，启动信号OUT20，气动夹爪张开，放置吸盘工具，机器人复位。工作流程如图6-10所示。

3．程序文件的创建

（1）机器人程序结构

根据码垛的工作流程，创建控制整个工作过程的主程序block_main、吸取放置吸盘工具程序tool_xipan、吸取圆盘程序block_attract、放置圆盘程序block_put、示教点程序ceshidian，程序结构图如图6-11所示。

（2）编写参考程序

① 吸盘工具吸、放程序tool_xipan()及注释见表6-4。

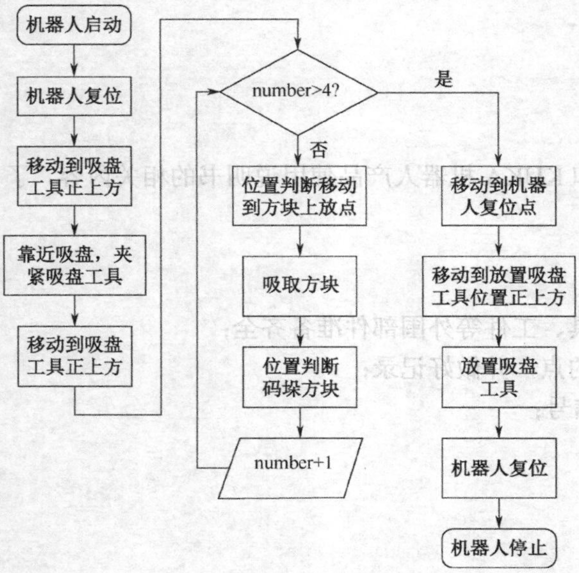

图 6-10　码垛工作流程图

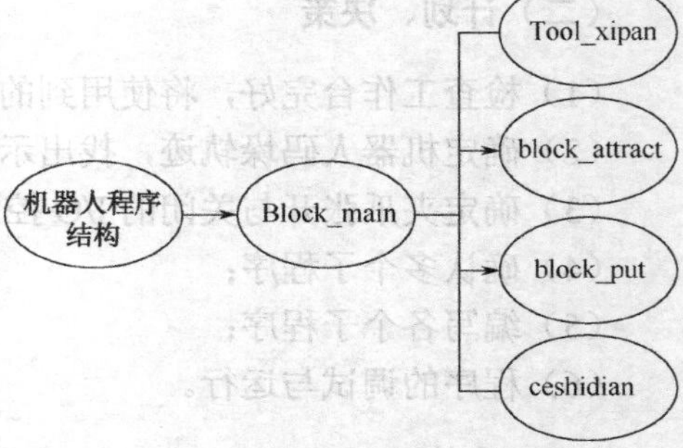

图 6-11　程序结构图

表 6-4　吸盘工具吸、放程序及注释

序　号	程　序	注　释
1	DEF tool_xipan ( )	程序名称
2	INI	
3	PTP{A1 0,A2 -90,A3 90,A4 0,A5 90,A6 180}	机器人复位
4	IF tool == 1 THEN	如果全局变量 tool 的值等于 1，则执行下列操作
5	PTP xipan_up CONT Vel=50 % PDAT2 Tool[0] Base[0]	机器人到达抓取工具位置的正上方安全位置
6	LIN xipan Vel=0.2 m/s CPDAT1 Tool[0] Base[0]	机器人直线运动到抓取工具的位置
7	PULSE 23 'jiazhua_guanbi' State=TRUE Time=0.5 sec	启动夹爪关闭信号，夹紧吸盘工具
8	LIN xipan_up Vel=0.2 m/s CPDAT1 Tool[0] Base[0]	机器人直线运动到抓取工具位置的正上方安全位置
9	ELSE	如果 tool 的值不等于 1，则执行下列操作
10	PTP xipan_up CONT Vel=50 % PDAT2 Tool[0] Base[0]	机器人到达放置工具位置的正上方安全位置
11	LIN xipan Vel=0.2 m/s CPDAT1 Tool[0] Base[0]	机器人直线运动到放置工具的位置
12	PULSE 20 'jiazhua_zhangkai' State=TRUE Time=0.5 sec	启动夹爪张开信号，放置吸盘工具
13	WAIT Time=1 sec	等待 1s
14	LIN xipan_up Vel=0.2 m/s CPDAT1 Tool[0] Base[0]	机器人直线运动到放置工具位置的正上方安全位置
15	ENDIF	IF 语句结束
16	PTP{A1 0,A2 -90,A3 90,A4 0,A5 90,A6 180}	机器人复位
17	END	程序结束

② 吸取方块程序 block_attract()及注释见表 6-5。

表 6-5　吸取方块程序及注释

序　号	程　序	注　释
1	DEF Block_attract( )	程序名称
2	DECL E6POS attract_pos	定义位置变量 attract_pos

续表

序　号	程　序	注　释
3	DECL E6POS attract_ref	定义位置变量 attract_ref
4	INI	
5	attract_pos=Xattract_ref	定义位置变量 attract_pos 的值等于位置变量 attract_ref 的值
6	IF number==1 THEN	如果 number=1
7	attract_pos.y=xattract_ref.y	位置变量 attract_pos 的值等于位置变量 attract_ref 的值
8	ELSE	
9	IF number==2 THEN	如果 number=2
10	attract_pos.y=xattract_ref.y-60	attract_pos 的值等于 attract_ref 的值沿着 Y 轴的负方向移动 60
11	ELSE	
12	IF number==3 THEN	如果 number=3
13	attract_pos.y=xattract_ref.y-120	attract_pos 的值等于 attract_ref 的值沿着 Y 轴的负方向移动 120
14	ENDIF	
15	ENDIF	
16	ENDIF	
17	LIN attract_pos	机器人直线运动到 attract_pos 的位置
18	LIN_REL {z -100}	机器人相对于上一个点，沿着 Z 轴的负方向移动 100
19	SYN OUT 1 " State= TRUE at START Delay= 50 ms	以运动语句的起始点为基准触发数字输出信号 1 为真，轨迹静态切换动作的时间推移 50ms
20	WAIT Time= 0.5 sec	等待 0.5s
21	LIN attract_pos C_DIS	机器人直线运动到 attract_pos 的位置
22	END	程序结束

③ 放置码垛程序 block_put()及注释见表 6-6。

表 6-6　放置码垛程序及注释

序　号	程　序	注　释
1	DEF Block_put( )	程序名称
2	DECL E6POS put_pos	定义位置变量 put_pos
3	DECL E6POS put_ref	定义位置变量 put_ref
4	DECL INT distance	定义整数变量 distance
5	INI	
6	distance=80	给整数变量 distance 赋值 80
7	put_pos=Xput_ref	定义 put_pos 的值等于 put_ref 的值
8	IF number==1 THEN	如果 number=1
9	put_pos.x=xput_ref.x+0	put_pos 的值等于 put_ref 的值
10	ELSE	
11	IF number==2 THEN	如果 number=2
12	put_pos.x=xput_ref.x+60	put_pos 的值等于 put_ref 的值沿着 X 轴正方向移动 60
13	ELSE	
14	IF number==3 THEN	如果 number=3
15	put_pos.x=xput_ref.x+30	put_pos 的值等于 put_ref 的值沿着 X 轴正方向移动 30
16	put_pos.z=xput_ref.z+35	put_pos 的值等于 put_ref 的值沿着 Z 轴的正方向移动 35
17	ENDIF	

续表

序号	程序	注释
18	ENDIF	
19	ENDIF	
20	PTP put_pos C_PTP	机器人移动到 put_pos 的位置
21	LIN_REL{z -100}	机器人相对上一个点的坐标沿着 Z 轴的负方向移动 100
22	OUT 1 'xipan' State=FALSE	切换机器人数字输出信号为假，释放方块
23	WAIT Time= 0.5 sec	等待 0.5s
24	LIN put_pos C_DIS	机器人直线移动到 put_pos 的位置
25	END	程序结束

④ 码垛主程序 block_main()及注释见表 6-7。

表 6-7 码垛主程序及注释

序号	程序	注释
1	DEF Block_main( )	程序名称
2	INI	
3	OUT 20 '' State= FALSE	切换数字输出信号 20 为假
4	OUT 1 'xipan' State=FALSE	切换数字输出信号 1 为假
5	OUT 23 '' State= FALSE	切换数字输出信号 23 为假
6	tool=1	给整型变量 tool 赋值 1
7	tool_xipan ()	调用 tool_xipan 程序
8	PTP guodu CONT Vel=50 % PDAT3 Tool[0] Base[0]	机器人示教过渡点 guodu
9	FOR number=1 TO 3 STEP 1	执行 FOR 循环，number 的初始值为 1，执行完一次 FOR 循环后，number 的值加 1，直到 number 的值大于 3 时，跳出 FOR 循环语句
10	Block_attract()	调用 block_attract 程序
11	PTP guodu CONT Vel=50 % PDAT1 Tool[0] Base[0]	机器人移动到 guodu 点的位置
12	Block_put ()	调用 block_put 程序
13	PTP guodu CONT Vel=50 % PDAT2 Tool[0] Base[0]	机器人移动到 guodu 点的位置
14	ENDFOR	结束 FOR 循环语句
15	tool=2	Tool 赋值 2
16	tool_xipan ()	调用 tool_xipan 程序
17	END	程序结束

注：在 block_main.dat 文件中定义全局变量 number 和 tool。

⑤ 示教点程序 ceshidian()及注释见表 6-8。

表 6-8 示教点程序及注释

序号	程序	注释
1	DEF ceshidian ( )	程序名称
2	INI	
3	LIN fang Vel=0.2 m/s CPDAT5 Tool[0] Base[0]	机器人运动到放置圆盘的位置点
4	LIN_REL{z 100}	相对于上一个点往 Z 方向偏移 100

续表

序号	程序	注释
5	PTP put_ref Vel=30 % PDAT3 Tool[0] Base[0]	上一个点的偏移位置记录为 put_ref 的位置
6	LIN xi Vel=0.2 m/s CPDAT8 Tool[0] Base[0]	机器人运动到吸取圆盘的位置点
7	LIN_REL{z 100}	相对于上一个点往 Z 方向偏移 100
8	PTP attract_ref Vel=30 % PDAT4 Tool[0] Base[0]	上一个点的偏移位置记录为 attract_ref 的位置
9	END	程序结束

（四）检查

手动运行 block_main 程序，观察机器人的码垛动作是否准确。如果是按照码垛轨迹运行，正确码垛，并且夹爪工具正确抓取吸盘工具和释放吸盘工具，与周围部件不会发生碰撞，则程序编写正确。

（五）评估

通过上述参考程序，能够进行机器人的码垛，方法可行。在示教点的过程中，可以更精确地示教各个点，保证机器人抓取或释放方块的过程中更准确。从抓取方块到放置方块的过程中，中间可以多添加过渡点，保证机器人的顺畅运动及规避可能发生碰撞的情况。

五、讨论题

1. 通过机器人数字输出信号（1～16）是否可以直接控制吸盘工具的吸取和释放？如果可以请进行相关设计，如果不可以请说明理由。

2. 在编写程序的过程中，还可以通过哪些方式定义全局变量 number 和 tool，并进行相关验证？

3. 是否有其他的编程方式实现机器人码垛的工作？请自己动手试一试。

任务 2　码垛综合编程 2

一、任务描述

完成工业机器人码垛编程，将物料从固定位置搬运到码垛区，进行 2 行、3 列、2 层的码垛工序。码垛示意图如图 6-12 所示，方块物料尺寸为 45mm×45mm×35mm（长×宽×高）。

二、任务分析

综合应用前文所学到的知识，应用变量、流程顺控指令、信号控制指令等，按要求完成机器人对方块进行码垛。

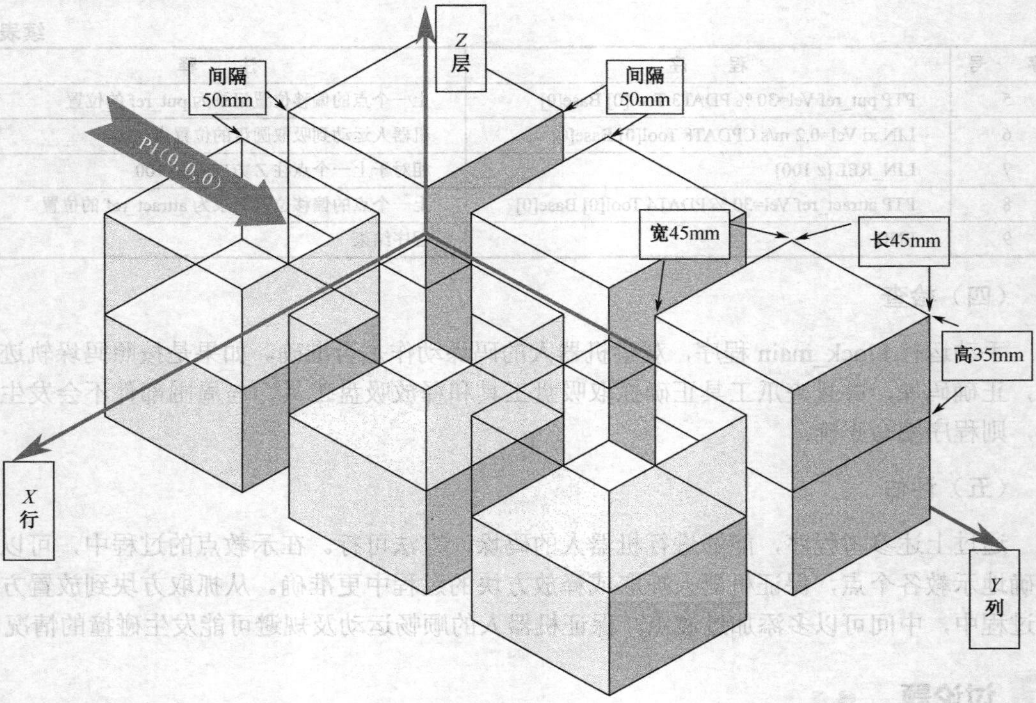

图 6-12　码垛效果示意图

三、任务实施

（一）资讯

认真阅读本任务“相关知识”的相关内容和 KUKA 机器人产品使用说明书的相关内容，了解码垛编程的相关知识。

（二）计划、决策

（1）检查工作台完好，将使用到的工具、工件等外围部件准备齐全；
（2）确定机器人码垛轨迹，找出示教的点，并做好记录；
（3）确定夹爪张开与关闭的 I/O 控制信号；
（4）确认多个子程序；
（5）编写各个子程序；
（6）程序的调试与运行。

（三）实施

1. 设置控制工具的 I/O 信号

夹爪工具的夹紧和张开、吸盘工具的吸取和释放由机器人输出信号控制，机器人与电磁阀信号对照表见表 6-9。

表 6-9 机器人与电磁阀信号对照表

机器人数字输出输入端	备注		电磁阀控制端	端口说明
OUT20	Jiazhua_zhangkai	→→→→	7output	夹爪张开
OUT23	Jiazhua_guanbi	→→→→	10output	夹爪关闭
OUT1	xipan			

2. 确定码垛路径

当机器人启动后，机器人进行复位，复位完成后，机器人根据设置参数——长、宽、高、行、列、层、间隔进行搬运码垛。通过多重嵌套 FOR 循环，使得程序自动叠加，实现码垛，码垛程序框图如图 6-13 所示。

3. 程序文件的创建

（1）机器人程序结构

根据码垛的工作流程，创建控制整个工作过程的主程序 block_main、吸取放置吸盘工具程序 tool_xipan、吸取方块程序 get_block、示教点程序 ceshi，程序结构图如图 6-14 所示。

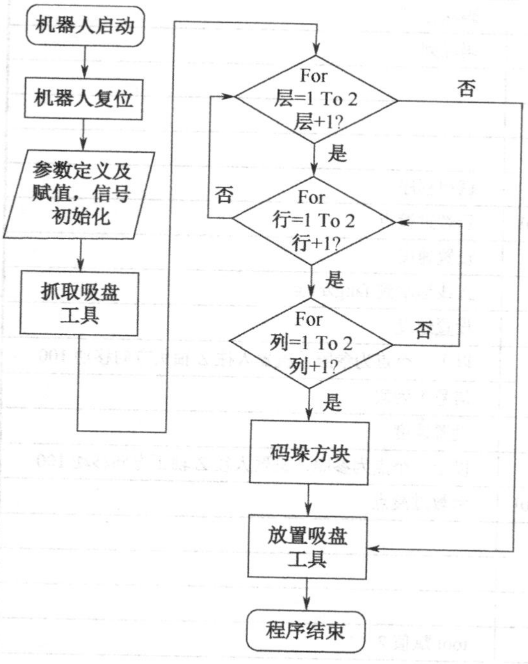

图 6-13 码垛程序框图

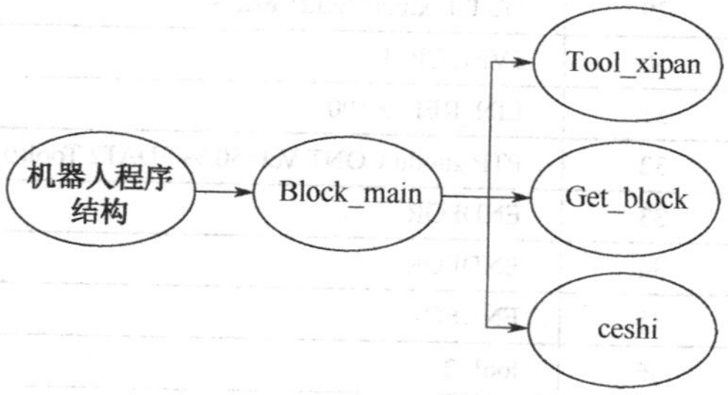

图 6-14 程序结构图

（2）编写参考程序

① 主程序 block_main 及注释见表 6-10。

表 6-10 主程序及注释

序号	程序	备注
1	DEF Block_main( )	程序名称
2	DECL INT a,b,c,w,l,h,n,x,y,z	定义整数变量

续表

序　号	程　序	备　注
3	INI	
4	a=2	码垛行
5	b=3	码垛列
6	c=2	码垛层
7	w=45	方块长
8	l=45	方块宽
9	h=35	方块高
10	n=50	间距
11	fangzhi=Xdian	dian 的位置坐标值赋值给 fangzhi 点的位置坐标值
12	OUT 20 'jiazhua_zhangkai' State=FALSE	信号 20 为假
13	OUT 1 'xipan' State=FALSE	信号 1 为假
14	OUT 23 'jiazhua_guanbi' State=FALSE	信号 23 为假
15	tool=1	给 tool 赋值 1
16	tool_xipan ()	调用程序
17	FOR z=1 TO c STEP 1	码垛层
18	FOR x=1 TO a STEP 1	码垛行
19	FOR y=1 TO b STEP 1	码垛列
20	fangzhi.y=xdian.y+(W+N)*(x-1)	
21	fangzhi.x=xdian.x+(L+N)*(y-1)	
22	fangzhi.z=xdian.z+H*(Z-1)	
23	get_Block ()	调用程序
24	PTP guodu CONT Vel=50 % PDAT3 Tool[0] Base[0]	示教过渡点
25	$VEL.CP=1	设置速度
26	LIN fangzhi	直线运动到 fangzhi 点
27	$VEL.CP=0.2	设置速度
28	LIN_REL{z -100}	以上一个点为参照，机器人往 Z 轴负方向移动 100
29	OUT 1 'xipan' State=FALSE	信号 1 为假
30	$VEL.CP=1	设置速度
31	LIN_REL{z 100}	以上一个点为参照，机器人往 Z 轴正方向移动 100
32	PTP guodu CONT Vel=50 % PDAT2 Tool[0] Base[0]	示教过渡点
33	ENDFOR	
34	ENDFOR	
35	ENDFOR	
36	tool=2	tool 赋值 2
37	tool_xipan ()	调用程序
38	END	结束

② 抓放吸盘工具程序 tool_xipan 及注释见表 6-11。

表 6-11　抓放吸盘工具程序及注释

序　号	程　序	注　释
1	DEF tool_xipan ( )	程序名称
2	INI	
3	PTP{A1 0,A2 -90,A3 90,A4 0,A5 90,A6 180}	机器人复位

续表

序　号	程　序	注　释
4	IF tool == 1 THEN	如果全局变量 tool 的值等于 1，则执行下列操作
5	PTP xipan_up CONT Vel=50 % PDAT2 Tool[0] Base[0]	机器人到达抓取工具位置的正上方安全位置
6	LIN xipan Vel=0.2 m/s CPDAT1 Tool[0] Base[0]	机器人直线运动到抓取工具的位置
7	PULSE 23 'jiazhua_guanbi' State=TRUE Time=0.5 sec	启动夹爪关闭信号，夹紧吸盘工具
8	LIN xipan_up Vel=0.2 m/s CPDAT1 Tool[0] Base[0]	机器人直线运动到抓取工具位置的正上方安全位置
9	ELSE	如果 tool 的值不等于 1，则执行下列操作
10	PTP xipan_up CONT Vel=50 % PDAT2 Tool[0] Base[0]	机器人到达放置工具位置的正上方安全位置
11	LIN xipan Vel=0.2 m/s CPDAT1 Tool[0] Base[0]	机器人直线运动到放置工具的位置
12	PULSE 20 'jiazhua_zhangkai' State=TRUE Time=0.5 sec	启动夹爪张开信号，放置吸盘工具
13	WAIT Time=1 sec	等待 1s
14	LIN xipan_up Vel=0.2 m/s CPDAT1 Tool[0] Base[0]	机器人直线运动到放置工具位置的正上方安全位置
15	ENDIF	IF 语句结束
16	PTP{A1 0,A2 -90,A3 90,A4 0,A5 90,A6 180}	机器人复位
17	END	程序结束

③ 吸取方块程序 get_block 及注释见表 6-12。

表 6-12　吸取方块程序及注释

序　号	程　序	注　释
1	DEF get_Block ( )	程序名称
2	INI	
3	PTP block_up CONT Vel=50 % PDAT4 Tool[0] Base[0]	机器人运动到 block_up 点位置
4	LIN block Vel=0.2 m/s CPDAT1 Tool[0] Base[0]	机器人运动到 block 点位置
5	OUT 1 'xipan' State=TRUE	信号 1 为真
6	LIN block_up CONT Vel=0.2 m/s CPDAT0 Tool[0] Base[0]	直线运动到 block_up 点位置
7	END	结束

④ 示教点程序 ceshi，见表 6-13。

表 6-13　示教点程序及注释

序　号	程　序	注　释
1	DDEF ceshi( )	程序名称
2	INI	
3	LIN TT_xia Vel=0.2 m/s CPDAT2 Tool[0] Base[0]	示教点 TT_xia
4	LIN_REL {Z 100}	相对于上一个点，机器人往 Z 方向移动 100
5	LIN dian Vel=0.2 m/s CPDAT1 Tool[0] Base[0]	记录上一个点的位置
6	END	结束

注：在程序中定义全局变量 dian、fangzhi。

（四）检查

手动运行 block_main 程序，观察机器人的码垛动作是否准确。如果是按照码垛轨迹运行，正确码垛，并且夹爪工具正确抓取吸盘工具和释放吸盘工具，与周围部件不会发生碰撞，则程序编写正确。

（五）评估

通过上述参考程序，能够进行机器人的码垛，方法可行。在示教点的过程中，可以更精确地示教各个点，保证机器人抓取或释放方块的过程中更准确。从抓取方块到放置方块的过程中，中间可以多添加过渡点，保证机器人的顺畅运动及规避可能发生碰撞的情况。此程序利用多个变量，方便使用者随时调整参数，不需要使用者会编写程序；程序结构简单，程序文件少，方便管理。

四、讨论题

1．为什么在编程的时候把示教点单独建立一个程序，有什么好处？

2．对本单元的任务1和任务2的码垛编程进行比较，在方法上有什么不同，哪个更具有优势？

3．是否有其他的编程方式实现机器人码垛？请自己动手试一试。